土木工程材料

主　编　周洪燕

副主编　张　敏　吴自立　林　毅

参　编　周梦娇　曹友露　刘　霖

北京理工大学出版社
BEIJING INSTITUTE OF TECHNOLOGY PRESS

内 容 简 介

本书主要介绍钢材、混凝土、无机气硬性胶凝材料、砂浆、水泥、砌筑和屋面材料、木材、建筑功能材料、合成高分子材料、新型建筑材料等常用土木工程材料的基本组成、性能、技术要求、应用范围及案例分析，以及相关材料的质量控制等内容。另外，本书还附有常用土木工程材料的国家标准和行业标准目录，以便读者查阅。

本书可作为高等院校土木工程及相关专业的教材或者教学参考用书，也可作为土木工程行业从业人员的参考书。

图书在版编目（CIP）数据

土木工程材料/周洪燕主编 . —北京：北京理工大学出版社，2018.8
ISBN 978 – 7 – 5682 – 6038 – 1

Ⅰ. ①土… 　Ⅱ. ①周… 　Ⅲ. ①土木工程 – 建筑材料—高等学校—教材 　Ⅳ. ①TU5

中国版本图书馆 CIP 数据核字（2018）第 179292 号

出版发行 / 北京理工大学出版社有限责任公司

社　　址 / 北京市海淀区中关村南大街 5 号

邮　　编 / 100081

电　　话 / （010）68914775（总编室）

　　　　　（010）82562903（教材售后服务热线）

　　　　　（010）68948351（其他图书服务热线）

网　　址 / http：//www.bitpress.com.cn

经　　销 / 全国各地新华书店

印　　刷 / 北京紫瑞利印刷有限公司

开　　本 / 787 毫米×1092 毫米　1/16

印　　张 / 16　　　　　　　　　　　　　　　　　责任编辑 / 李志敏

字　　数 / 378 千字　　　　　　　　　　　　　　　文案编辑 / 赵　轩

版　　次 / 2018 年 8 月第 1 版　2018 年 8 月第 1 次印刷　　责任校对 / 周瑞红

定　　价 / 62.00 元　　　　　　　　　　　　　　　责任印制 / 李志强

前　言

　　本书以应用型本科院校工程管理专业人才培养的要求为目标，依据高等学校土木工程学科专业指导委员会制定的"土木工程材料教学大纲"编写而成。在编写过程中，本书注重理论和实践的结合，融入土木工程材料领域的最新研究成果，全力构建与应用型本科人才培养模式相适应的知识系统，可引用了我国现行国家规范和地方标准、行业标准，吸收了本行业大量的前沿知识，应用性强。本书作为工程管理、建筑工程、土木工程等专业的教学用书。

　　本书主要介绍了各土木工程材料的组成成分、技术性质、工程应用等基本理论和应用技术。读者通过对本书的学习能够对土木工程材料有一个全面且细致的认识，能够根据不同的工程选择相应的材料，在实践中恰当运用理论实践。

　　本书由周洪燕担任主编，张敏、吴自立、林毅担任副主编，周梦娇、曹友露、刘霖参与本书的编写工作。第一章至第十章由周洪燕编写；第十一章、第十二章由张敏编写；绪论由吴自立编写。林毅对全书进行了校稿；周梦娇、曹友露和刘霖为本书的编写提供了参考资料。

　　另外，本书在编写过程中，参考了很多国内外专家学者的教材、论文、著作等，在此表示诚挚的感谢！

　　由于编者水平有限，加之土木工程材料发展迅猛，知识更新较快，本书难免存在疏漏或不当之处，恳请各位读者、专家批评指正！

编　者

目　录

绪　论 ·· (1)

  第一节　土木工程材料的发展历程和发展方向 ··································· (1)

    一、土木工程材料的发展历程 ··· (1)

    二、土木工程材料的发展方向 ··· (2)

  第二节　土木工程材料的分类 ··· (3)

    一、按材料的化学成分分类 ··· (3)

    二、按材料的使用功能分类 ··· (3)

  第三节　土木工程材料的技术标准 ··· (3)

  第四节　本课程的性质和学习要求 ··· (4)

第一章　土木工程材料的基本性质 ··· (5)

  第一节　土木工程材料的组成和结构 ··· (5)

    一、材料的组成 ··· (5)

    二、材料的结构 ··· (6)

  第二节　土木工程材料的基本物理性质 ··· (8)

    一、材料与质量有关的性质 ··· (8)

    二、材料的孔隙率与密实度 ·· (10)

    三、材料的空隙率与填充率 ·· (10)

    四、材料与水相关的性质 ·· (11)

    五、材料的热工性能 ·· (13)

  第三节　土木工程材料的基本力学性质 ·· (16)

    一、材料的强度 ··· (16)

    二、材料的弹性和塑性 ·· (18)

    三、材料的脆性和韧性 ·· (19)

四、材料的硬度和耐磨性 ……………………………………………… (20)

第四节　土木工程材料的耐久性 ……………………………………… (20)

第二章　无机气硬性胶凝材料 ……………………………………… (24)

第一节　石灰 ………………………………………………………… (24)

一、石灰的生产 ………………………………………………… (24)

二、石灰的熟化与硬化 ………………………………………… (25)

三、石灰的技术性质与要求 …………………………………… (26)

四、石灰的应用 ………………………………………………… (27)

第二节　石膏 ………………………………………………………… (28)

一、石膏的生产 ………………………………………………… (28)

二、建筑石膏的凝结硬化 ……………………………………… (28)

三、建筑石膏的技术性质与技术要求 ………………………… (29)

四、建筑石膏的应用 …………………………………………… (30)

第三节　水玻璃 ……………………………………………………… (30)

一、水玻璃的生产 ……………………………………………… (31)

二、水玻璃的硬化 ……………………………………………… (31)

三、水玻璃的技术性质 ………………………………………… (31)

四、水玻璃的应用 ……………………………………………… (31)

第三章　水泥 ………………………………………………………… (34)

第一节　硅酸盐水泥 ………………………………………………… (34)

一、硅酸盐水泥的生产 ………………………………………… (34)

二、硅酸盐水泥的水化及凝结硬化 …………………………… (35)

三、硅酸盐水泥的技术性质 …………………………………… (38)

四、硅酸盐水泥的腐蚀与防治措施 …………………………… (40)

五、硅酸盐水泥的应用、运输与存放 ………………………… (42)

第二节　掺混合料的硅酸盐水泥 …………………………………… (43)

一、混合材料 …………………………………………………… (43)

二、普通硅酸盐水泥 …………………………………………… (44)

三、矿渣硅酸盐水泥 …………………………………………… (45)

四、火山灰质硅酸盐水泥 ……………………………………… (46)

五、粉煤灰硅酸盐水泥 ………………………………………… (46)

六、复合硅酸盐水泥 …………………………………………… (46)

第三节　其他品种水泥 ……………………………………………… (47)

一、白色和彩色硅酸盐水泥 …………………………………… (47)

二、道路硅酸盐水泥 …………………………………………… (48)

三、快硬水泥 .... (49)

四、膨胀水泥和自应力水泥 .... (52)

五、抗硫酸盐硅酸盐水泥 .... (52)

第四章 混凝土 .... (55)

第一节 混凝土的组成材料 .... (56)

一、水泥 .... (56)

二、细集料 .... (57)

三、粗集料 .... (61)

四、混凝土拌合用水 .... (65)

五、混凝土外加剂 .... (65)

第二节 普通混凝土的技术性质 .... (72)

一、新拌混凝土的和易性 .... (72)

二、混凝土的强度 .... (80)

三、混凝土的变形性能 .... (92)

四、混凝土的耐久性 .... (95)

第三节 普通混凝土的配合比设计 .... (101)

一、普通混凝土配合比设计的基本要求 .... (101)

二、普通混凝土配合比设计的三个重要参数 ... (101)

三、混凝土配合比设计的基本资料 .... (102)

四、普通混凝土配合比设计的步骤 .... (102)

第四节 混凝土的质量控制 .... (108)

一、混凝土强度的波动规律 .... (109)

二、混凝土施工质量水平的衡量指标 .... (109)

三、混凝土强度的检验评定 .... (110)

四、混凝土强度的合格性评定 .... (112)

第五节 其他品种混凝土 .... (112)

一、轻集料混凝土 .... (112)

二、高强度混凝土 .... (112)

三、喷射混凝土 .... (113)

四、泵送混凝土 .... (113)

五、纤维混凝土 .... (113)

六、透水混凝土 .... (114)

七、再生混凝土 .... (114)

八、自密实混凝土 .... (115)

九、自修复混凝土 .... (115)

第五章 砂浆 ·· (120)

第一节 水泥砂浆的组成材料 ·· (120)
一、水泥 ··· (120)
二、掺和料 ··· (121)
三、细集料 ··· (122)
四、外加剂 ··· (122)
五、水 ··· (122)

第二节 建筑砂浆的基本性能 ·· (123)
一、新拌砂浆的和易性 ··· (123)
二、硬化砂浆的力学性能 ··· (124)

第三节 砌筑砂浆的配合比设计 ·· (127)
一、砂浆的试配强度 ··· (127)
二、每立方米砂浆中的水泥用量 ································· (128)
三、每立方米砂浆中石灰膏用量 ································· (128)
四、每立方米砂浆砂用量 ··· (128)
五、每立方米砂浆用水量 ··· (128)
六、水泥砂浆的配合比选用 ······································ (128)
七、水泥砂浆的试配和调整 ······································ (129)

第四节 抹面砂浆 ··· (131)
一、普通抹面砂浆 ·· (131)
二、装饰抹面砂浆 ·· (131)
三、防水砂浆 ··· (132)

第五节 其他特种砂浆 ·· (132)
一、保温砂浆 ··· (132)
二、吸声砂浆 ··· (133)
三、聚合物水泥砂浆 ··· (133)

第六章 建筑钢材 ·· (135)

第一节 钢材的基本知识 ·· (135)
一、钢材的生产 ··· (135)
二、钢材的组织结构 ··· (137)
三、钢材的化学组成 ··· (138)
四、钢材的分类 ··· (140)

第二节 建筑钢材的主要技术性能 ······································ (140)
一、抗拉性能 ··· (141)
二、冲击韧性 ··· (142)

三、硬度 …………………………………………………………… (143)

四、耐疲劳性 ……………………………………………………… (144)

五、冷弯性 ………………………………………………………… (144)

六、焊接性 ………………………………………………………… (145)

第三节 钢材的冷加工及热处理 ………………………………… (145)

一、钢材的冷加工 ……………………………………………… (145)

二、钢材的时效处理 …………………………………………… (146)

三、钢材的热处理 ……………………………………………… (146)

第四节 建筑钢材的品种和选用 ………………………………… (147)

一、建筑钢材的品种 …………………………………………… (147)

二、钢结构用钢 ………………………………………………… (150)

三、钢筋混凝土用钢 …………………………………………… (154)

第五节 建筑钢材的腐蚀与防腐措施 …………………………… (157)

一、钢材的腐蚀类型 …………………………………………… (157)

二、钢材的防腐措施 …………………………………………… (157)

第七章 砌筑和屋面材料 ……………………………………………… (160)

第一节 砌筑用砖 ………………………………………………… (160)

一、烧结砖 ……………………………………………………… (160)

二、非烧结砖 …………………………………………………… (166)

三、混凝土路面砖 ……………………………………………… (168)

第二节 砌块 ……………………………………………………… (169)

一、普通混凝土小型砌块 ……………………………………… (169)

二、蒸压加气混凝土砌块 ……………………………………… (170)

三、粉煤灰混凝土小型空心砌块 ……………………………… (172)

四、轻集料混凝土小型空心砌块 ……………………………… (172)

五、泡沫混凝土砌块 …………………………………………… (173)

六、自保温混凝土复合砌块 …………………………………… (174)

七、石膏砌块 …………………………………………………… (174)

八、砌块的选用 ………………………………………………… (175)

第三节 砌筑用石材 ……………………………………………… (175)

一、岩石的分类 ………………………………………………… (175)

二、石材的技术性质 …………………………………………… (176)

三、石材的应用 ………………………………………………… (178)

四、石材的选用 ………………………………………………… (179)

第四节 屋面材料 ………………………………………………… (179)

一、屋面瓦材 …………………………………………………… (180)

二、轻型屋面板 ……………………………………………………… (181)

三、其他类型屋面 ………………………………………………… (181)

第八章　沥青和沥青混合料 ……………………………………… (183)

第一节　石油沥青 …………………………………………………… (183)

一、石油沥青的组成与结构 ……………………………………… (183)

二、石油沥青的技术性质 ………………………………………… (185)

三、石油沥青的技术标准与选用 ………………………………… (186)

第二节　其他沥青 …………………………………………………… (188)

一、煤沥青 ………………………………………………………… (188)

二、乳化沥青 ……………………………………………………… (189)

三、改性沥青 ……………………………………………………… (189)

第三节　沥青混合料的组成与性质 ……………………………… (190)

一、沥青混合料的组成结构 ……………………………………… (190)

二、沥青混合料的技术性质 ……………………………………… (191)

第四节　沥青混合料的配合比设计 ……………………………… (193)

一、沥青混合料组成材料的技术要求 …………………………… (193)

二、沥青混合料的配合比设计 …………………………………… (194)

第九章　木材 ……………………………………………………… (196)

第一节　木材的分类与构造 ……………………………………… (196)

一、木材的分类 …………………………………………………… (196)

二、木材的构造 …………………………………………………… (197)

第二节　木材的主要性质 ………………………………………… (200)

一、木材的物理性质 ……………………………………………… (200)

二、木材的化学性质 ……………………………………………… (201)

三、木材的力学性质 ……………………………………………… (201)

四、影响木材力学性质的主要因素 ……………………………… (204)

第三节　木材的防护处理 ………………………………………… (206)

一、木材的干燥 …………………………………………………… (206)

二、木材的防腐 …………………………………………………… (206)

三、木材的防虫 …………………………………………………… (207)

四、木材的防火 …………………………………………………… (207)

第四节　木材在土木工程中的应用 ……………………………… (208)

一、木材的种类 …………………………………………………… (208)

二、木材的综合应用 ……………………………………………… (208)

三、木材在装饰工程中的应用 …………………………………… (209)

第十章 合成高分子材料 (211)

第一节 合成高分子材料的基本知识 (211)
一、基本概念 (211)
二、高分子的原料和合成方法 (212)
三、合成高分子化合物的结构、特性及命名 (213)

第二节 合成高分子材料的类型 (215)
一、塑料 (215)
二、合成纤维 (215)
三、合成橡胶 (216)

第三节 建筑塑料的工程应用 (217)
一、塑料管和管件 (217)
二、弹性地板 (217)
三、化纤地毯 (218)
四、门窗和配件 (218)
五、壁纸和贴面板 (218)
六、泡沫塑料 (218)
七、玻璃纤维 (218)

第四节 建筑胶粘剂 (219)
一、胶粘剂的组成 (219)
二、胶粘剂的分类 (220)
三、胶粘原理与技术要求 (220)
四、常用建筑胶粘剂的选用 (221)

第十一章 建筑功能材料 (224)

第一节 防水材料 (224)
一、防水卷材 (224)
二、防水涂料 (225)
三、建筑密封材料 (225)
四、刚性防水材料 (225)

第二节 保温隔热材料 (226)
一、保温隔热材料的隔热机理 (226)
二、影响保温隔热材料性能的主要因素 (227)
三、常用保温隔热材料及其性质 (228)
四、其他隔热材料 (230)

第三节 吸声隔声材料 (231)
一、吸声材料的工作原理及性能要求 (231)

二、吸声材料的类型及其结构形式 ……………………………………（231）

三、隔声材料 ……………………………………………………………（232）

第四节 建筑装饰材料 ………………………………………………………（233）

一、建筑装饰材料的基本性能 …………………………………………（233）

二、装饰石材 ……………………………………………………………（234）

三、建筑陶瓷 ……………………………………………………………（235）

四、建筑玻璃 ……………………………………………………………（236）

第十二章　新型建筑材料 …………………………………………………（239）

第一节　新型建筑材料的特点 ………………………………………………（239）

一、复合化 ………………………………………………………………（239）

二、多功能化 ……………………………………………………………（240）

三、节能化、绿色化 ……………………………………………………（240）

四、智能化 ………………………………………………………………（240）

第二节　几种新型建筑材料 …………………………………………………（240）

一、新型保温隔热材料 …………………………………………………（240）

二、新型墙体材料 ………………………………………………………（241）

三、新型金属材料 ………………………………………………………（241）

附录　常用土木工程材料国家标准和行业标准目录 ……………………（242）

参考文献 ………………………………………………………………………（244）

土木工程材料是指建设工程中所使用的各种材料及其制品的总称，是构成建（构）筑物实体的最基本元素。在我国现代化建设中，土木工程占有极为重要的地位，土木工程材料是一切在建的土木工程必不可少的物质基础。在任何一项建（构）筑物中，土木工程材料的投资都占有非常大的比重。土木工程材料的品种、性能和质量将直接影响建（构）筑物的使用功能、适用性、耐久性、经济性和环保性，并在一定程度上影响着土木工程材料的使用方式和建（构）筑物的施工方法。

土木工程中的许多技术突破，依赖于土木工程材料性能的改进和提高。20 世纪 60 年代意大利建筑师保罗·索勒瑞（Paola. Solrei）把生态学（Ecology）和建筑学（Architecture）两词合并为"Arology"，提出了"生态建筑"（绿色建筑）的新理念。20 世纪 70 年代，全球石油危机爆发，人们清楚地认识到，以牺牲生态环境为代价的高速文明发展是难以为继的。耗用自然资源最多的建筑产业也必须改变发展模式，走可持续发展道路。太阳能、地热、风能、节能围护结构等各种建筑节能技术应运而生，节能建筑已成为建筑业发展的先导。土木工程材料质量的提高以及生态建筑材料的开发利用，直接影响现代社会基础设施建设的质量、建设规模和效益，进而影响国民经济的发展和人类社会文明的进步。

第一节　土木工程材料的发展历程和发展方向

一、土木工程材料的发展历程

土木工程材料是随着人类社会生产力的发展和科学技术水平的提高而逐步发展起来的。土木工程材料的发展经历了从天然材料到人工材料、从人工生产到工业化生产的发展历程。

原始社会，人们"穴居巢处"，利用天然的洞穴应对风寒雨雪和猛兽的侵袭。新石器时代，人们学会了使用木、竹、草、泥等天然材料，建造一些非常简陋的房屋。直到人类能够利用黏土烧制砖、瓦，用岩石烧制石灰、石膏之后，土木工程材料由天然材料进入人工材料阶段，为较大规模地建造房屋创造了基本条件。19世纪以后，资本主义兴起促进了制造业、商业及交通运输业的发展，原有的土木工程材料已不能与之相适应，在其他科学技术的推动下，土木工程材料进入了一个新的发展阶段，相继出现了钢材、水泥、混凝土及其他材料，为现代土木工程的发展奠定了坚实的基础。进入20世纪后，社会生产力的高速发展以及材料科学与工程学科的形成和发展，使土木工程材料不仅在性能和质量上不断得到改善和提高，而且品种大大增加。以有机材料为主的化工建材异军突起，一些具有特殊功能的新型材料，如绝热材料、吸声隔声材料、耐热防火材料、防水抗渗材料以及耐磨、耐腐蚀、防爆和防辐射材料等不断出现；为适应现代建筑装饰装修的需要，玻璃、陶瓷、塑料、铝合金等各种新型建筑材料更是层出不穷。

二、土木工程材料的发展方向

20世纪下半叶以来，全球性的生存环境恶化问题日益凸显：资源日益匮乏，森林锐减，河流、湖泊干涸，土地沙化，地球臭氧层遭到破坏，气候变暖等，人们意识到资源环境问题的严重性，提出了"人类与自然协调发展"的观点。1992年6月，联合国在巴西里约热内卢召开了"环境与发展"世界各国首脑会议，会议通过了"21世纪议程"宣言，确认了"可持续发展"的战略方针，其目标是：依据循环再生、协调共生、持续自然的原则，尽量减少自然资源的消耗，尽可能对废弃物再生利用和净化，保护生态环境以确保人类社会的可持续发展。

在国民经济中，土木工程材料行业对资源的利用和对环境的影响在产值、能耗、环保等方面都占有较大的比重。因此，"绿色建材"的概念应运而生。"绿色建材"是指采用清洁的生产技术，尽量少用天然资源，大量使用工业或城市固体废弃物和农作物秸秆，所生产的无毒、无污染、无放射性、有利于环保和人体健康的土木工程材料。

土木工程材料的发展必须遵循与工业循环再生，协调共生，持续自然的原则。发展"绿色建材"是一项长期的战略任务，符合可持续发展的战略方针，既满足人们安居乐业、健康长寿的需要，又不损害后代人的更大需求和利益，因此，进入21世纪以后，土木工程材料的发展呈现出如下趋势：

（1）研制和开发高性能材料。研制高强、轻质、高耐久性、优异的装饰性和多功能的材料，以及充分利用和发挥各种材料的特性，采用复合技术，制造出具有特殊功能的复合材料。

（2）因地制宜，充分利用地方材料。尽量少用天然资源，大量使用尾矿、废渣、垃圾等废弃物作为生产土木工程材料的资源，从而保护自然资源和维护生态环境的平衡。

（3）节约能源。采用低能耗、无环境污染的生产技术，优先开发、生产低能耗的材料以及能降低建筑物使用能耗的节能型材料。

（4）材料生产中不得使用有损人体健康的添加剂和颜料，如甲醛、铅、镉、铬及其化合物等。同时开发对人体健康有益的材料，如抗菌、灭菌、除臭、除霉、防火、调温、消磁、防辐射、抗静电材料等。

（5）产品可再生循环利用，无污染废弃物，以防二次污染。

第二节　土木工程材料的分类

一、按材料的化学成分分类

根据材料的化学成分，土木工程材料可以分为无机材料、有机材料和复合材料三大类，各大类中还可以进行细分。

无机材料包括金属材料和非金属材料两大类。金属材料有黑色金属（钢、不锈钢等）。其他金属材料。非金属材料有天然石材（砂、石及石材制品等）、烧土熔融制品（砖、瓦、玻璃等）、胶凝材料（石灰、石膏、水泥、水玻璃等）、混凝土及硅酸盐制品。

有机材料有植物材料（木材、竹材等）、沥青材料（石油沥青、煤沥青、沥青制品）、高分子材料（塑料、涂料、胶粘剂等）。

复合材料有无机非金属材料与有机材料复合（玻璃钢、聚合物混凝土、沥青混合料等）、金属材料与无机非金属复合（钢纤维混凝土等）、金属材料与有机材料复合（轻质金属夹芯板等）。

二、按材料的使用功能分类

根据在建筑物中的部位或使用性能，土木工程材料可以分为建筑结构材料、墙体材料和建筑功能材料三大类。

（1）建筑结构材料是指构成建筑物受力构件和结构所用的材料，如梁、板、柱、基础、框架及其他受力构件等使用的材料。这类材料主要技术性能的要求是具有足够的强度和耐久性。在相当长的时期内，钢筋混凝土和预应力钢筋混凝土是我国建筑工程的主要结构材料，随着工业的发展，轻钢结构以及铝合金结构作为承重材料也发挥着越来越大的作用。

（2）墙体材料是指在建筑物内、外及分隔墙体所用的材料，有承重和非承重两类。这类材料一要有必要的强度，二要有较好的隔热性能和隔声吸声效果。我国现阶段采用的墙体材料大多数为砌墙砖、混凝土及其加气混凝土砌块。绿色建筑中，对于墙体材料应大力提倡开发和使用混凝土大墙板、复合墙板、空心砖、炉渣砖、淤泥砖、粉煤灰砖等新型墙体材料，因为这些材料具有工业化生产水平高、绝热保温性能好、节能环保等特点。

（3）建筑功能材料是指担负着某些建筑功能的非承重材料，如防水材料、隔热材料、吸声材料、装饰材料等。此类材料的品种繁多、功能各异，随着国民经济的发展和社会的进步，此类材料将会越来越多地应用到建筑物上。

第三节　土木工程材料的技术标准

关于土木工程材料，我国都制定有产品的技术标准，这些标准一般包括产品规格、产品分类、技术要求、检验方法、验收规则、标志、运输和储存等方面的内容。

土木工程材料的技术标准可分为国家标准、行业标准和企业标准三大类。各级标准分别有相应的标准化管理部门批准并颁布。我国国家技术监督局是国家标准化管理的最高机构。国家标准和行业标准都是全国通用标准，是国家指令性文件，各级生产、设计、施工等部门必须严格遵守并执行。

各级标准都有各自的部门的代号，例如，GB—国家标准；GB/T—国家推荐标准，表示也可以执行其他标准，为非强制性标准；GBJ—建筑工程国家标准；JGJ—建工行业、工程建设标准；JC—建材行业标准；QB—企业标准等。

行业标准代号：冶金行业—YB；石化行业—SH；交通行业—JT；铁路行业—TB 等。

标准的表示方法由产品（或技术）名称、部门代号、编号和批准年份组成。例如：《普通混凝土配合比设计规程》（JGJ 55—2011），前面为技术名称，部门代号为 JGJ，编号为55，批准年份为 2011 年。又如《塑性体改性沥青防水卷材》（GB 18243—2008）前面为产品名称，部门代号为 GB，编号为 18243，批准年份为 2008 年。

建设工程还可能采用的其他标准有：国际标准（ISO）、美国国家标准（ANS）、美国材料与试验学会标准（ASTM）、英国标准（BS）、德国工业标准（DIN）、日本工业标准（JIS）、法国标准（NF）等。

第四节　本课程的性质和学习要求

土木工程材料是土木建筑类专业的专业基础课程，是以数学、力学、物理、化学等课程为基础，为学习建筑、结构、施工、建筑经济等后续课程提供材料基本知识，为学生从事工程实践和科学研究打下必要的基础。通过土木工程材料课程的学习，学生应掌握建筑材料的基础知识，并具有在实践中合理选择与使用建筑材料的能力。

进行土木工程材料课程学习，学生应重点掌握各种材料的性质及合理选用材料、质量检验的方法及其在工程中的应用；同时要注意了解材料为什么具有这样的性质以及各种性质之间的相互关系。对于同一类属不同品种的材料，不但要学习它们的共性，更重要的是要了解它们各自的特性和产生这些特性的原因。土木工程材料的性质不是固定不变的，在运输、储存及使用过程中，它们的性质都在或多或少、或快或慢、或隐或显地不断发生改变。为了避免材料在使用前的变质问题和保证工程的耐久性，必须了解导致材料性质发生变化的外界条件和材料的内在原因，从而掌握变化的规律，以便有针对性地采取应对措施。

土木工程材料试验是本课程的重要教学组成部分。通过试验课程的学习，学生可学会各种常用材料的检验方法，能对土木工程材料进行合格性判断和材料的验收，还可以培养科学研究能力和严谨缜密的科学态度。在试验过程中要严格按照试验方法，一丝不苟地进行试验；要了解试验条件对试验结果的影响，并对试验数据、试验结果进行正确的分析和判断。通过试验操作以及对试验数据的分析，学生一方面可以丰富感性认识，加深对本课程知识的理解；另一方面对于培养科学试验技能以及提高分析问题、解决问题的能力，具有十分重要的作用。

第一章

土木工程材料的基本性质

在不同的土木工程建筑中，在建筑物的不同部位，土木工程材料都扮演着不同的"角色"，发挥着不同的作用，从而要求各种材料必须具备相应的性质。例如，处于地震带的土木工程必须具备抗震能力；保温材料必须具备隔热的性能；承重构件必须具备相应的强度等。另外，建筑物本身还会受到诸如风霜雨雪、化学侵蚀、真菌腐蚀等因素的破坏作用，相应地，构成建筑物的材料必须具备抵抗这些因素的能力，以保证其经久耐用性。因此，在土木工程材料的选择与应用上，应该首先考虑各类材料的性质。在这些性质中，有一部分是大多数土木工程材料都必须具备的性质，称为基本性质，而本章主要介绍这类基本性质，包括基本的物理力学性质和材料的耐久性。

第一节　土木工程材料的组成和结构

土木工程材料的性质，除与本身的组成成分有关以外，还与其组成和结构有很大关系。因此，要掌握材料的性质，必须了解土木工程材料的组成、结构与材料性质的关系，从而能够合理地选用材料。

一、材料的组成

材料的组成包括材料的化学组成、矿物组成和相组成。它们是决定材料物理力学性质的重要因素，也影响材料的耐久性。

1. 化学组成

化学组成是指构成材料的化学元素以及化合物的种类和数量。材料的化学组成不同是造成其性能各异的主要原因。例如，不同种类合金钢的性质不同，主要是其所含合金元素如C、Si、Mn、V、Ti 的不同所致。而当材料与所处环境中各类物质相接触时，它们之间按照化学规律发生相应的相互作用。例如，硅酸盐水泥之所以不能用于海洋工程，主要是因为硅酸盐水泥石中所含的 Ca (OH)$_2$ 与海水中的盐类会发生反应，生成体积膨胀或疏松无强度的产物所导致。

2. 矿物组成

通常，将无机非金属材料中具有特定晶体结构和物理力学性能的组织称为矿物。而矿物组成是指构成材料的矿物种类和数量。对于某些建筑材料，其矿物组成是决定材料性质的主要因素。例如，水泥熟料主要由 CaO、SiO$_2$、Al$_2$O$_3$ 和 Fe$_2$O$_3$ 等氧化物形成的硅酸三钙、硅酸二钙、铝酸三钙和铁铝酸四钙等四种熟料矿物组成，它们决定了水泥具有良好的水硬性，遇水能凝结、硬化并产生强度的主要性质。

3. 相组成

材料中物理状态、物理性质和化学性质完全均匀的部分称为相。自然界中的物质可分为气相、液相和固相三种形态。同种化学物质在不同的温度、压力等状态下可形成不同的相，例如，水可以以水蒸气、液态水和冰三种形态存在，但是其组分只有一种。土木工程材料大多是多相固体材料，这种由两相或两相以上的物质组成的材料，称为复合材料。例如，混凝土可认为是由骨粒颗粒分散在水泥浆体中所组成的两相复合材料。一般而言，相与相之间存在着明确的分界面，超过此界面，一定有某种宏观性质发生突变，例如，密度、组成。在实际的工程材料中，界面是一个较薄区域，其成分、结构与相是不同的，也可将界面作为一个单独的"界面相"来处理。因此，可通过改变和控制材料的相组成来达到改善和提高材料性能的目的。

二、材料的结构

材料的结构分为宏观结构、细观结构和微观结构三类。它在一定程度上决定了材料的性能。

1. 宏观结构

材料的宏观结构是指用肉眼或放大镜能够观察到的粗大组织。材料的宏观结构分类及主要特征如表 1-1 所示。

表 1-1　材料宏观结构分类及主要特征

分类方式	结构类别	特　点
按孔隙特征分类	致密结构	材料内部无孔隙，结构致密，如坚硬石材、玻璃、钢材等。强度及硬度较高，吸水性较小，抗渗性抗冻性较好，耐磨性好，隔热性差
	多孔结构	材料内部存在大量孔隙，又有大孔和微孔之分，孔隙率较高，如加气混凝土、石膏等。其性质主要取决于孔隙的特征、数量、大小及分布状态，通常强度低，吸水性较大，抗渗性抗冻性差，隔热性差
按组织构造特征分类	堆聚结构	由集料与胶凝材料胶结而成的结构，如水泥混凝土、砂浆等
	纤维结构	材料内部组成具备明显的方向性，组织中存在较多的孔隙，如木材、竹材、石棉等。具体表现为各向异性，通常平行纤维方向强度较高

续表

分类方式	结构类别	特 点
按组织构造 特征分类	层状结构	指天然形成或采用人工粘结方式将不同的片状材料胶合成整体的多层结构，如胶合板、纸面石膏板等。其各层材料性质不同，但是胶合后存在平面各向同性，且能够显著提高强度、硬度、隔热性和装饰性
	散粒结构	由松散粒状物质形成的结构，有密实颗粒与轻质多孔颗粒之分，如砂、石、陶粒等。结构存在大量的空隙，其空隙率主要取决于材料的颗粒级配

2. 细观结构

细观结构（亚微观结构）是指可用光学显微镜观察到的形貌特征。针对土木工程材料而言，其细观结构的研究需要分类进行。例如，金属包括铁素体、珠光体等；木材包括木纤维、树脂道、导管髓线等；岩石包括晶体颗粒、颗粒大小及分布情况、非晶体组织等。从细观结构层面进行分析，材料的各种组织结构特性各异，其性质、数量以及分布状态等都对材料的性能有着重要的影响。

3. 微观结构

微观结构是指原子、分子层次的结构。对微观结构特征的研究需要借助电子显微镜或者X射线来进行，而材料自身的很多物理力学性质都取决于材料的微观结构。从微观结构层次上，材料可分为晶体、玻璃体、胶体。

（1）晶体。晶体是内部质点（离子、原子、分子）在三维空间成周期性重复排列的固体，如图 1-1（a）所示。一般来说，晶体结构具备以下特点。

①各向异性。晶体的物理性质随观测方向而变化的现象称为各向异性，如压电性质、光学性质、磁学性质及热学性质等。例如，石墨的电导率，当沿晶体不同方向测其电导率时，得到方向不同而石墨的电导率数值也不同的结果。

②对称性。晶体的宏观性质一般说来是各向异性的，但并不排斥晶体在某几个特定的方向可以是异向同性的。晶体的宏观性质在不同方向上有规律重复出现的现象称为晶体的对称性。晶体的对称性反映在晶体的几何外形和物理性质两个方面。试验表明，晶体的许多物理性质都与其几何外形的对称性相关。

③解理性。解理性是指当晶体受到敲打、剪切、撞击等外界作用时，可沿某一个或几个具有确定方位的晶面劈裂开来的性质。例如，固体云母（一种硅酸盐矿物）很容易沿自然层状结构平行的方向劈为薄片，晶体的这一性质称为解理性，这些劈裂面则称为解理面。自然界的晶体显露于外表的往往就是一些解理面。

④固定的熔点。当晶体加热到某一特定的温度时，晶体开始熔化，且在熔化过程中保持温度不变，直至晶体全部熔化后，温度才又开始上升。

另外，根据组成晶体的质点及化学键的不同，晶体可分为离子晶体、原子晶体、分子晶体和金属晶体等。

（2）玻璃体。若熔融状态的物质迅速冷却（急冷），那么质点来不及按一定的规律排列便已经凝固，这时所形成的物质结构便是玻璃体（无定形体），如图 1-1（b）所示。玻璃体具有各向同性，无固定的外形，无固定熔点，破坏时也无清晰的解理面，并且由于玻璃体是急冷形成的结构，故内应力较大，具有明显的脆性，如玻璃。另外，玻璃体还具有化学不稳定性，即存在化学潜能，在一定的条件下易于其他物质发生化学反应。例如，水泥混凝土中掺加的粒化高炉矿渣、粉煤灰等。

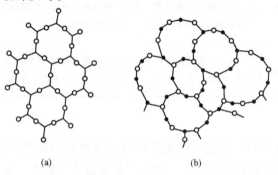

图 1-1　晶体与玻璃体的质点排列示意图

（a）晶体；（b）玻璃体

（3）胶体。由一些极微小的质点（粒径为 1～100 nm 的固体颗粒）分散在介质中所形成的结构体称为胶体。胶体与晶体和玻璃体最大的不同点是可呈分散相和网状结构两种结构形式，分别称为溶胶和凝胶。在特定条件下，也可形成溶胶—凝胶结构。溶胶具有较大的流动性，如涂料。溶胶失水后成为具有一定强度的凝胶结构，可以把材料中的晶体或其他固体颗粒粘结为整体。例如，气硬性胶凝材料水玻璃和硅酸盐水泥石中的水化硅酸钙和水化铁酸钙都呈胶体结构。凝胶具有触变性，被搅拌或振动后，又能变为溶胶；而凝胶完全脱水硬化后，便具备固体的性质和一定的强度。总体而言，与晶体以及玻璃体相比，胶体结构强度较低，变形较大。

第二节　土木工程材料的基本物理性质

一、材料与质量有关的性质

在开始介绍密度之前，首先必须要搞清楚材料到底由哪些体积构成。这有助于学生清晰地理解各种密度之间的关系。

1. 密度

密度是指材料在绝对密实状态下单位体积的质量。按下式计算：

$$\rho = \frac{m}{V}$$

式中　ρ——材料的密度（kg/m³ 或 g/cm³）；

　　　m——材料的质量（干燥至恒重）（kg 或 g）；

　　　V——材料在绝对密实状态下的体积（m³ 或 cm³），如图 1-2 所示。

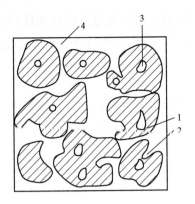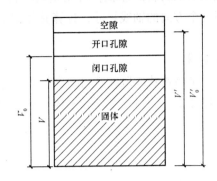

图 1-2　散粒材料体积构成示意图

1—颗粒中固体部分；2—开口孔隙；3—闭口孔隙；4—空隙

V—固体体积；V_0—表观体积；V'—自然体积；V_0'—堆积体积

除了钢材，玻璃等少数材料外，绝大多数材料内部都有一些孔隙。例如，混凝土、砖、石材等。在测定有孔隙材料（如砖、石等）的密度时，应把材料磨成细粉，干燥后，用李氏瓶测定其绝对密实体积，材料磨得越细，测得的密实体积数值越精确。而对于像砂这类相对密实的材料，其内部虽有着少量的闭口孔隙，但是这些孔隙即无法排除又没有物质可以进入。考虑这类材料孔隙本身较少，在测量密度时可不用磨成细粉，直接采用排水法测量其密度即可，相应的密度称为近似密度。

2. 表观密度

表观密度是指单位体积（含材料固体及闭口孔隙体积）物质颗粒的干质量。按下式计算：

$$\rho_0 = \frac{m}{V_0}$$

式中　ρ_0——材料的表观密度（kg/m³ 或 g/cm³）；

　　　m——材料的质量（干燥至恒重）（kg 或 g）；

　　　V_0——材料在只包含闭口孔隙条件下的体积（m³ 或 cm³），如图 1-2 所示。

通常，对于外形不规则的材料采用排水法测量其表观密度；对于外形规则的材料可直接测量体积计算表观密度。需要注意的是，当材料含有水分时，其质量和体积均会产生变化，导致测得的表观密度有变，因此在测量时要特别注明其含水状况。一般情况下，通常所说的表观密度是指气干状态（长期在空气中干燥）下的表观密度；而在烘干状态下的表观密度称为干表观密度。

3. 体积密度

体积密度是指材料在自然状态下单位体积（包括材料固体及其开口孔隙、闭口孔隙体积）的质量。按下式计算：

$$\rho' = \frac{m}{V'}$$

式中　ρ'——材料的体积密度（kg/m³ 或 g/cm³）；

　　　m——材料的质量（kg 或 g）；

　　　V'——材料在自然状态下的体积（m³ 或 cm³），如图 1-2 所示。

对于规则形状材料的体积，可用量具测得。例如，加气混凝土砌块的体积是逐块量取长、宽、高三个方向的轴线尺寸，计算其体积；对于不规则形状材料的体积，可用封蜡排液法测得。

4. 堆积密度

堆积密度是指粉状或散粒状材料在堆积状态下单位体积的质量，相应的体积称为堆积体积，包括固体体积、闭口及开口孔隙体积和空隙体积。按下式计算：

$$\rho_0' = \frac{m}{V_0'}$$

式中 ρ_0'——材料的堆积密度（kg/m^3 或 g/cm^3）；

m——材料的质量（kg 或 g）；

V_0'——材料的堆积体积（m^3 或 cm^3），如图 1-2 所示。

材料的堆积密度反映散粒构造材料堆积的紧密程度及材料可能的堆放空间。对于同一种材料而言，堆积状态不同，其堆积体积也会不同。一般而言，松散状态下堆积体积较大，而密实状态下堆积体积较小，通常所说的堆积密度是指材料的松散堆积密度。

在土木工程中，计算材料用量、堆放空间、配料等时，需要用到材料的密度、表观密度、体积密度和堆积密度。

二、材料的孔隙率与密实度

1. 孔隙率

孔隙率是指材料内部孔隙的体积占其总体积的百分率。按下式计算：

$$P = \frac{V_0 - V}{V_0} \times 100\% = \left(1 - \frac{V}{V_0}\right) \times 100\% = \left(1 - \frac{\rho_0}{\rho}\right) \times 100\%$$

式中 P——材料的孔隙率（%）。

2. 密实度

密实度是指材料被固体物质所充填的程度，按下式计算：

$$D = \frac{V}{V_0} \times 100\% = \frac{\rho_0}{\rho} \times 100\%$$

式中 D——材料的密实度（%）。

因此，密实度与孔隙率之间的关系为：$D + P = 1$（密实度 + 孔隙率 = 1）。

材料的孔隙率以及密实度的大小直接反映了材料的致密程度。而孔隙又具备大小、形状、连通性、分布等特征，孔隙的特征直接影响材料的某些性能。通常情况下，用作保温隔热或吸声的材料宜选用孔隙率大的材料，如保温网格布；用作吸水的材料宜选用开口孔隙多的材料，如海绵；用作承重结构的材料宜选用孔隙率小的材料，如混凝土。因此，除孔隙率外，材料的孔隙特征也对材料的性能有着重要的影响。

三、材料的空隙率与填充率

1. 空隙率

空隙率是指散粒状或粉状材料颗粒之间的空隙体积占其堆积体积的百分率。按下式计算：

$$P' = \frac{V_0' - V_0}{V_0'} \times 100\% = \left(1 - \frac{\rho_0'}{\rho_0}\right) \times 100\%$$

式中 P'——材料的空隙率（%）。

2. 填充率

填充率是指散粒状或粉状材料被颗粒所充填的程度，与空隙率相对，按下式计算：

$$D' = \frac{V_0}{V_0'} \times 100\% = \frac{\rho_0'}{\rho_0} \times 100\%$$

式中 D'——材料的填充率（%）。

因此，空隙率与填充率之间的关系为：$D' + P' = 1$（空隙率＋填充率＝1）。

空隙率和填充率的大小反映了散粒状或粉状材料的颗粒之间相互充填的程度，常作为混凝土配制时控制集料级配和计算配合比的重要依据。

四、材料与水相关的性质

1. 亲水性与憎水性

材料与水接触时能被水润湿的性质称为亲水性。相反，若材料与水接触时不能被水润湿的性质称为憎水性。材料被水湿润的情况，可用润湿边角 θ 表示，如图1-3所示。

图1-3 材料湿润边角示意图

（a）亲水性材料；（b）憎水性材料

当材料与水接触时，在材料、水、空气三相的交点处，沿水滴表面的切线与水和固体接触面的夹角 θ，称为润湿边角。θ 越小，表明材料越易被水润湿。一般认为，当 $\theta \leqslant 90°$ 时，水分子之间的内聚力小于材料表面分子与水分子之间的吸引力，此时材料能被水润湿而表现出亲水性，这种材料称为亲水性材料，如图1-3（a）所示。常见的亲水性材料，如混凝土、砂浆、砖、石、木材等。当 $\theta > 90°$ 时，水分子之间的内聚力大于材料表面分子与水分子之间的吸引力，此时材料表面不吸附水。这种材料称为憎水性材料，如图1-3（b）所示，如沥青、石蜡、塑料等。当 $\theta = 0°$ 时，表明材料完全被水润湿。

2. 吸水性与吸湿性

（1）吸水性。材料与水接触吸收水分的能力，称为材料的吸水性。吸水性的大小，常用吸水率表示。吸水率是指材料吸水饱和时的吸水量占材料干燥质量的百分率。吸水率分为质量吸水率和体积吸水率两种表达方式。

质量吸水率（W_m）是指材料吸水饱和时所吸收水分的质量占干燥状态下材料质量的百分率。按下式计算：

$$W_m = \frac{m_1 - m}{m} \times 100\%$$

式中　W_m——材料的质量吸水率（%）；

　　　m——材料在干燥状态下的质量（g 或 kg）；

　　　m_1——材料在吸水饱和状态下的质量（g 或 kg）。

体积吸水率（W_V）是指材料吸水饱和时所吸收水分的体积占表观体积的百分率。按下式计算：

$$W_V = \frac{m_1 - m}{V_0} \cdot \frac{1}{\rho_W} \times 100\%$$

式中　W_V——材料的体积吸水率（%）；

　　　ρ_W——水的密度（g/cm³ 或 kg/m³）；常温下取 1 g/cm³。

在通常情况下，吸水率用质量吸水率表示。吸水性大小与材料本身的性质（如憎水性还是亲水性）、孔隙率大小以及孔隙特征（开口孔隙还是闭口孔隙）等有关。总而言之，材料的吸水性主要取决于材料的孔隙率和孔隙特征。具有微小且连通的开口孔隙的材料，其吸水能力很强，如高吸水树脂；若是具有粗大开口孔隙的材料，水分虽容易渗入，但是仅仅是被水湿润不宜留存，如海绵；而如果材料具有闭口孔隙，那么水分不易渗入，吸水性不好，如塑料。

（2）吸湿性。材料在潮湿空气中吸收水分的性质，称为吸湿性。材料的吸湿性常用含水率来表示，即材料中所含水的质量与干燥状态下材料的质量之比。按下式计算：

$$W = \frac{m_1 - m}{m} \times 100\%$$

式中　W——材料的含水率（%）；

　　　m——材料在干燥状态下的质量（g 或 kg）；

　　　m_1——材料在吸水饱和状态下的质量（g 或 kg）。

吸湿性随着空气湿度的变化而变化，是一种可逆行为。它既可以从空气中吸收水分，又可以向空气中释放水分。若材料的含水率和空气湿度达到平衡，此时的含水率称为平衡含水率。吸湿性也和材料的孔隙率和孔隙特征有关。一般而言，具有微小的开口孔隙的材料，吸湿性好，如木材。

3. 耐水性

材料抵抗水的破坏作用的能力称为材料的耐水性。材料的耐水性应该包括水对材料多方面的劣化作用，但是习惯上将水对材料的力学性质及结构性质的劣化作用称为耐水性。常用软化系数（K_R）表示，按下式计算：

$$K_R = \frac{f_b}{f_g}$$

式中　K_R——材料的软化系数；

　　　f_b——材料在吸水饱水状态下的抗压强度（MPa）；

　　　f_g——材料在干燥状态下的抗压强度（MPa）。

在通常情况下，材料一旦含水，其强度都会有所下降，如花岗岩、木材、砖等。这是因为材料吸水后，在材料表面力的作用下，水分子会在材料表面定向吸附，从而产生劈裂破坏作用，导致材料强度降低；同时，水分子进入材料内部后，材料会产生吸水膨胀，孔隙率增加，也会降低材料强度。

因此，软化系数的范围为 0~1。如钢铁、玻璃、陶瓷近似于 1，而诸如石膏、石灰类的材料软化系数较低。一般而言，软化系数 $K_R > 0.85$ 的材料，可以认为是耐水的。K_R 越小，说明材料在水中强度的损失越大。根据 K_R 的大小，可以判断材料是否能用于有水的场合。长期受水浸泡或处于潮湿环境中的重要建筑物，应选择 $K_R < 0.85$ 的材料；受潮较轻或次要建筑物的材料，其软化系数也不宜小于 0.75。

4. 抗渗性

材料抵抗压力水渗透的性质，称为抗渗性。水的渗透会对材料的性质和使用带来极大的不便，尤其是当材料处于压力水中时，材料的抗渗性对工程的使用寿命起到决定性的作用。在通常情况下，材料的抗渗性有渗透系数和抗渗等级两种表示方式。诸如沥青等防水防潮材料常用渗透系数来表示，而对于砂浆、混凝土等材料我国习惯用抗渗等级来表示其抗渗性。

渗透系数（K）按下式计算：

$$K = \frac{Qd}{AtH}$$

式中　K——材料的渗透系数（cm/h）；

Q——渗透量（cm^3）；

d——试件厚度（cm）；

A——渗水面积（cm^2）；

t——渗水时间（h）；

H——静水压力水头（cm）。

K 越大，表示材料渗透的水量越多，即抗渗性越差。

抗渗等级是以 28 d 龄期的标准试件，按标准试验方法进行试验时所能承受的最大水压力来确定，用"Pn"来表示。其中，n 表示材料能抵抗的最大水压力的 10 倍。例如，混凝土的抗渗等级划分为 P4、P6、P8、P10、P12、大于 P12 等六个等级，相应表示能抵抗 0.4 MPa、0.6 MPa、0.8 MPa、1.0 MPa、1.2 MPa 及大于 1.2 MPa 的静水压力而不渗水。

5. 抗冻性

抗冻性是指材料在吸水饱和状态下，经多次冻融循环而不破坏，同时强度也不显著降低的性质。材料的抗冻性用抗冻等级表示。抗冻等级是用标准试验方法让材料经受多次冻融循环作用，测得其强度损失率不超过 25% 且质量损失率不超过 5%，并无明显损坏和剥落时所能抵抗的最多冻融循环次数来确定。常用 Fn 表示，其中 n 表示材料所能经受的最大冻融循环次数。例如，F50 表示材料在一定试验条件下最多能承受 50 次冻融循环作用。

材料抗冻性的好坏与材料的孔隙率、孔隙特征、充水程度和冻结速度等有关。

五、材料的热工性能

1. 导热性

当材料两侧存在温度差时，热量将由温度高的一侧通过材料传递到温度低的一侧，材料的这种传导热量的能力，称为导热性。材料的导热性可用导热系数表示。导热系数是指在稳态条件和单位温差作用下，通过单位厚度、单位面积匀质材料的热流量。其物理意义是厚度为 1 m 的材料，当温度每改变 1 K 时，在 1 s 时间内通过 1 m^2 面积的热量。按下式计算：

$$\lambda = \frac{Q\delta}{(T_1 - T_2)At}$$

式中　λ——材料的导热系数 [W/ (m·K)]；

　　　Q——传热量（J）；

　　　δ——材料厚度（m）；

　　　$T_1 - T_2$——材料两侧的温差（K）；

　　　A——传热面积（m^2）；

　　　t——传热时间（s）。

材料的导热系数越小，表示其绝热性能越好。各种材料的导热系数差别很大。一般而言，金属材料的导热系数最大，无机非金属材料次之，有机材料最小。例如，泡沫塑料 λ = 0.035 W/ (m·K)，而大理石 λ = 3.48 W/ (m·K)。导热系数与材料的孔隙特征有关，孔隙率相同时，具有微小闭口孔隙的材料比具有粗大开口孔隙的材料导热性小。另外，材料受潮或受冻时，导热系数急剧增大，所以对保温绝热材料要做好防水、防潮的措施。在工程中通常把 $\lambda \leqslant 0.23$ W/ (m·K) 的材料称为绝热材料。

2. 热容量和比热容

材料受热时吸收热量，冷却时放出热量的性质称为热容。材料的热容可用热容量表示。比热容是指单位质量的材料温度升高 1 K（或降低 1 K）时所吸收（或放出）的热量，用 c 来表示。按下式计算：

$$c = \frac{Q}{m(T_1 - T_2)}$$

式中　c——材料的比热容 [J/ (g·K)]；

　　　Q——材料吸收（或放出）的热量（J）；

　　　m——材料的质量（g）；

　　　$T_1 - T_2$——材料受热（或冷却）前后的温度差（K）。

不同的材料比热容不同，比热容是材料的一种特性。即使同一种物质，在不同的状态下，其比热容也是不同的。例如，水的比热容是 4.2 J/ (g·K)，冰的比热容是 2.1 J/ (g·K)。在常见的固体和液体物质中，水的比热容最大，故常用水作为介质来调节气候或者冷却、取暖。

比热容 c 与质量 m 的乘积即材料的热容量，单位为 J/K。材料的热容量对保持建筑物内部温度稳定有重要的意义。热容量大的材料，能在热流变动或者采暖空调工作不平衡时，减小室内的温度变动。

导热系数表示材料传递热量的能力，热容量表示材料储存热量的能力。因此，在进行建筑物选材时，应选用导热系数较小而热容量较大的材料，以保持建筑物室内温度的稳定。几种常用的土木工程材料的热工性质指标如表1-2所示。

表1-2　几种常用土木工程材料的热工性质指标

材料名称 热工性质指标	钢材	混凝土	木材	黏土砖	花岗岩	空气	水	沥青	玻璃棉
导热系数/$[W\cdot(m\cdot K)^{-1}]$	58.20	1.28	0.35	0.55	2.90	0.025	0.60	0.60	0.046
比热容/$[J\cdot(g\cdot K)^{-1}]$	0.46	0.88	1.63	0.84	0.80	1.00	4.19	1.68	1.22
注：材料的热工性质指标受自身和环境多种因素影响，表中数据仅供参考。									

3. 耐燃性

耐燃性是指材料在火焰和高温作用下，不破坏、强度也不显著降低的性质。我国将建筑材料根据其燃烧性能进行了分级（参考 GB 8624—2012），如表1-3 所示。在建筑物的不同部位，根据其使用特点和重要性可选择不同耐燃性的材料。

表1-3　建筑材料及制品的燃烧等级

燃烧性能等级	名称
A	不燃材料（制品）
B_1	难燃材料（制品）
B_2	可燃材料（制品）
B_3	易燃材料（制品）

4. 耐火性

耐火性是材料在火焰和高温作用下，保持其不破坏、性能不明显下降的能力。用耐火极限表示，也可以用耐火度来表示。耐火极限是指在标准耐火试验条件下，建筑构件、配件或结构从受到火的作用时起，至失去承载能力、完整性或隔热性时止所用时间，用小时（h）表示。根据耐火度的不同，工程材料的分类如表1-4 所示。

表1-4　工程材料耐火度分类表

耐火材料	耐火度≥1 580 ℃
难熔材料	耐火度1 350~1 580 ℃
易熔材料	耐火度≤1 350 ℃

我国又将耐火材料根据建筑物构件的燃烧性能进行了耐火等级的分类（见表1-5）。

表1-5　建筑物耐火等级分类表（GB 50016—2014）

建筑物耐火等级	建筑构件燃烧性能
一级	主要建筑构件全部为不燃烧性
二级	主要建筑构件除吊顶为难燃烧性，其他为不燃烧性
三级	屋顶承重构件为可燃性
四级	防火墙为不燃烧性，其余为难燃性和可燃性

需要特别注意的是，耐燃性和耐火性概念的区别。耐燃的材料不一定耐火，耐火的一般

都耐燃。例如，钢材是非燃烧材料，但其耐火极限仅有 0.25 h，因此，钢材虽为重要的建筑结构材料，但其耐火性较差，使用时须进行特殊的耐火处理。

5. 温度变形

温度变形是指材料在温度变化时产生的体积变化，多数材料在温度升高时体积膨胀，温度下降时体积收缩。温度变形在单向尺寸上的变化称为线膨胀或线收缩，一般用线膨胀系数（α）来表示。按下式计算：

$$\alpha = \frac{\Delta L}{(T_2 - T_1)\, L}$$

式中　α——材料在常温下的平均线膨胀系数；

　　　ΔL——材料的线膨胀或线收缩量（mm）；

　　　$T_2 - T_1$——温度差（K）；

　　　L——材料原长（mm）。

材料的线膨胀系数一般较小，但由于土木工程结构的尺寸较大，温度变形引起的结构体积变化仍是关系其安全与稳定的重要因素。在工程上，常用预留伸缩缝的办法来解决温度变形的问题。

第三节　土木工程材料的基本力学性质

建筑物构件在使用过程中必然会受到各种荷载的作用，引起变形和内力。在进行结构设计时，为保证建筑物的安全可靠，必须首先考虑建筑物结构材料的力学性质。土木工程材料的力学性质是指材料在外力作用下的变形以及抵抗破坏的性质。

一、材料的强度

1. 材料受力状态

材料在外力的作用下，由于外力作用方向和作用面（点）的不同，使得材料在受力时表现为不同的受力状态。几种材料典型的受力状态如图 1-4 所示。

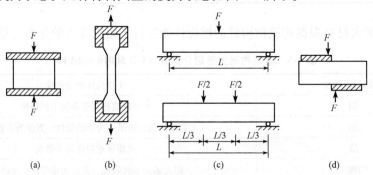

图 1-4　材料受力状态示意图

（a）压力；（b）拉力；（c）弯矩；（d）剪切

2. 强度

在力学上，材料在外力作用下抵抗破坏（变形和断裂）的能力称为强度。当材料开始承受外力时，其内部即产生相应的内力来抵抗外力的作用，随着外力的逐渐增大，内应力也相应增加，直到结构材料无法承受更大的外力时，材料即破坏。此时，材料所能承受的最大应力值称为极限应力，也就是材料的强度。按外力作用性质的不同，材料的强度主要有屈服强度、抗拉强度、抗压强度、抗弯强度、抗剪强度等。

材料的抗拉强度、抗压强度、抗剪强度可通过单向荷载（拉伸、压缩、剪切等）试验确定。按下式计算：

$$f = \frac{P_{max}}{A}$$

式中　f——材料的强度（N/mm^2 或 MPa）；

　　　P_{max}——材料破坏时所能承受的最大荷载（N）；

　　　A——受力截面的面积（mm^2）。

材料的抗弯强度的确定与加荷方式有关。常用的试验加荷方法有单点集中加荷和三分点加荷两种。

当矩形截面的条形试件两支点的中点作用一集中荷载时，抗弯强度按下式计算：

$$f = \frac{3F_{max}L}{2bh^2}$$

当在试件两支点的三分点处作用两个相等的集中荷载（$F/2$）时，抗弯强度按下式计算：

$$f = \frac{F_{max}L}{bh^2}$$

式中　f——材料的抗弯强度（N/mm^2 或 MPa）；

　　　F_{max}——破坏时的最大荷载（N）；

　　　L——两支点的间距（mm）；

　　　b、h——试件横截面的宽度与高度（mm）。

3. 材料强度的影响因素

影响材料强度的因素很多，主要包括以下几个方面：

（1）材料的组成、结构与构造。同一种材料，若构造不同，其强度也不同。材料的孔隙率越大，强度越低；密实度越大，强度越高；对于晶体结构材料而言，细晶粒的材料强度高。

（2）材料的含水状态。一般而言，材料在含水状态下的强度比干燥状态时低。

（3）温度。温度升高时，材料强度一般会降低，如沥青混凝土。

（4）试验条件和试验方法。试件尺寸越小，测得强度越高；加荷速度越快，测得强度越高；抗压试验时，承压板与试件之间摩擦越小，测得强度越低。

由此可知，材料的强度是在特定条件下测定的。因此，为了使试验数据准确且具有可比性，试验一定要在标准试验环境下进行。

常用土木工程材料的强度见表1-6。

表1-6　常用土木工程材料的强度　　　　　　　N/mm² 或 MPa

材料	抗压强度	抗拉强度	抗弯强度
花岗岩	100～250	5～8	10～14
混凝土	7.5～60	1～4	3.0～10.0
松木（顺纹）	30～50	80～120	60～100
建筑钢材	240～1 500	240～1 500	—
注：表中数据仅供参考			

4. 材料的强度等级

相同种类的材料，由于各种因素的影响，强度差异很大，如木材的顺纹抗拉强度高于抗压强度；不同种类的材料，强度差异也很大，如混凝土抗压强度高而抗拉强度低，而钢材抗拉强度高而抗压强度低。因此，通常根据其强度将土木工程材料划分为若干个不同的等级，称为强度等级。强度等级是衡量材料力学性质的主要指标。脆性材料（混凝土、砖、砂浆等）主要承受压力，按抗压强度划分材料强度等级；韧性材料（钢材等）主要承受拉力，按其抗拉时的屈服强度划分材料强度等级。

5. 比强度

比强度是按单位体积质量计算的材料强度，即材料的强度与其表观密度之比，是衡量材料轻质高强的一项重要指标。比强度越大，材料轻质高强的性能越好。优质的结构材料，要求具有较高的比强度。轻质高强的材料是未来建筑材料发展的主要方向。

二、材料的弹性和塑性

材料在外力的作用下，会产生不同程度的变形。根据变形的性质，可分为弹性变形和塑性变形，如图1-5所示。

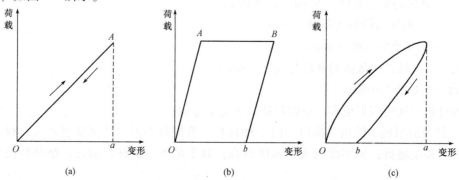

图1-5　材料的变形曲线
（a）弹性材料变形曲线；（b）塑性材料变形曲线；（c）弹塑性材料变形曲线

1. 弹性

材料在外力作用下产生变形，当卸除外力后，能够完全恢复原来形状的性质称为弹性。相应的变形称为弹性变形，如图1-5（a）所示；相应的材料称为完全弹性材料。弹性变形是可逆的，其数值大小与所受外力成正比，比例系数称为弹性模量，用字母 E 表示，它是衡量材料抵抗变形能力的指标。在弹性变形范围内，人们通常认为 E 是一个常数。按下式计算：

$$E = \frac{\sigma}{\varepsilon}$$

式中　E——弹性模量（MPa）；

　　　σ——材料所受的应力（MPa）；

　　　ε——材料在应力 σ 作用下产生的应变，无量纲量。

通常认为，弹性模量越大，材料越不宜变形。它是进行结构设计时的重要参数。

2. 塑性

材料在外力作用下产生变形，当卸除外力后，变形不能恢复的性质称为塑性。相应的变形称为塑性变形（或永久变形），如图 1-5（b）所示，相应的材料称为塑性材料。塑性变形是不可逆的。

值得注意的是，完全弹性或完全塑性的材料是不存在的。大多数材料在受力比较小的时候，仅产生弹性变形；当受力超过一定限度后，便出现塑性变形。例如，低碳钢。还有一些材料在一开始受力时，弹性变形和塑性变形就同时产生，卸除外力后，恢复弹性变形，而塑性变形不能恢复。例如，混凝土，人们将这类材料称为弹塑性材料，如图 1-5（c）所示。

三、材料的脆性和韧性

1. 脆性

材料受外力的作用，当外力达到一定值时，材料无明显塑性变形而突然破坏的性质，称为脆性，相应的材料称为脆性材料，如图 1-6（a）所示。例如，普通混凝土、砖、石材等。这类材料的抗压强度远大于其抗拉、抗弯强度，其抵抗冲击和振动的能力很差，不宜用于承受振动和冲击的工程。但是，由于其抗压强度较高，常用作承压构件。

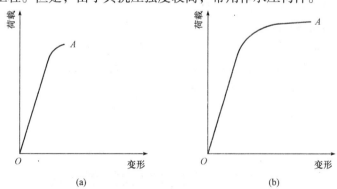

图 1-6　材料脆性变形和韧性变形曲线图

（a）脆性变形；（b）韧性变形

2. 韧性

材料在冲击或振动荷载的作用下，能够吸收较大能量，产生一定变形而不发生突然破坏的性质，称为韧性。相应的材料称为韧性材料，如图 1-6（b）所示，例如，低碳钢、木材、塑料等。这类材料的抗拉强度接近或高于抗压强度。在土木工程中，对于要求承受冲击荷载和有抗震要求的工程结构。例如，吊车梁、路面等所用材料，均应具有较高的韧性。

四、材料的硬度和耐磨性

1. 硬度

硬度是指材料抵抗其他物体刻划或压入其表面的能力。固体对外界物体入侵的局部抵抗能力，是比较各种材料软硬的指标。由于规定了不同的测试方法，所以有不同的硬度标准。常用的测定材料硬度的方法有刻划法、压入法、回跳法和回弹法。

（1）刻划法主要用于矿物材料的硬度测定。其方法是选一根一端硬一端软的棒，将被测材料沿棒划过，根据出现划痕的位置确定被测材料的软硬。定性地说，硬物体划出的划痕长，软物体划出的划痕短。其测定的主要是莫氏硬度。

（2）压入法主要用于金属材料的硬度测定。其方法是用一定的荷载将规定的压头压入被测材料，以材料表面局部塑性变形的大小比较被测材料的软硬。由于压头、荷载以及荷载持续时间的不同，压入硬度有多种，主要是布氏硬度、洛氏硬度和维氏硬度等。

（3）回跳法主要用于金属材料的硬度测定。其方法是使一特制的小锤从一定高度自由下落冲击被测材料的试样，并以试样在冲击过程中储存（继而释放）应变能的多少（通过小锤的回跳高度测定）确定材料的硬度。其测定的主要是肖式硬度、理氏硬度等。

（4）回弹法主要用于混凝土表面硬度的测定，并可间接推算混凝土的强度。

2. 耐磨性

耐磨性是指材料表面抵抗磨损的特性，用磨损率表示。按下式计算：

$$N = \frac{(m_1 - m_2)}{A}$$

式中　N——材料的磨损率（g/cm^2）；

$\quad\quad m_1$、m_2——试件磨损前、后的质量（g）；

$\quad\quad A$——试件受磨面积（cm^2）。

材料的耐磨性与材料的结构、强度以及硬度等有关。一般而言，硬度越大、越致密的材料其耐磨性越好，但也存在不易加工的问题。在土木工程中，有些经常受到磨损的部位，例如，道路路面、桥面等，在选材时必须要考虑材料的耐磨性。

第四节　土木工程材料的耐久性

材料的耐久性是指材料在环境的多种因素作用下，不变质、不破坏，能够保持其原有性能的性质。

材料在使用过程中，长期受到周围环境和自然因素的作用，这些作用可大致概况为机械作用、化学作用、物理作用和生物作用。同时，影响材料耐久性的内在因素也很多，包括材料本身的组成结构、致密程度、强度、孔隙率和孔隙特征等。各种因素的交叉综合作用，使得耐久性成为一项综合指标，难以用某一个参数来表示，包括抗冻性、耐水性、耐磨性、抗老化、抗腐蚀性等。在工程上常用材料抵抗使用环境中主要影响因素的能力来评价耐久性，不同建筑部位以及所处环境不同，所考虑的特殊性质不同。例如，地面材料应具有较好的耐磨性；地下或水下工程应具有良好的耐水性和抗渗性；处于暴露环境的有机材料应具有良好的抗老化性能等。

在实际工程中，经常发生因为耐久性不足而导致工程结构过早破坏的事故。因此，深入地了解并掌握材料耐久性的本质，从而提高材料的耐久性显得尤为重要。目前，已有的提高耐久性的措施包括提高材料密实度、降低孔隙率，尤其是开口孔隙率、增设保护层等。提高材料耐久性，除了能够保证建筑物正常使用以外，还能够节约材料、减少维修费用，延长建筑物的寿命。

复习思考题

一、填空题

1. 材料的耐水性用＿＿＿＿＿表示，该指标大于＿＿＿＿＿的材料可视为耐水材料。

2. 对于开口微孔材料，当其孔隙率增大时，材料的密度＿＿＿＿＿。

3. 对于开口微孔材料，当其孔隙率增大时，材料的吸水性＿＿＿＿＿，材料抗冻性＿＿＿＿＿。

4. 评价材料是否轻质高强的指标为＿＿＿＿＿。

5. 材料的亲水性与憎水性用来表示＿＿＿＿＿。

6. 材料的弹性模量反映材料的＿＿＿＿＿能力。

7. 含水率为 1% 的湿砂 202 g，其中含水量为＿＿＿＿＿g。

8. 选择建筑物围护结构的材料时，应选用＿＿＿＿＿材料，保证良好的室内气候环境。

9. 材料的强度的确定视材料的种类的不同而不同，对于脆性材料是以＿＿＿＿＿作为强度指标的。

二、判断题

1. 对于任何一种材料，其密度都大于其体积密度。 （　　）

2. 将某种含孔材料分别置于不同的环境，所测得密度值中以干燥状态下的密度值最小。 （　　）

3. 材料的含水率越高，其表观密度越大。 （　　）

4. 具有粗大或封闭孔隙的材料，其吸水率小，而具有细小或连通孔隙的材料吸水率大。 （　　）

5. 凡是含孔材料其体积吸水率都不能为零。 （　　）

6. 软化系数越大，说明材料的抗渗性越好。 （　　）

7. 在进行材料抗压强度试验时，大试件比小试件的试验结果数值偏小。 （　　）

8. 对于孔隙率相同的同种材料，孔隙细微或封闭的材料其保温性能好，而孔隙大且连通的材料保温性能差些。 （　　）

9. 隔热材料与吸声材料一样，都需要孔隙结构为封闭孔隙。 （　　）

10. 耐燃性好的材料耐火性一定好。 （　　）

三、单项选择题

1. 对于某材料来说，无论环境怎样变化，其（　　）都是一个定值。

    A. 强度
                 B. 密度

    C. 导热系数
           D. 平衡含水率

2. 某材料含水率与环境平衡时的抗压强度为 40 MPa，干燥时抗压强度为 42 MPa，吸水饱和时抗压强度为 39 MPa，则材料的软化系数为（　　）。

    A. 0. 93
        B. 0. 91
        C. 0. 83
        D. 0. 76

3. 降低同一种材料的密实度，则其抗冻性（　　）。

    A. 提高
        B. 不变
        C. 降低
        D. 不一定降低

4. 含水率为 4% 的砂 100 g，其中干砂重（　　）g。

    A. 94. 15
        B. 95. 25
        C. 96. 15
        D. 97. 35

5. 下列材料中，可用作承重结构的是（　　）。

    A. 加气混凝土
           B. 塑料

    C. 石膏板
            D. 轻集料混凝土

6. 材料抗渗性的指标为（　　）。

    A. 软化系数
           B. 渗透系数

    C. 抗渗指标
           D. 吸水率

7. 用于吸声的材料，要求其具有（　　）孔隙的多孔结构材料，吸声效果最好。

    A. 大孔
           B. 内部连通而表面封死

    C. 封闭小孔
           D. 开放连通

8. 原材料品质完全相同的 4 组混凝土试件，它们的表观密度分别为 2 360 kg/m³、2 400 kg/m³、2 440 kg/m³ 及 2 480 kg/m³。通常，其强度最高的是表观密度为（　　）kg/m³ 的那一组。

    A. 2 360
        B. 2 400
        C. 2 440
        D. 2 480

9. 某一材料在下列指标中为常数的是（　　）。

    A. 密度
           B. 表观密度

    C. 导热系数
           D. 强度

10. 评价材料抵抗水的破坏能力的指标是（　　）。

    A. 抗渗等级
           B. 抗冻等级

    C. 渗透系数
           D. 软化系数

四、问答题

1. 简述孔隙及孔隙特征对材料强度、表观密度、吸水性、抗渗性、抗冻性的影响。

2. 什么是材料的耐久性？在工程结构设计时应如何考虑材料的耐久性？

3. 生产材料时，在组成成分一定的情况下，可采取什么措施提高其强度和耐久性？

4. 什么是材料的导热性？用什么表示？如何利用材料的孔隙提高材料的保温性能？

五、计算题

1. 某石灰岩的密度为 2.68 g/cm³，孔隙率为 1.5%。现将石灰岩破碎成碎石，碎石的堆积密度为 1 520 kg/m³，求此碎石的表观密度和空隙率。

2. 密度为 2.68 g/cm³，表观密度为 2.34 g/cm³，质量为 720 g 绝干的该材料浸水饱和后擦干表面并测得质量为 740 g。求该材料的孔隙率、质量吸水率、体积吸水率、开口孔隙率、闭口孔隙率。(假定开口孔全可充满水)

3. 将卵石洗净并吸水饱和后，用布擦干表面称 1 005 g，将其装入广口瓶内加满水称其总质量为 2 475 g，广口瓶盛满水质量为 1 840 g，经烘干后称其质量为 1 000 g，试问上述条件可求得卵石的哪些相关值？各是多少？

第二章

无机气硬性胶凝材料

胶凝材料，又称胶结料，在物理、化学作用下，能从浆体变成坚固的石状体，并能胶结其他物料，制成有一定机械强度的复合固体的物质。在土木工程材料中，凡是经过一系列物理、化学变化能将散粒状或块状材料粘结成整体的材料，统称为胶凝材料。

根据化学组成的不同，胶凝材料可分为无机胶凝材料与有机胶凝材料两大类。石灰、石膏、水泥等属于无机胶凝材料；而沥青、天然或合成树脂等属于有机胶凝材料。其中，无机胶凝材料按其硬化条件的不同，又可分为气硬性胶凝材料和水硬性胶凝材料两类。

气硬性胶凝材料只能在空气中硬化，也只能在空气中保持和发展其强度，如石灰、石膏和水玻璃等。气硬性胶凝材料一般只适用于干燥环境中，而不宜用于潮湿环境，更不可用于水中。水硬性胶凝材料和水成浆后，既能在空气中硬化，又能在水中硬化，保持和继续发展其强度，如硅酸盐水泥、铝酸盐水泥、硫铝酸盐水泥等。

在土木工程材料中，胶凝材料是基本材料之一，通过它的胶结作用能够将各种不同的材料进行配制，制成各种混凝土等建筑制品，并在此基础上衍生出许多新型材料。

第一节 石 灰

石灰是最早使用的胶凝材料之一，其原料分布广泛，生产工艺简单，成本低，所以至今仍被广泛地应用于土木工程。目前，在工程中常用的石灰制品有生石灰粉、消石灰粉和石灰膏。

一、石灰的生产

用于制备石灰的原材料有石灰石、白云石、白垩等，其主要成分都是碳酸钙。将原材料在一定温度下煅烧，碳酸钙（$CaCO_3$）分解成氧化钙（CaO），产物为块状生石灰，将其磨细后，就得到生石灰粉。其化学反应式如下：

$$CaCO_3 \xrightarrow{900\ ℃\ \sim\ 1\ 000\ ℃} CaO + CO_2 \uparrow$$

由于石灰石原料的尺寸大或煅烧时窑中温度分布不匀等原因，石灰中常含有欠火石灰和过火石灰。若温度较低、原料尺寸过大或者煅烧不充分，使得碳酸钙未完全分解，仍为石块，称为欠火石灰。这类石灰使用时缺乏粘结力，质量较差。反之，若煅烧时间过长或温度过高，将生成结构致密、颜色较深的过火石灰。这类石灰表面常包覆一层熔融物，熟化很慢，若使用在实际工程中，过火石灰会在石灰硬化结束后，仍然继续熟化而产生体积膨胀，影响工程质量。

因生产原料中常含有碳酸镁（$MgCO_3$），经煅烧后分解为氧化镁（MgO）。因此，根据氧化镁含量的多少，生石灰分为钙质石灰（$MgO \leqslant 5\%$）和镁质石灰（$MgO > 5\%$）两类。

二、石灰的熟化与硬化

1. 石灰的熟化

生石灰与水反应生成氢氧化钙〔$Ca(OH)_2$〕的过程，称为石灰的熟化或消化，反应生成的产物氢氧化钙称为熟石灰或消石灰，其化学反应式如下：

$$CaO + H_2O \rightarrow Ca(OH)_2 + 64.9 \times 10^3\ J$$

石灰熟化时放出大量的热，体积增大 $1.5 \sim 2$ 倍。因此，在石灰的储存运输中，应避免受潮，且不能与易燃易爆物品放在一起。石灰中一般都含有过火石灰，过火石灰熟化慢，当石灰已经硬化后，过火颗粒才开始熟化，体积膨胀而引起隆起和开裂。为了消除过火石灰的这种危害，通常将石灰浆放在储灰坑中"陈伏"2 周以上。陈伏时，应保证石灰浆表面留有一层水分，与空气隔绝，避免碳化。

工地上熟化石灰常用两种方法：消石灰浆法和消石灰粉法。根据加水量的不同，石灰可熟化成消石灰粉或石灰膏。石灰熟化的理论需水量为石灰质量的 32%。在生石灰中，均匀加入 60% ~ 80% 的水，可得到颗粒细小、分散均匀的消石灰粉；若用过量的水熟化，将得到具有一定稠度的石灰膏。

2. 石灰的硬化

石灰的硬化包括干燥结晶和碳化两个同时进行的过程。石灰浆体因水分蒸发或被吸收而干燥，在浆体内的孔隙网中，产生毛细管压力，使石灰颗粒更加紧密而获得强度，这种强度类似于黏土失水而获得的强度，其值不大，遇水会丧失。同时，由于干燥失水引起浆体中氢氧化钙溶液过饱和，结晶出氢氧化钙晶体，产生强度。同时，氢氧化钙会与空气中的二氧化碳（CO_2）反应生成碳酸钙，释放水分并蒸发，即发生碳化。其化学反应式如下：

$$Ca(OH)_2 + CO_2 + nH_2O = CaCO_3 + (n+1)H_2O$$

实际上，碳化作用是二氧化碳先与水形成碳酸（H_2CO_3），再与氢氧化钙反应生成碳酸钙，所以碳化过程必须在有水的状态下进行。碳化作用长期只在表面进行，以只有当孔壁完全湿润但又不被水充满时，碳化作用才能较快进行。反之，结晶作用则主要在内部发生。因此，随着时间的推移，表面形成的碳酸钙层达到了一定的厚度后，将阻碍二氧化碳向内渗透，同时，石灰浆体内部的水分不易渗出，减缓结晶的速度。总之，石灰浆体的硬化过程非常缓慢，硬化后形成表层为碳酸钙，里层是氢氧化钙的晶体。

三、石灰的技术性质与要求

1. 石灰的技术性质

（1）石灰的保水性、可塑性好。石灰熟化时，能自动形成颗粒极细（粒径约为 1 μm）的氢氧化钙胶体结构，表面吸附一层较厚的水膜，因此颗粒间的摩擦力减小，使得石灰具有良好的可塑性。在工程上，常被用来改善砂浆的保水性，以克服水泥砂浆保水性差的缺点。

（2）凝结硬化慢，强度低。由石灰的硬化过程可知，由于空气中二氧化碳含量较低，且碳化后形成的碳酸钙表层阻碍了二氧化碳的渗入，同时也阻碍了浆体内部水分的渗出，因而石灰的硬化是一个缓慢的过程。石灰硬化后，由于水分蒸发形成较多的孔隙，使得硬化产物密实度较低，强度也不高。试验测得，1:3 的石灰砂浆 28 d 的抗压强度只有 0.2 ~ 0.5 MPa。另外，石灰受潮后易溶解，在水中甚至会溃散，强度更低，因此，石灰不宜用于潮湿环境，也不宜单独用于建筑物基础。

（3）吸湿性强。生石灰放置在空气中过久，会吸收空气中的水分而熟化为消石灰粉，再与空气中的二氧化碳生成碳酸钙，从而失去胶结能力，失去强度。因此，石灰的储存应防止受潮且不宜放置过久。

（4）体积收缩大。石灰在硬化过程中，因蒸发大量的游离水而产生显著的体积收缩，易形成干缩裂缝。因此，除了制备石灰乳作粉刷品外，石灰不宜单独使用，宜掺入砂、纸筋等以减少收缩并节约石灰。

2. 石灰的技术要求

按石灰中氧化镁的含量，将生石灰分为钙质生石灰（MgO 含量 ≤5%）和镁质生石灰（MgO 含量 >5%）。按 CaO + MgO 的含量，又可分为不同的等级，其技术指标见表 2-1。同理，消石灰也分为钙质消石灰和镁质消石灰，划分了不同等级，其技术指标见表 2-2。

表 2-1　建筑生石灰技术指标（JC/T 479—2013）　　　　　　　%

项目			钙质石灰						镁质石灰			
			CL90		CL85		CL75		ML85		ML80	
			Q	QP	Q	QP	Q	QP	Q	QP	Q	QP
化学成分	CaO + MgO	≥	90		85		75		85		80	
	MgO	≤	≤5						>5			
	CO_2	≤	4		7		12		7			
	SO_3	≤	2									
物理性质	产浆量/［dm³/(10 kg)⁻¹］	≥	26	—	26	—	26	—				
	细度	0.2 mm 筛筛余量 ≤	—	2	—	2	—	2	—	2	—	7
		90 μm 筛筛余量 ≤	—	7	—	7	—	7	—	7	—	2

表 2-2　建筑消石灰技术指标（JC/T 481—2013）　　　　%

项目			钙质消石灰			镁质消石灰	
			HCL90	HCL85	HCL75	HML85	HML80
化学成分	CaO + MgO ≥		90	85	75	85	80
	MgO		≤5			>5	
	SO₃ ≤		2				
物理性质		游离水 ≤	2				
	细度	0.2 mm 筛筛余量 ≤	2				
		90 μm 筛筛余量 ≤	7				
	安定性		合格				

四、石灰的应用

（1）配制石灰乳和砂浆。用熟化并陈伏好的石灰膏，加入大量的水稀释成石灰乳，可用作内、外墙及天棚的涂料，一般多用于内墙涂刷。以石灰膏为胶凝材料，掺入砂和水拌和后，可制成石灰砂浆；在水泥砂浆中掺入石灰膏后，可制成水泥混合砂浆，在建筑工程中用于抹灰或砌筑工程。为了克服石灰浆体积收缩大的缺点，在配制时常加入纸筋等纤维材料。

（2）配制石灰土和三合土。熟石灰粉可用来配制灰土（熟石灰＋黏土）和三合土（熟石灰＋黏土＋砂、石或炉渣等填料）。常用的三七灰土和四六灰土，分别表示熟石灰和砂土体积比例为 3∶7 和 4∶6。由于黏土中含有的活性二氧化硅（SiO₂）和活性氧化铝（Al₂O₃）与氢氧化钙反应可生成水硬性产物，使黏土的密实程度、强度和耐水性得到改善。因此，灰土和三合土广泛用于建筑的基础、道路的垫层和路面基层等。

（3）生产硅酸盐制品。以石灰（消石灰粉或生石灰粉）与硅质材料（砂、粉煤灰、火山灰、矿渣等）为主要原料，经过配料、加水拌和、成型和养护后制成的建筑材料。石灰的水化产物氢氧化钙能激发矿渣、粉煤灰的活性，从而和废渣中的活性二氧化硅、氧化铝发生化学反应，生成具有胶凝性质的水化硅酸钙，所以称为硅酸盐制品。例如，灰砂砖、加气混凝土砌块、粉煤灰砖、保温隔热制品等。

（4）配制无熟料水泥。通过在具有一定火山灰活性或潜在水硬性的材料（如粒化高炉矿渣、粉煤灰等）中，按一定比例加入石灰作为碱性激发剂，共同磨细而成的材料，称为无熟料水泥。例如，石灰矿渣水泥、石灰粉煤灰水泥等。整个制作过程不需要进行煅烧，可减少环境污染，同时节约能源，具有一定的经济价值。

（5）制作碳化石灰板。将磨细生石灰、纤维状填料（如玻璃纤维）或轻质集料（如矿渣）加水搅拌成型为坯体，然后通入二氧化碳进行人工碳化（12～24 h）而成的一种轻质板材。它适合作非承重的内隔墙板、天棚等。

另外，生石灰还可制备深层搅拌桩加固软土地基，制造静态破碎剂和膨胀剂等。

第二节 石 膏

石膏是主要化学成分为硫酸钙（$CaSO_4$）的水合物。因石膏及其制品的微孔结构和加热脱水性，使之具优良的隔声、隔热和防火性能，且原料来源丰富，因此，广泛地应用于建筑工程中，最常见的是用来制作各种石膏板。

一、石膏的生产

生产石膏的原料主要为含硫酸钙的天然石膏（又称生石膏）或含硫酸钙的化工副产品和磷石膏、氟石膏、硼石膏等废渣，其有效成分为 $CaSO_4 \cdot 2H_2O$，也称二水石膏。将天然二水石膏在不同的温度下煅烧可得到不同的石膏品种。例如，将天然二水石膏在 107～170 ℃ 的干燥条件下加热可得 β 型半水石膏，其化学式为 $CaSO_4 \cdot \frac{1}{2}H_2O$，将该石膏磨细加工即建筑石膏。其化学反应式如下：

$$CaSO_4 \cdot 2H_2O \xrightarrow{107 \sim 170\ ℃} CaSO_4 \cdot \frac{1}{2}H_2O + 1\frac{1}{2}H_2O$$

建筑石膏为白色粉末，晶体较细，调制浆体时需水量较大，因而强度较低，但便于生产，应用十分广泛。其密度为 2.6～2.75 g/cm^3，堆积密度为 800～1 000 kg/m^3。

二、建筑石膏的凝结硬化

将建筑石膏加水后，首先溶解于水，成为具可塑性的浆体，然后失去可塑性，生成二水石膏析出，其化学反应式如下：

$$CaSO_4 \cdot \frac{1}{2}H_2O + 1\frac{1}{2}H_2O = CaSO_4 \cdot 2H_2O$$

随着水化的不断进行，生成的二水石膏胶体微粒不断增多，这些微粒比原先更加细小，比表面积很大，吸附着很多的水分；同时浆体中的自由水分由于水化和蒸发而不断减少，浆体的稠度不断增加，胶体微粒间的粘结逐步增强，颗粒间产生摩擦力和粘结力，使浆体逐渐失去可塑性，即浆体逐渐产生"凝结"。继续水化，胶体转变成晶体。晶体颗粒逐渐长大，相互接触、共生与交错，形成结晶结构网，使浆体完全失去可塑性，产生强度，即浆体产生了"硬化"。这一过程不断进行，直至浆体完全干燥，强度不再增加，此时浆体已硬化成人造石材，如图 2-1 所示。

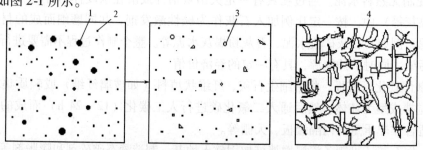

图 2-1 建筑石膏凝结硬化示意图

1—半水石膏；2—二水石膏胶体微粒；3—二水石膏晶体；4—交错的晶体

三、建筑石膏的技术性质与技术要求

1. 建筑石膏的技术性质

（1）凝结硬化快。建筑石膏在加水拌和后，浆体在几分钟内便开始失去可塑性。30 min 内完全失去可塑性而产生强度，大约一星期完全硬化。因此，为满足施工要求，需要加入缓凝剂，以降低半水石膏的溶解度和溶解速度，如硼砂、酒石酸钾钠、柠檬酸、聚乙烯醇、石灰活化骨胶或皮胶等。

（2）凝结硬化时体积微膨胀。石膏浆体在凝结硬化初期会产生微膨胀，膨胀量约为 0.1%。这一性质使得石膏制品的表面光滑、细腻、尺寸精确、形体饱满、装饰性好，可制作出纹理细致的浮雕花饰，所以它是一种较好的室内装饰材料。

（3）孔隙率大。建筑石膏在拌和时，为使浆体具有施工要求的可塑性，需加入石膏用量 60%~80% 的用水量，而建筑石膏水化的理论需水量为 18.6%，所以大量的自由水在石膏硬化后蒸发，从而在建筑石膏制品内部形成大量的毛细孔隙，孔隙率为 50%~60%。因而其表观密度较小、导热系数小且吸声性较好，属于轻质保温材料。

（4）具有一定的调湿性。由于石膏制品内部大量毛细孔隙对空气中的水蒸气具有较强的吸附能力，所以对室内的空气湿度有一定的调节作用。

（5）防火性好。建筑石膏制品在遇火灾时，二水石膏将脱出结晶水，吸热蒸发，并在制品表面形成蒸汽幕和脱水物隔热层，且无有害气体产生，可有效减少火焰对内部结构的危害，因此具有较好的抗火性能。建筑石膏制品在防火的同时自身也会遭到损坏，而且石膏制品也不宜长期用于靠近 65 ℃ 以上高温的部位，以免二水石膏在此温度下失去结晶水，从而失去强度。

（6）耐水性、抗冻性差。建筑石膏硬化体的吸湿性强，吸收的水分会减弱石膏晶粒间的结合力，使强度显著降低；若长期浸水，还会因二水石膏晶体逐渐溶解而导致破坏。石膏制品吸水饱和后受冻，会因孔隙中水分结晶膨胀而破坏。因此，石膏制品的耐水性和抗冻性较差，不宜用于潮湿部位。为提高其耐水性，可加入适量的水泥、矿渣等水硬性材料，也可加入有机防水剂等，改善石膏制品的孔隙状态或使孔壁具有憎水性。

（7）加工性和装饰性好。建筑石膏制品可锯、可钉、可钻、可刨、可贴，其施工安装灵活方便，装饰性好。

2. 建筑石膏的技术要求

《建筑石膏》（GB/T 9776—2008）对建筑石膏做了以下技术要求：

（1）组成。建筑石膏组成中 β 型半水硫酸钙（$\beta - CaSO_4 \cdot \frac{1}{2}H_2O$）的含量（质量分数）应不小于 60.0%。

（2）物理力学性能。建筑石膏的物理力学性能应符合表 2-3 的规定。

表 2-3　建筑石膏物理力学性能（GB/T 9776—2008）

技术标准	等级		3.0	2.0	1.6
2 h 强度/MPa	抗折强度	≥	3.0	2.0	1.6
	抗压强度	≥	6.0	4.0	3.0

续表

技术标准		等级	3.0	2.0	1.6
细度	0.2 mm方孔筛筛余量/% ≤		10.0		
凝结时间/min	初凝时间 ≥		3		
	终凝时间 ≤		30		

四、建筑石膏的应用

（1）室内抹灰和粉刷。建筑石膏加水、砂及缓凝剂拌和成石膏砂浆，用于室内抹灰。抹灰后的表面光滑、细腻、洁白美观。石膏砂浆也可以作为油漆等打底层，并可直接涂刷油漆或粘贴墙布或墙纸等。

（2）石膏板。我国目前生产的石膏板主要有纸面石膏板、耐水纸面石膏板、耐火纸面石膏板、纤维石膏板、装饰石膏板、空心石膏板等。纸面石膏板主要用于隔墙、内墙等，其自重仅为砖墙的1/5；耐水纸面石膏板主要用于厨房、卫生间等潮湿环境；耐火纸面石膏板主要用于耐火要求高的室内隔墙、吊顶等；纤维石膏板除用于隔墙、内墙外，还可用来代替木材制作家具；装饰石膏板造型美观，装饰性强，且具有良好的吸声、防火等功能，主要用于公共建筑的内墙、吊顶等；空心石膏板主要用于隔墙、内墙等。

（3）石膏砌块。石膏砌块是以建筑石膏为主要原材料，经加水搅拌、浇筑成型和干燥制成的轻质建筑石膏制品。在生产中允许加入纤维增强材料或轻集料，也可加入发泡剂。石膏砌块具有隔声、防火、保温隔热、自重小、施工便捷等优点。它是一种低碳环保、健康、符合时代发展要求的新型墙体材料。

第三节　水玻璃

水玻璃俗称泡花碱，是一种能溶于水的硅酸盐。它由不同比例的碱金属氧化物和二氧化硅化合而成。常用的水玻璃分为钠水玻璃和钾水玻璃两类。钠水玻璃为硅酸钠水溶液，化学式为 $Na_2O \cdot nSiO_2$；钾水玻璃为硅酸钾水溶液，化学式为 $K_2O \cdot nSiO_2$。在土木工程中主要使用钠水玻璃，当工程技术要求较高时也可采用钾水玻璃。优质纯净的水玻璃为无色透明的黏稠液体，溶于水，当含有杂质时呈淡黄色或青灰色。

水玻璃分子式中的 n 称为水玻璃的模数，分别代表 Na_2O、K_2O 和 SiO_2 的摩尔比，其值一般为 1.5～3.5。n 越大，水玻璃中胶体组分越多，黏度越高，但水中的溶解能力下降，当 n 大于 3.0 时，只能溶于 4 个大气压以上的蒸汽中；n 越小，水玻璃的黏度越低，越易溶于水。在土木工程中，常用水玻璃的模数 n 为 2.6～2.8，密度为 1.36～1.50 g/cm^2。水玻璃既易溶于水又有较高的强度。

一、水玻璃的生产

水玻璃的生产方法分干法（固相法）和湿法（液相法）两种。

干法生产是将石英砂和碳酸钠按一定比例磨细拌匀，在熔炉中加热到 1 300 ~ 1 400 ℃，生成固体水玻璃。其化学反应式如下：

$$Na_2CO_3 + nSiO_2 \rightarrow Na_2O \cdot nSiO_2 + CO_2 \uparrow$$

湿法生产以石英岩粉和苛性钠为原料，在高压蒸锅内，有 0.2 ~ 0.3 MPa 蒸汽的情况下反应，直接生成液体水玻璃。

二、水玻璃的硬化

水玻璃在空气中的凝结固化与石灰的凝结固化非常相似，其主要通过碳化和脱水结晶固结两个过程来实现。液体水玻璃在空气中吸收 CO_2 生成碳酸钠，析出无定形硅酸，随着自由水的蒸发，无定形硅酸脱水干燥从而硬化。其化学反应式如下：

$$Na_2O \cdot nSiO_2 + CO_2 + mH_2O = Na_2CO_3 + nSiO_2 \cdot mH_2O$$

由于空气中 CO_2 浓度低，故碳化反应及整个凝结固化过程十分缓慢。为加速水玻璃的凝结硬化速度和提高强度，水玻璃使用时一般要求加入促硬剂氟硅酸钠（Na_2SiF_6）。其化学反应式如下：

$$2 (Na_2O \cdot nSiO_2) + Na_2SiF_6 + mH_2O = 6NaF + (2n+1) SiO_2 \cdot mH_2O$$

氟硅酸钠的掺量一般为水玻璃质量的 12% ~ 15%。掺量少，凝结硬化慢，且强度低；掺量太多，则凝结硬化过快，不便施工操作，而且硬化后的早期强度虽高，但后期强度明显降低。因此，使用时应严格控制促硬剂掺量。

三、水玻璃的技术性质

（1）粘结力高。水玻璃硬化后的主要成分为硅酸凝胶，它能堵塞毛细孔隙从而防止水渗透。

（2）耐酸性好。可以抵抗除氢氟酸（HF）、热磷酸和高级脂肪酸以外的大多数无机和有机酸。

（3）耐热性好。水玻璃可耐 1 200 ℃的高温，在高温下不燃烧，不分解，强度不降低，甚至还有所增加。

（4）耐碱性和耐水性差。因混合后均易溶于碱，故水玻璃不能在碱性环境中使用。耐水性也不好，但可采用中等浓度的酸对已硬化水玻璃进行酸洗处理，提高耐水性。

四、水玻璃的应用

水玻璃的用途非常广泛，在土木工程中的主要应用如下：

（1）涂刷建材表面提高抗风化能力。水玻璃溶液涂刷或浸渍材料后，能渗入缝隙和孔隙中，固化的硅凝胶能堵塞毛细孔通道，提高材料的密度和强度，从而提高材料的抗风化能力。但水玻璃不得用来涂刷或浸渍石膏制品，因为水玻璃与石膏反应生成硫酸钠（Na_2SO_4），在石膏制品孔隙内结晶膨胀，导致石膏制品开裂破坏。

（2）加固地基。将水玻璃与氯化钙溶液交替注入土壤，两种溶液迅速反应生成硅酸凝胶，起到胶结和填充孔隙的作用，使土壤的强度和承载能力提高，还可增强其不透水性。

（3）配制速凝防水剂。水玻璃可与多种矾配制成速凝防水剂，用于堵漏、填缝等局部抢修。这种多矾防水剂的凝结速度很快，故工地上使用时必须做到即配即用，不宜用于调配水泥防水砂浆做屋面或地面的刚性防水层。

（4）配制耐酸砂浆。耐酸砂浆是用水玻璃、耐酸粉料（常用石英粉）和集料复合配制而成。与耐酸砂浆、混凝土一样，主要用于有耐酸要求的工程，如硫酸池等。

（5）配制耐热砂浆和耐热混凝土。由于水玻璃耐高温性能好，能长期承受高温作用而强度不降低，所以水玻璃可以和耐热集料一起混合配制成耐热砂浆和耐热混凝土。

复习思考题

一、填空题

1. 与建筑石灰相比，建筑石膏凝硬化后体积_____。

2. 石膏板不能用作外墙板的主要原因是它的_____差。

3. 石灰的陈伏处理主要是为了消除_____的危害。

4. 水玻璃的模数越大，则水玻璃的黏度越_____。

5. 石灰熟化时_____大量热。

10. 在石灰应用中常掺入纸筋、麻刀或砂子，是为了避免硬化后而产生的_____。

二、判断题

1. 气硬性胶凝材料是指既能在空气中硬化又能在水中硬化。　　　　　　　（　　）

2. 生石灰硬化时体积产生收缩。　　　　　　　　　　　　　　　　　　（　　）

3. 三合土可用于建筑物基础、路面和地面的垫层。　　　　　　　　　　（　　）

4. 建筑石膏制品防火性能良好，可以在高温条件下长期使用。　　　　　（　　）

5. 水玻璃硬化后耐水性好，因此，可以涂刷在石膏制品的表面，以提高石膏制品的耐久性。　　　　　　　　　　　　　　　　　　　　　　　　　　　　（　　）

三、单项选择题

1. 建筑石膏是指低温煅烧石膏中的（　　　　）。

　A. $CaSO_4 \cdot 1/2H_2O$ 　　　　　　　　　　B. $\beta - CaSO_4 \cdot 1/2 H_2O$

　C. $CaSO_4 \cdot 2H_2O$ 　　　　　　　　　　　D. $CaSO_4$

2. 石灰不能单独应用，因为（　　　　）。

　A. 熟化时体积膨胀破坏　　　　　　　　　　B. 硬化时体积收缩破坏

　C. 过火石灰的危害　　　　　　　　　　　　D. 欠火石灰的危害

3. 试分析，下列工程不适用于石膏和石膏制品的是（　　　　）。

　A. 影剧院　　　　　　　　　　　　　　　　B. 冷库内的墙贴面

　C. 非承重隔墙板　　　　　　　　　　　　　D. 天棚

4. 水玻璃在空气中硬化很慢，通常一定要加入促硬剂才能正常硬化，其用的硬化剂是（　　　　）。

　A. NaF　　　　　　　B. $NaSO_4$　　　　　　C. $NaSiF_6$　　　　　　D. NaCl

5. 石膏制品的特性是（   ）。

    A. 凝结硬化慢   B. 耐火性差

    C. 耐水性差   D. 强度高

四、简答题

1. 石灰具有哪些特点及用途？

2. 生石灰在熟化时为什么需要"陈伏"2周以上？为什么在陈伏时需在熟石灰表面保留一层水？

3. 简述建筑石膏的特性及应用。

4. 水玻璃属于气硬性胶凝材料，为什么可用于地基加固？

第二章

水　泥

　　水泥是一种粉状水硬性无机胶凝材料，加水搅拌后成浆体，能在空气中硬化或者在水中更好的硬化，并能把砂、石等材料牢固地胶结在一起。因此，水泥是一种很好的水硬性胶凝材料。长期以来，水泥作为一种重要的胶凝材料，广泛应用于土木建筑、水利、国防等工程。

　　水泥种类很多，按其性能和用途分为通用水泥、专用水泥和特性水泥；按其主要水硬性物质名称分为硅酸盐水泥、铝酸盐水泥、硫铝酸盐水泥、铁铝酸盐水泥、氟铝酸盐水泥、磷酸盐水泥、以火山灰质或潜在水硬性材料及其他活性材料为主要组分的水泥；按其主要技术特性分为快硬性水泥、中热水泥、低热水泥、抗硫酸盐水泥、膨胀水泥等。

　　土木工程最常用的是通用硅酸盐水泥，其中，硅酸盐水泥是最基本的水泥。本章将详细地介绍硅酸盐水泥和其他几种常用的特性水泥。

第一节　硅酸盐水泥

　　凡以硅酸钙为主的硅酸盐水泥熟料、5%以下的石灰石或粒化高炉矿渣、适量石膏磨细制成的水硬性胶凝材料，统称为硅酸盐水泥。硅酸盐水泥分两种类型：不掺加混合材料的称为Ⅰ型硅酸盐水泥，代号P·Ⅰ；掺加不超过水泥质量5%的石灰石或粒化高炉矿渣混合材料的称为Ⅱ型硅酸盐水泥，代号P·Ⅱ。

一、硅酸盐水泥的生产

1. 硅酸盐水泥原料

　　生产硅酸盐水泥的原材料主要是石灰质原料和黏土原料。其中石灰质原料以碳酸钙为主要成分，是水泥熟料中 CaO 的主要来源，如石灰石、白垩、石灰质泥灰岩、贝壳等。黏土质原料为含碱和碱土的铝硅酸盐，主要提供 SiO_2，其次为 Al_2O_3，少量氧化铁（Fe_2O_3），如黄土、黏土、页岩、泥岩、粉砂岩及河泥等。如所选用的石灰质原料和黏土质原料按一定比例配合不能满足化学组成要求时，需要加入相应的校正原料，主要有铁质校正原料和硅质校正原料。

铁质校正原料主要用来补充生料中 Fe_2O_3 的不足，如硫铁矿渣、铁矿粉等。硅质校正原料主要用来补充生料中 SiO_2 的不足，如硅藻土、砂岩等。另外，在水泥生产时，为了延缓水泥的凝结，便于施工，常需加入水泥质量3%左右的石膏。

2. 硅酸盐水泥的生产

硅酸盐水泥的生产工艺在水泥生产中具有代表性，是以石灰石和黏土为主要原料，经配料、磨细制成生料，然后装入水泥窑中煅烧成熟料，再将熟料加适量石膏（有时还掺加混合材料或外加剂）磨细而成。

水泥生产随生料制备方法不同，可分为干法与湿法两种。干法是将原料同时烘干并粉磨，或先烘干经粉磨成生料粉后喂入干法窑内煅烧成熟料的方法。其主要优点是热耗低（如带有预热器的干法窑熟料热耗为 3 140 ~ 3 768 J/kg）；缺点是生料成分不易均匀，车间扬尘大，电耗较高。以悬浮预热器和窑外分解技术为核心，采用新型原料、燃料均化和节能粉磨技术及装备，全线采用计算机集散控制的新型干法生产工艺已经得到了大力发展，逐步取代传统的生产工艺。

湿法是将原料加水粉磨成生料浆后，喂入湿法窑煅烧成熟料的方法。湿法生产具有操作简单，生料成分容易控制，产品质量好，料浆输送方便，车间扬尘少等优点，其缺点是热耗高（熟料热耗通常为 5 234 ~ 6 490 J/kg）。

水泥的生产，一般可分生料制备、熟料煅烧和水泥制成等三个工序，整个生产过程可概括为"两磨一烧"，如图 3-1 所示。

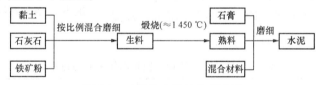

图 3-1 硅酸盐水泥的生产流程

3. 水泥熟料矿物组成

在硅酸盐水泥熟料中，各氧化物不是单独存在的，而是以两种或两种以上的氧化物反应组合成各种不同的氧化物集合体，即以熟料矿物的形态存在。各种矿物及其含量范围如下：

硅酸三钙：$3CaO \cdot SiO_2$，简写成 C_3S，含量为 37% ~ 60%；

硅酸二钙：$2CaO \cdot SiO_2$，简写成 C_2S，含量为 15% ~ 37%；

铝酸三钙：$3CaO \cdot Al_2O_3$，简写成 C_3A，含量为 7% ~ 15%；

铁铝酸四钙：$4CaO \cdot Al_2O_3 \cdot Fe_2O_3$，简写成 C_4AF，含量为 10% ~ 18%。

另外，还有少量的游离氧化钙（f-CaO）、游离氧化镁（f-MgO）、含碱矿物以及玻璃体等，其总含量不超过水泥质量的10%。

二、硅酸盐水泥的水化及凝结硬化

1. 硅酸盐水泥的水化

硅酸盐水泥的水化是一个很复杂的过程，其机理是水泥颗粒与水接触时，其表面的熟料矿物立即与水发生水解或水化作用，生成新的水化产物并放出一定热量的过程。水泥的水化反应式如下：

$$2(3CaO \cdot SiO_2) + 6H_2O = 3CaO \cdot 2SiO_2 \cdot 3H_2O + 3Ca(OH)_2$$
$$2(2CaO \cdot SiO_2) + 4H_2O = 3CaO \cdot 2SiO_2 \cdot 3H_2O + Ca(OH)_2$$
$$3CaO \cdot Al_2O_3 + 6H_2O = 3CaO \cdot Al_2O_3 \cdot 6H_2O$$
$$4CaO \cdot Al_2O_3 \cdot Fe_2O_3 + 7H_2O = 3CaO \cdot Al_2O_3 \cdot 6H_2O + CaO \cdot Fe_2O_3 \cdot H_2O$$

从化学角度来看，水泥的水化反应是一个复杂的溶解沉淀过程。这一过程与单一成分的水化反应不同，各组分以不同的反应速度同时进行水化反应，而且不同的矿物组分彼此之间存在着互相影响的关系。

硅酸三钙水化生成水化硅酸钙凝胶和氢氧化钙晶体，该水化反应的速度快，形成早期强度并生成早期水化热；硅酸二钙水化生成水化硅酸钙凝胶和氢氧化钙晶体，该水化反应的速度慢，对后期龄期混凝土强度的发展起关键作用，水化热释放缓慢，产物中氢氧化钙的含量减少时，可以生成更多的水化产物；铝酸三钙水化生成水化铝酸钙晶体，该水化反应速度极快，并且释放出大量的热量，如果不控制铝酸三钙的反应速度，将产生闪凝现象，水泥将无法正常使用，通常通过在水泥中掺有适量石膏可以避免上述问题的发生；铁铝酸四钙水化生成水化铝酸钙晶体和水化铁酸钙凝胶，该水化反应的速度和水化放热量均属中等。各熟料矿物的强度增长如图 3-2 所示，水泥各熟料矿物水化特性见表 3-1。

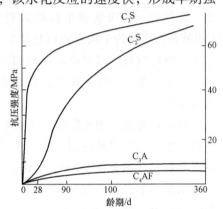

图 3-2　各种熟料矿物的强度增长

表 3-1　各种熟料矿物单独与水作用时的特性

矿物组成	反应速度	28 d 水化热	早期强度	后期强度	干缩性	耐化学腐蚀性
硅酸三钙	快	多	高	较高	中	中
硅酸二钙	慢	少	低	高	小	好
铝酸三钙	最快	最多	低	低	大	差
铁铝酸四钙	中	中	低	低	小	最好

在有石膏存在时，石膏与水化铝酸钙反应生成水化硫铝酸钙针状晶体（钙矾石），该晶体难溶于水，包裹在水泥熟料的表面上形成保护膜，阻碍水分进入水泥内部，使水化反应延缓下来，从而避免了纯水泥熟料水化产生闪凝现象。因此，石膏在水泥中起调节凝结时间的作用。

2. 硅酸盐水泥的凝结硬化

硅酸盐水泥由于是多种熟料矿物和石膏共同组成，因此当水泥加水后，硅酸盐水泥中的各种熟料矿物和石膏与水立即发生水化反应，如图 3-3（a）所示，生成相应的水化产物，并且聚集在颗粒表面形成水化物膜层，使化学反应减弱，此阶段水泥浆体既有流动性又有可塑性，如图 3-3（b）所示。随着水化产物逐渐增多，膜层逐渐增厚并相互连接成疏松的网状结构，水泥浆体逐渐变稠失去流动性，这个过程称为水泥的"初凝"，如图3-3（c）所示，直到水泥浆体完全失去可塑性，并开始产生强度，这个过程称为水泥的"终凝"。随着各种水化产物的增多，填入原先由水所占据的空间，再逐渐连接并相互交织，形成较紧密的网状结构，产生明显的强度而发展成硬化的浆体结构——人造石，这一过程称为水泥的"硬化"，如图3-3（d）所示。硬化后的水泥石是由晶体、凝胶、未完全水化的熟料颗粒、游离水和大小不等的孔隙组成的不均质结构体。

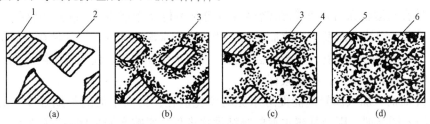

图3-3　水泥凝结硬化过程示意图

（a）分散在水中未水化的水泥颗粒；（b）水泥颗粒表面形成水化物膜层；

（c）膜层长大并相互连接（凝结）；（d）水化物进一步发展，填充毛细孔（硬化）

1—水泥颗粒；2—水；3—凝胶；4—晶体；5—水泥颗粒的未水化内核；6—毛细孔

从整体来看，凝结与硬化是同一过程中的不同阶段，是连续的复杂物理化学变化过程，不能截然分开。凝结的标志是水泥浆失去流动性而具有一定塑性强度，硬化则表示水泥浆固化后所建立的结构具有一定的机械强度。

3. 影响硅酸盐水泥凝结硬化的因素

（1）水泥熟料的矿物组成。水泥熟料中各种矿物组成的凝结硬化速度不同，当各矿物相对含量不同时，水泥的凝结硬化速度就不同。

（2）细度。水泥颗粒的粗细不会直接改变水泥的根本性质，但是会影响水泥的水化、凝结硬化速度、强度、干缩等。水泥磨得越细，水泥颗粒平均粒径越小，比表面积越大，水化时水泥熟料矿物与水的接触面越大，水化速度越快，结果水泥凝结硬化速度也随之加快。

（3）水胶比。水胶比是指水泥浆中水与水泥的质量比。通常，水泥水化的需水量是水泥质量的23%左右，但是为了保证水泥浆体有一定的流动性和可塑性，实际加水量远高于理论需水量。当水泥浆中加水较多时，水胶比变大，此时水泥的初期水化反应得以充分进行；但是水泥颗粒间由于被水隔开的距离较大，颗粒间相互连接形成骨架结构所需的凝结时间长，所以水泥凝结较慢。

（4）石膏的掺量。生产水泥时掺入石膏主要是作为缓凝剂使用，以延缓水泥的凝结硬化速度。另外，掺入石膏后由于钙矾石晶体的生成，还能改善水泥石的早期强度。但是石膏掺量过多时，不仅不能缓凝，反而对水泥石的后期性造成危害。

（5）养护条件。养护环境需要有足够的温度和湿度。这是水泥凝结硬化的必要条件。温度越高，水泥凝结硬化速度越快；温度低，水泥凝结硬化速度减慢。当温度低于0 ℃时，水泥凝结硬化停止，并有可能在冻融的作用下造成已硬化的水泥石破坏。因此，冬期施工的混凝土工程要采取一定的保温措施。周围环境湿度大，水分不易过快蒸发，水泥水化比较充分，水泥硬化后的强度就比较高；若水泥凝结硬化时处于干燥环境中，水分很快蒸发，水泥缺水会使水化不能正常进行，甚至停止水化，强度增长缓慢或停止增长。因此混凝土工程在浇筑后2~3周内注意洒水养护，以保证水化时必需的水分。

（6）养护龄期。水泥的凝结硬化是一个比较漫长时间进行的过程。随着水泥熟料矿物水化程度的提高，凝胶体的不断增加，内部毛细孔隙不断减少，使水泥石的强度随着养护龄期的增长而增加。工程实践表明，水泥在28 d内水化硬化速度快，其强度增加也快，28 d后增加缓慢。

（7）储存与运输条件。水泥在储存与运输时不得受潮或混入杂物，储存与运输不当，会使水泥受潮，颗粒表面发生水化而结块，严重降低水泥的强度。即使储存良好，在空气中的水分和二氧化碳的作用下，水泥也会发生缓慢的水化和碳化，使强度下降。因此，水泥的有效储存期一般为3个月，不宜久存。

（8）外加剂。加入促凝剂能促进水泥的硬化进程，提高水泥的早期强度；而如果在水泥浆体中加入缓凝剂，则会延缓水泥的凝结硬化进程，影响水泥早期强度的发展。

三、硅酸盐水泥的技术性质

根据《通用硅酸盐水泥》（GB 175—2007）的规定，硅酸盐水泥的技术性质要求如下。

1. 化学指标

硅酸盐水泥的化学指标应符合表 3-2 的要求。

表 3-2　通用硅酸盐水泥的化学指标（GB 175—2007）　　　　　　　　%

品种	代号	不溶物 （质量分数）	烧失量 （质量分数）	三氧化硫 （质量分数）	氧化镁 （质量分数）	氯离子 （质量分数）
硅酸盐水泥	P·Ⅰ	≤0.75	≤3.0	≤3.5	≤5.0[a]	≤0.06[c]
	P·Ⅱ	≤1.50	≤3.5			
普通硅酸盐水泥	P·O	—	≤5.0			
矿渣硅酸盐水泥	P·S·A	—	—	≤4.0	≤6.0[b]	
	P·S·B	—	—		—	
火山灰质硅酸盐水泥	P·P	—	—	≤3.5	≤6.0[b]	
粉煤灰硅酸盐水泥	P·F	—	—			
复合硅酸盐水泥	P·C	—	—			

　　a 如果水泥压蒸安定性合格，则水泥中氧化镁的含量（质量分数）允许放宽至6.0%。
　　b 如果水泥中氧化镁的含量（质量分数）大于6.0%时，需进行水泥压蒸安定性试验并合格。
　　c 当有更低要求时，该指标由买卖双方协商确定

2. 碱含量

《通用硅酸盐水泥》（GB 175—2007）规定，水泥中碱含量按 $Na_2O + 0.658K_2O$ 计算值表示。若使用活性集料，由于碱含量过高将引起碱集料反应，因此，若用户要求提供低碱水泥时，水泥中碱含量不得大于0.6%，或由买卖双方协商确定。

3. 凝结时间

为使砂浆或者混凝土有足够的搅拌、运输、浇捣和砌筑时间，所以水泥初凝时间不能太

短；当施工完成以后，为了不影响工期，则要求尽快硬化并发展强度，故终凝时间不能太长。

根据《水泥标准稠度用水量、凝结时间、安定性检验方法》（GB/T 1346—2011）规定，水泥凝结时间为标准试验条件下，试针沉入水泥标准稠度净浆至一定深度所需的时间。《通用硅酸盐水泥》（GB 175—2007）规定，硅酸盐水泥初凝时间不得早于 45 min，终凝时间不得晚于 6.5 h（390 min），普通硅酸盐水泥、矿渣硅酸盐水泥、火山灰质硅酸盐水泥、粉煤灰硅酸盐水泥和复合硅酸盐水泥初凝时间不小于 45 min，终凝时间不大于 10 h（600 min）。

4. 体积安定性

水泥的体积安定性是指水泥在凝结硬化过程中体积变化的均匀性。若水泥浆体在凝结硬化过程中发生不均匀的体积变化，就会导致水泥混凝土结构产生膨胀开裂，强度降低，影响建筑物质量，甚至会引起严重事故，这就是体积安定性不良。体积安定性不良的水泥为废品，不能用于工程结构。

引起水泥安定性不良的原因有很多，主要有以下三种：熟料中所含的游离氧化钙过多、熟料中所含的游离氧化镁过多、掺入的石膏过多。熟料中所含的游离氧化钙或氧化镁都是过烧的，熟化很慢，在水泥硬化后才慢慢进行熟化，产生体积膨胀，引起不均匀的体积变化，使水泥石开裂。当石膏掺量过多时，在水泥硬化后，它还会继续与固态的水化铝酸钙反应生成高硫型水化硫铝酸钙，体积约增大 1.5 倍，引起水泥石开裂。

《水泥标准稠度用水量、凝结时间、安定性检验方法》（GB/T 1346—2011）规定，水泥的体积安定性以沸煮法检验合格为标准。其测试方法有试饼法和雷氏法。试饼法是用标准稠度需水量拌制的水泥净浆试饼，经养护及沸煮一定时间后，检查试饼有无裂缝或弯曲；雷氏法则是通过测定水泥试件沸煮前后雷氏夹两指针间距离的增值来判断水泥的体积安定性。当两种方法结论有争议时，以雷氏法为准。同时规定，硅酸盐水泥中游离氧化镁（MgO）含量不得超过 5.0%，水泥中三氧化硫（SO$_3$）的含量不得超过 3.5%。

5. 强度

水泥的强度是评价水泥质量的重要指标，是划分水泥强度等级的依据。水泥的强度是指水泥胶砂硬化试体所能承受外力破坏的能力，用 MPa 表示。根据《水泥胶砂强度检验方法（ISO 法）》（GB/T 17671—1999）规定，用按质量计的一份水泥、三份中国标准砂，用 0.5 的水胶比拌制一组塑性胶砂试件，再用行星搅拌机搅拌，在振实台上成型然后将试体连模一起在湿气中养护 24 h，脱模在水中养护至强度试验，到试验龄期时再将试体从水中取出，先进行抗折强度试验，折断后再进行抗压强度试验。根据测定结果，按《通用硅酸盐水泥》（GB 175—2007）的规定，将硅酸盐水泥分为 42.5、42.5R、52.5、52.5R、62.5、62.5R 六个强度等级，其中 R 表示早强型水泥，且对各强度等级、各类硅酸盐水泥的龄期强度做了相应的规定（见表3-3）。

表3-3 通用硅酸盐水泥各龄期的强度要求（GB 175—2007）

品 种	强度等级	抗压强度/MPa ≥		抗折强度/MPa ≥	
		3 d	28 d	3 d	28 d
硅酸盐水泥	42.5	17.0	42.5	3.5	6.5
	42.5R	22.0		4.0	

品　种	强度等级	抗压强度/MPa　≥		抗折强度/MPa　≥	
		3 d	28 d	3 d	28 d
硅酸盐水泥	52.5	23.0	52.5	4.0	7.0
	52.5R	27.0		5.0	
	62.5	28.0	62.5	5.0	8.0
	62.5R	32.0		5.5	
普通硅酸盐水泥	42.5	17.0	42.5	3.5	6.5
	42.5R	22.0		4.0	
	52.5	23.0	52.5	4.0	7.0
	52.5R	27.0		5.0	
矿渣硅酸盐水泥 火山灰质硅酸盐水泥 粉煤灰硅酸盐水泥	32.5	10.0	32.5	2.5	5.5
	32.5R	15.0		3.5	
	42.5	15.0	42.5	3.5	6.5
	42.5R	19.0		4.0	
	52.5	21.0	52.5	4.0	7.0
	52.5R	23.0		4.5	
复合硅酸盐水泥	32.5R	15.0	32.5	3.5	5.5
	42.5	15.0	42.5	3.5	6.5
	42.5R	19.0		4.0	
	52.5	21.0	52.5	4.0	7.0
	52.5R	23.0		4.5	

6. 细度

水泥颗粒粒径一般为 7～200 μm，粒径小于 40 μm 时活性较高，粒径大于 100 μm 时活性近乎为零。水泥颗粒越细，水化速度越快，强度越高，但是水泥需水量、收缩性都会增大；相反，水泥颗粒过粗，则不利于水泥活性的发挥。因此，水泥颗粒的细度对水泥的性质有很大影响。

《通用硅酸盐水泥》（GB 175—2007）规定，硅酸盐水泥和普通硅酸盐水泥以比表面积表示，不小于 300 m²/kg；矿渣硅酸盐水泥、火山灰质硅酸盐水泥、粉煤灰硅酸盐水泥和复合硅酸盐水泥以筛余表示，80 μm 方孔筛筛余不大于 10% 或 45 μm 方孔筛筛余不大于 30%。

四、硅酸盐水泥的腐蚀与防治措施

1. 硅酸盐水泥的腐蚀作用

（1）软水侵蚀（溶出性侵蚀）。不含或仅含少量重碳酸盐的水称为软水，如雨水、蒸馏水、冷凝水及部分江水、湖水等。当水泥石长期与软水相接触时，水化产物将按其稳定存在所必需的平衡氢氧化钙浓度的大小，依次逐渐溶解或分解，从而造成水泥石的破坏，这就是溶出性侵蚀。在各种水化产物中，$Ca(OH)_2$ 的溶解量最大（25 ℃ 时，约 1.3 g/L），因此首先溶出，这样不仅增加了水泥石的孔隙率，使水更容易渗入，而且由于$Ca(OH)_2$浓度降低，还会使水化产物依次发生分解，如高碱性的水化硅酸钙、水化铝酸钙等分解成为低碱性的水化产物，并最终变成硅酸凝胶、氢氧化铝$[Al(OH)_3]$等无胶凝能力的物质。在静水及无压力水的情况下，由于周围的软水易为溶出的氢氧化钙所饱和，使溶出作用停止，所以对水泥石的影响不大；但在流水及压力水的作用下，水化产物的溶出将会不断地进行下去，水泥石结构的破坏将由表及里不断地进行下去。当水泥石与环境中的硬水接触时，水泥石中的氢氧化钙与重碳酸盐发生反应；生成的几乎不溶于水的碳酸钙积聚在水泥石的孔隙内，形成致密的保护层，可阻止外界水的继续侵入，从而可阻止水化产物的溶出。

（2）盐类腐蚀。在水中通常溶有大量的盐类，某些溶解于水中的盐类会与水泥石相互作用产生置换反应，生成一些易溶或无胶结能力或产生膨胀的物质，从而使水泥石结构破坏。最常见的盐类侵蚀是硫酸盐侵蚀与镁盐侵蚀。

硫酸盐侵蚀是由于在海水、湖水、盐沼水、地下水、某些工业污水及流经高炉矿渣或煤渣的水中常含钾、钠、铵等硫酸盐，它们与水泥石中的氢氧化钙反应生成硫酸钙，硫酸钙再与水泥石中的固态水化铝酸钙反应生成钙矾石，体积急剧膨胀（约1.5倍），使水泥石结构破坏。其反应式如下：

$$4CaO \cdot Al_2O_3 \cdot 12H_2O + 3CaSO_4 + 20H_2O = 3CaO \cdot Al_2O_3 \cdot 3CaSO_4 \cdot 31H_2O + Ca(OH)_2$$

钙矾石呈针状晶体，常称其为"水泥杆菌"。若硫酸钙浓度过高，则直接在孔隙中生成二水石膏结晶，产生体积膨胀而导致水泥石结构破坏。

在海水及地下水中常含有大量的镁盐，镁盐侵蚀主要是氯化镁和硫酸镁与水泥石中的氢氧化钙发生复分解反应，生成无胶结能力的氢氧化镁$[Mg(OH)_2]$及易溶于水的氯化镁（$MgCl_2$）或生成石膏导致水泥石结构破坏。其反应式如下：

$$MgSO_4 + Ca(OH)_2 + 2H_2O = CaSO_4 \cdot 2H_2O + Mg(OH)_2$$
$$MgCl_2 + Ca(OH)_2 = CaCl_2 + Mg(OH)_2$$

可见，硫酸镁对水泥石起镁盐与硫酸盐双重侵蚀作用。

（3）酸类腐蚀。

①碳酸侵蚀。在某些工业污水和地下水中常溶解有较多的二氧化碳，这种水分对水泥石的侵蚀作用称为碳酸侵蚀。首先，水泥石中的$Ca(OH)_2$与溶有CO_2的水反应，生成不溶于水的碳酸钙；然后碳酸钙又再与碳酸水反应生成易于水的碳酸氢钙$[Ca(HCO_3)_2]$。其反应式为：

$$Ca(OH)_2 + CO_2 + H_2O = CaCO_3 + 2H_2O$$
$$CaCO_3 + CO_2 + H_2O \Leftrightarrow Ca(HCO_3)_2$$

当水中含有较多的碳酸，上述反应向右进行，从而导致水泥石中的$Ca(OH)_2$不断地转变为易溶的$Ca(HCO_3)_2$而流失，进一步导致其他水化产物的分解，使水泥石结构遭到破坏。

②一般酸侵蚀。水泥的水化产物呈碱性，因此，酸类对水泥石一般都会有不同程度的侵蚀作用。其中，侵蚀作用最强的是无机酸中的盐酸、氢氟酸、硝酸、硫酸及有机酸中的醋酸、蚁酸和乳酸等，它们与水泥石中的$Ca(OH)_2$反应后的生成物，或者易溶于水，或者体积膨胀，都对水泥石结构产生破坏的作用。例如，盐酸和硫酸分别与水泥石中的$Ca(OH)_2$作用。其反应式如下：

$$2HCl + Ca（OH）_2 = CaCl_2 + 2H_2O$$

$$H_2SO_4 + Ca（OH）_2 = CaSO_4 \cdot 2H_2O$$

反应生成的氯化钙易溶于水，生成的石膏继而又产生硫酸盐侵蚀的作用。

（4）强碱腐蚀。水泥石本身具有相当高的碱度，因此弱碱溶液一般不会侵蚀水泥石，但是，当铝酸盐含量较高的水泥石遇到强碱（如氢氧化钠）作用后会被腐蚀破坏。氢氧化钠与水泥熟料中未水化的铝酸三钙作用，生成易溶的铝酸钠。其反应式如下：

$$3CaO \cdot Al_2O_3 + 6NaOH = 3Na_2O \cdot Al_2O_3 + 3Ca（OH）_2$$

当水泥石被氢氧化钠浸润后又在空气中干燥，与空气中的二氧化碳作用生成碳酸钠，它在水泥石毛细孔中结晶沉积，会使水泥石胀裂。其反应式如下：

$$2NaOH + CO_2 = Na_2CO_3 + H_2O$$

除了上述四种典型的侵蚀类型外，糖、氨、动物脂肪、纯酒精、含环烷酸的石油产品等对水泥石也有一定的侵蚀作用。在实际工程中，水泥石的腐蚀常常是几种侵蚀介质同时存在、共同作用所产生的；但干的固体化合物不会对水泥石产生侵蚀，侵蚀性介质必须呈溶液状且浓度大于某一临界值。

造成水泥石被腐蚀的基本原因，是水泥石中存在易引起腐蚀的氢氧化钙和水化铝酸钙，且水泥石本身不致密，有很多毛细孔道，使得侵蚀性物质易于进入水泥石内部，腐蚀作用使得毛细通道增大，从而加速了腐蚀的进行，形成了腐蚀和通道的相互作用。

2. 硅酸盐水泥腐蚀的防治措施

（1）根据侵蚀介质的类型，合理地选用水泥品种。例如，采用水化产物中 $Ca（OH）_2$ 含量较少的水泥，可提高对多种侵蚀作用的抵抗能力；采用铝酸三钙含量低于5%的水泥，可有效抵抗硫酸盐的侵蚀；掺入活性混合材料，可提高硅酸盐水泥抵抗多种介质的侵蚀的能力。

（2）提高水泥石的密实度。水泥石（或混凝土）的孔隙率越小，抗渗能力越强，侵蚀介质也越难进入，侵蚀作用越轻。在实际工程中，可采用多种措施提高混凝土与砂浆的密实度。

（3）设置隔离层或保护层。当侵蚀作用较强或上述措施不能满足要求时，可在水泥制品（混凝土、砂浆等）表面设置耐腐蚀性高且不透水的隔离层或保护层，以防止腐蚀介质与水泥石直接接触。

五、硅酸盐水泥的应用、运输与存放

1. 硅酸盐水泥的应用

（1）凝结硬化快，强度高。硅酸盐水泥凝结硬化快，早期和后期强度都比较高，适用于早期强度要求比较高的工程，重要结构的高强度混凝土和预应力混凝土工程。

（2）水化热大，抗冻性好。硅酸盐水泥中硫酸三钙和铝酸三钙的含量比较高，水化时放热量比较大，非常有利于冬期混凝土工程施工，但不宜用于大体积混凝土工程。硅酸盐水泥硬化后水泥石结构密实，抗冻性好，适用于严寒地区遭受反复冻融的工程和抗冻性要求较高的工程。

（3）耐腐蚀性差。不宜用于经常与流动淡水或硫酸盐等腐蚀介质接触的工程，也不宜用于经常与海水、矿物水等腐蚀介质接触的工程。

（4）耐热性差。硅酸盐水泥石受热温度约为 250 ℃时，生成的水化物开始脱水，体积产生收缩，强度开始下降；当水泥石受热温度超过 600 ℃时，由于水泥石的体积膨胀会造成破坏，因此，硅酸盐水泥不宜用于耐热性能要求高的工程中，也不宜用来配置耐热混凝土。

（5）干缩性小，耐磨性好。硅酸盐水泥硬化时干缩性小，不易产生干缩裂缝，可用于干燥环境工程；由于其干缩性好，不易起粉尘，故耐磨性好，可用于路面与地面工程。

2. 硅酸盐水泥的运输与存放

硅酸盐水泥在运输过程中应加盖防雨棚，注意防水、防潮；不同强度等级的水泥应分开运输；水泥在运输过程中不能与其他杂物混同运输。水泥在仓库存放时应注意防潮、防雨水渗漏；存放袋装水泥时，地面垫板要离地面 30 cm，四周离墙 30 cm；袋装水泥不宜堆放太高，以免下部水泥受压结块；水泥在仓库存放时应按照水泥的到货日期，一次堆放，先存先用；水泥的存放时间不宜过长，以免长时间存放水泥受潮影响强度。一般情况下，水泥存放期不超过 3 个月；若超过 6 个月，必须经过试验才能使用。

第二节　掺混合料的硅酸盐水泥

在硅酸盐水泥中加入适量的石膏、规定的混合材料可制成不同品种的通用硅酸盐水泥。《通用硅酸盐水泥》（GB 175—2007）规定，按混合材料的品种和掺量的不同，将通用硅酸盐水泥分为硅酸盐水泥、普通硅酸盐水泥、矿渣硅酸盐水泥、火山灰质硅酸盐水泥、粉煤灰硅酸盐水泥和复合硅酸盐水泥。各品种水泥的组分和代号应符合表 3-4 的规定。

表 3-4　通用硅酸盐水泥的组分（GB 175—2007）　　　　　　　　%

品　种	代号	组　分				
		熟料＋石膏	粒化高炉矿渣	火山灰质混合材料	粉煤灰	石灰石
硅酸盐水泥	P·Ⅰ	100	—	—	—	—
	P·Ⅱ	≥95	≤5	—	—	—
		≥95	—	—	—	≤5
普通硅酸盐水泥	P·O	≥80 且＜95	>5 且≤20			—
矿渣硅酸盐水泥	P·S·A	≥50 且＜80	>20 且≤50	—	—	—
	P·S·B	≥30 且＜50	>50 且≤70	—	—	—
火山灰质硅酸盐水泥	P·P	≥60 且＜80	—	>20 且≤40	—	—
粉煤灰硅酸盐水泥	P·F	≥60 且＜80	—	—	>20 且≤40	—
复合硅酸盐水泥	P·C	≥50 且＜80	>20 且≤50			—

一、混合材料

水泥掺混合材料通常分为活性混合材料和非活性混合材料两类。

1. 活性混合材料

混合材料磨细成粉，与石灰和石膏拌和在一起并加水后，在常温下能生成具有胶凝性的水化产物，既能在水中硬化又能在空气中硬化的物质称为活性混合材料，如粒化高炉矿渣、火山灰、粉煤灰等。

（1）粒化高炉矿渣。粒化高炉矿渣是炼铁高炉的熔融矿渣经水淬急冷形成的疏松颗粒，其粒径为 0.5 ~ 5 mm。水淬粒化高炉矿渣物相组成大部分为玻璃体，具有较高的化学潜能，故在激发剂的作用下具有水硬性。粒化高炉矿渣的活性成分主要为 Al_2O_3 和 SiO_2，在常温下能与 Ca（OH）$_2$ 发生化学反应并产生强度。在含 CaO 较高的碱性矿渣中，因其中还含有 $2CaO \cdot SiO_2$ 等成分，故本身具有弱的水硬性。

（2）火山灰质混合材料。凡天然的及人工的以 Al_2O_3 和 SiO_2 为主要成分的矿物质原料，磨成细粉加水后并不硬化，但与石灰混合后再加水拌和则不但能在空气中硬化，而且能在水中继续硬化者称为火山灰质混合材料。火山灰质混合材料可分为天然的和人工的两类。天然火山灰质混合材料可分为火山生成的和沉积生成的两种。火山生成的主要有火山灰、火山凝灰岩、浮石等；沉积生成的主要有硅藻土、硅藻石及蛋白石等。人工火山灰质混合材料主要有烧黏土、活性硅质渣、粉煤灰和烧页岩等。

（3）粉煤灰。粉煤灰是发电厂锅炉燃烧煤粉后，从煤粉炉烟气中收集来的粉体材料，其粒径通常为 0.001 ~ 0.05 mm。通常，粉煤灰为呈玻璃态实心或空心的球状粒，表面致密程度越高越好。粉煤灰的活性主要取决于玻璃体含量，其活性成分主要是活性氧化硅和活性氧化铝。

2. 非活性混合材料

非活性混合材料是指在水泥中主要起填充的作用，与水泥不起或起微弱化学反应的矿物质材料。水泥中掺入非活性混合材料的目的主要是调节水泥强度等级，增加水泥产量，降低水化热并起到改善某些性能的作用。常用的非活性混合材料主要磨细的石英砂，石灰石，干黏土、慢冷矿渣及炉灰等。

3. 混合材料在土木工程中的应用

在活性混合材料中掺入适量石灰和石膏并磨细，又可制得各种无熟料或少熟料的水泥。而在拌制砂浆或混凝土时掺入适量的混合材料，可节约水泥并改善施工性能以及硬化后的某些性能。

二、普通硅酸盐水泥

由硅酸盐水泥熟料、5% ~ 20%的混合材料及适量石膏磨细制成的水硬性胶凝材料称为普通硅酸盐水泥，代号 P·O。

《通用硅酸盐水泥》（GB 175—2007）规定，细度必须符合筛孔尺寸为 80 μm 的方孔筛的筛余不得超过 10% 或者 45 μm 方孔筛的筛余不大于 30%，否则为不合格；初凝时间不得早于 45 min，终凝时间不得迟于 10 h；根据 3 d 和 28 d 龄期的抗压和抗折强度，将普通硅酸盐水泥划分为 42.5，42.5R，52.5，52.5R 四个强度等级，各强度等级各龄期的强度不得低于表 3-3 中的数值。

普通硅酸盐水泥中掺加混合材料主要是为了调节水泥强度等级，方便工程中合理选用，所以其主要成分仍为硅酸盐水泥熟料，性能和硅酸盐水泥相似。但由于掺入了少量的混合材料，与硅酸盐水泥相比，其早期硬化速度稍慢，3 d 抗压强度稍低，抗冻性和耐磨性稍差。普通硅酸盐水泥中是土木工程中应用最为广泛的水泥品种之一，广泛应用于各种混凝土或钢筋混凝土工程。

三、矿渣硅酸盐水泥

凡由硅酸盐水泥熟料和粒化高炉矿渣、适量石膏磨细制成的水硬性胶凝材料称为矿渣硅酸盐水泥（简称矿渣水泥），代号为 P·S。水泥中粒化高炉矿渣掺加量按质量百分比计为 20% ~70%，其中，掺量为 20% ~50% 的称为 A 型矿渣硅酸盐水泥，代号为 P·S·A；掺量为 50% ~70% 的称为 B 型矿渣硅酸盐水泥，代号为 P·S·B。允许用石灰石、窑灰、粉煤灰和火山灰质混合材料中的一种材料代替矿渣，代替数量不得超过水泥质量的 8%，替代后水泥中粒化高炉矿渣不得少于 20%。其技术性质要求见表 3-2，其强度要求见表 3-3 所示。

矿渣硅酸盐水泥与普通硅酸盐水泥相比，有如下特性：

（1）水化热较低。由于矿渣硅酸盐水泥掺加了大量的粒化高炉矿渣，所以熟料用量较少，导致在水化过程中水化放热量大大地降低，故适用于大体积混凝土工程，如大坝。在此基础上对组成比例进行适当调整便可制作出大坝专用的低热水泥。

（2）耐腐蚀性好，抗碳化能力差。一方面，熟料用量少，水化生成的 $Ca(OH)_2$ 少；另一方面，矿渣硅酸盐水泥在水泥熟料水化后还会进行二次水化反应，水泥熟化析出的 $Ca(OH)_2$ 和矿渣中的活性氧化硅和活性氧化铝发生水化反应，消耗大量 $Ca(OH)_2$。这两个方面的作用都会使水泥石中易腐蚀的成分减少，从而提高水泥石耐软水腐蚀、耐硫酸盐腐蚀等的能力，可用于有耐腐蚀要求的工程中，如水工和海港工程。同时，也因为在水化过程中，消耗了大量的 $Ca(OH)_2$，使得矿渣硅酸盐水泥硬化后碱度较低，遇有碳化的环境，表面碳化较快，碳化程度较深，抗碳化能力差。

（3）耐热性较好。可用于耐热混凝土工程，如制作冶炼车间、锅炉房等高温车间的受热构件和窑炉外壳等。

（4）温度敏感性高。矿渣硅酸盐水泥的二次水化反应对温湿度条件较为敏感，在低温下水化速率和强度发展较慢，而在高温养护时水化速率大大地提高，强度发展较快，得到较高的早期强度和后期强度。因此，矿渣硅酸盐水泥适合采用高温湿热养护。

（5）凝结硬化慢、早期强度较低、后期强度增长快。由于水泥熟料较少，而粒化高炉矿渣中活性氧化硅、氧化铝与 $Ca(OH)_2$ 和石膏的二次水化反应在常温下进行缓慢，因此，凝结硬化速度慢，早期强度低。但随着水化的不断进行，硬化后期二次水化产物不断增多，水泥石强度不断增长，达到甚至超过同等级的硅酸盐水泥，所以后期强度高。因此矿渣硅酸盐水泥不适合于早期强度要求较高的工程、冬期施工工程和预应力混凝土等工程，且应加强早期养护。

（6）泌水性较大，抗冻性较差。由于矿渣掺入量较多，水泥的需水量较大，但保水能力差，泌水性大，故干燥收缩也较大，如养护不当，容易产生裂纹，影响其强度和耐久性。水化反应结束后，形成较多的毛细孔或粗大孔隙，使水泥的抗冻性、抗渗性、耐磨性和抵抗干湿交替循环的性能降低，不宜用于严寒地区水位升降范围内的混凝土工程和有耐磨要求的工程。

四、火山灰质硅酸盐水泥

由硅酸盐水泥熟料和火山灰质混合材料及石膏按比例混合磨细而成的水硬性胶凝材料称为火山灰质硅酸盐水泥（简称火山灰质水泥）。代号 P·P。水泥中火山灰质混合材料掺加量按质量百分比计为 20%~40%，其强度等级及各龄期强度要求见表 3-3，其技术性质要求见表 3-2。

火山灰质硅酸盐水泥的水化硬化过程、水化热放热量、强度及其增长速度、环境温度对凝结硬化的影响、抗碳化能力等都与矿渣硅酸盐水泥有相同的特点。但是火山灰质硅酸盐水泥的抗冻性及耐磨性比矿渣硅酸盐水泥要差一些，干燥收缩大，在干热条件下容易起粉。故应避免用于有抗冻及耐磨要求的部位，以及处于干燥环境的工程。另外，火山灰质硅酸盐水泥在潮湿环境下，会吸收石灰产生膨胀胶化作用，从而提高水泥石致密度和抗渗性，适用于抗渗要求较高的工程和水中及潮湿环境的混凝土工程。

五、粉煤灰硅酸盐水泥

由硅酸盐水泥熟料和粉煤灰，加适量石膏混合后磨细而成的水硬性胶凝材料称为粉煤灰硅酸盐水泥，代号 P·F。水泥中粉煤灰的掺加量按质量百分比计为 20%~40%，其强度等级及各龄期强度要求见表 3-3，其技术性质要求见表 3-2。

粉煤灰硅酸盐水泥的主要技术性质和矿渣硅酸盐水泥以及火山灰质硅酸盐水泥相似。不同之处，在于粉煤灰硅酸盐水泥结构比较致密，内比表面积较小，而且对水的吸附能力小，同时水泥水化的需水量又小，粉煤灰水泥的干缩性就小，抗裂性也好。另外，所拌制混凝土和易性也较好。

六、复合硅酸盐水泥

复合硅酸盐水泥是由硅酸盐水泥熟料、两种或两种以上规定的混合材料、适量石膏磨细制成的水硬性胶凝材料，称为复合硅酸盐水泥（简称复合水泥），代号 P·C。水泥中混合材料总掺加量按质量百分比计为 20%~50%。水泥中允许用不超过 8% 的窑灰代替部分混合材料；掺矿渣时，混合材料掺量不得与矿渣硅酸盐水泥重复。其强度等级及各龄期强度要求见表 3-3，技术性质要求见表 3-2。

复合硅酸盐水泥的特性取决于所掺混合材料的种类、掺量和比例。

各类硅酸盐水泥的选用可参照表 3-5。

表 3-5　各类硅酸盐水泥的选用

混凝土所处环境条件或工程特点		优先选用	可以使用	不宜使用
环境条件	在普通气候环境中的混凝土	普通硅酸盐水泥	矿渣硅酸盐水泥、火山灰质硅酸盐水泥、粉煤灰硅酸盐水泥	
	在干燥环境中的混凝土	普通硅酸盐水泥	矿渣硅酸盐水泥	火山灰质硅酸盐水泥、粉煤灰硅酸盐水泥

混凝土所处环境条件或工程特点		优先选用	可以使用	不宜使用
环境条件	在高湿度环境中或永远处在水下的混凝土	矿渣硅酸盐水泥	普通硅酸盐水泥、火山灰质硅酸盐水泥、粉煤灰硅酸盐水泥	
	严寒地区的露天混凝土、寒冷地区的处在水位升降范围内的混凝土	普通硅酸盐水泥	矿渣硅酸盐水泥	火山灰质硅酸盐水泥、粉煤灰硅酸盐水泥
	严寒地区处在水位升降范围内的混凝土	普通硅酸盐水泥		矿渣硅酸盐水泥、火山灰质硅酸盐水泥、粉煤灰硅酸盐水泥
工程特点	厚大体积的混凝土	矿渣硅酸盐水泥、火山灰质硅酸盐水泥、粉煤灰硅酸盐水泥	普通硅酸盐水泥	硅酸盐水泥、快硬硅酸盐水泥
	要求快硬的混凝土	硅酸盐水泥、快硬硅酸盐水泥	普通硅酸盐水泥	矿渣硅酸盐水泥、火山灰质硅酸盐水泥、粉煤灰硅酸盐水泥
	高强（大于C60）的混凝土	硅酸盐水泥	普通硅酸盐水泥、矿渣硅酸盐水泥	火山灰质硅酸盐水泥、粉煤灰硅酸盐水泥
	有抗渗要求的混凝土	普通硅酸盐水泥、火山灰质硅酸盐水泥		矿渣硅酸盐水泥
	有耐磨要求的混凝土	硅酸盐水泥、普通硅酸盐水泥	矿渣硅酸盐水泥	火山灰质硅酸盐水泥、粉煤灰硅酸盐水泥

第三节　其他品种水泥

在土木工程中，除了常用的六大通用水泥外，还会使用到特性水泥和专用水泥，如彩色硅酸盐水泥、快硬水泥、膨胀水泥等。

一、白色和彩色硅酸盐水泥

1. 白色硅酸盐水泥

白色硅酸盐水泥是以氧化铁和其他有色金属氧化物含量低的石灰石、黏土、硅石为主要原料，经高温煅烧、淬冷成水泥熟料，加入适量石膏（也可加入少量白色石灰石代替部分熟料），在装有石质（或耐磨金属）衬板和研磨体的磨机内磨细而成的一种硅酸盐水泥（简称白水泥），代号 P·W。

《白色硅酸盐水泥》（GB/T 2015—2017）规定，白色水泥中三氧化硫含量不超过 3.5%；

细度应符合 45 μm 方孔筛筛余不大小于 30.0%；初凝时间不早于 45 min，终凝时间不迟于 10 h；安定性需经沸煮法检验合格；1 级白度（P·W–1）不小于 89，2 级白度（P·W–2）不小于 87。其强度等级按规定的抗压强度和抗折强度来划分，共划分为 32.5、42.5、52.5 三个等级。各强度等级的各龄期强度应不低于表 3-6 中的数值。

表 3-6　白色硅酸盐水泥强度要求（GB/T 2015—2017）　　　MPa

强度等级	抗压强度		抗折强度	
	3 d	28 d	3 d	28 d
32.5	12.0	32.5	3.0	6.0
42.5	17.0	42.5	3.5	6.5
52.5	22.0	52.5	4.0	7.0

2. 彩色硅酸盐水泥

由硅酸盐水泥熟料及适量石膏（或白色硅酸盐水泥）、混合材料及着色剂磨细或混合制成的带有色彩的水硬性胶凝材料称为彩色硅酸盐水泥，简称彩色水泥。基本颜色有红色、黄色、蓝色、绿色、棕色和黑色等，其他颜色的彩色硅酸盐水泥的生产，可由供需双方协商确定。

国家行业标准《彩色硅酸盐水泥》（JC/T 870—2012）规定，彩色水泥中三氧化硫含量不超过 4.0%；细度应符合 80 μm 方孔筛筛余不超过 6.0%；初凝时间不早于 1 h，终凝时间不晚于 10 h；安定性需经沸煮法检验合格。其强度等级按规定的抗压强度和抗折强度来划分，共划分为 27.5、32.5、42.5 三个等级，各强度等级的各龄期强度应不低于表 3-7 中的数值。

表 3-7　彩色硅酸盐水泥强度要求（JC/T 870—2012）　　　MPa

强度等级	抗压强度		抗折强度	
	3 d	28 d	3 d	28 d
27.5	7.5	27.5	2.0	5.0
32.5	10.0	32.5	2.5	5.5
42.5	15.0	42.5	3.5	6.5

白色和彩色硅酸盐水泥主要用于建筑装饰工程。配制各种彩色水泥浆、水泥砂浆，用于墙面刷浆或陶瓷铺贴勾缝；配制装饰混凝土、彩色水刷石、人造大理石及水磨石等制品；也可用于雕塑艺术和各种装饰部件等。

二、道路硅酸盐水泥

以适当成分的生料烧至部分熔融，所得以硅酸钙为主要成分和较多量的铁铝酸钙的硅酸盐水泥熟料称为道路硅酸盐水泥熟料。由道路硅酸盐水泥熟料，0～10% 活性混合材料和适量石膏磨细制成的水硬性胶凝材料，称为道路硅酸盐水泥（简称道路水泥），代号 P·R。

《道路硅酸盐水泥》（GB 13693—2005）规定，道路水泥中氧化镁含量应不大于 5.0%，三氧化硫含量应不大于 3.5%，烧失量应不大于 3.0%，比表面积为 300～450 m²/kg；初凝时间不早于 1.5 h，终凝时间不晚于 10 h；安定性需符合用沸煮法检验合格；28 d 干缩率应不大于 0.1%；28 d 磨耗量应不大于 3.0 kg/m^2。其强度等级按规定的抗压强度和抗折强度来划分，共划分为 32.5、42.5、52.5 三个等级，各强度等级的各龄期强度应不低于表 3-8 中的数值。碱含量由供需双方商定，若使用活性集料，用户要求提供低碱水泥时水泥中碱含量应不超过 0.6%，碱含量按 w（$Na_2O + 0.658K_2O$）计算值表示。

表 3-8　道路硅酸盐水泥强度要求（GB 13693—2005）　　　　MPa

强度等级	抗压强度		抗折强度	
	3 d	28 d	3 d	28 d
32.5	16.0	32.5	3.5	6.5
42.5	21.0	42.5	4.0	7.0
52.5	26.0	52.5	5.0	7.5

道路硅酸盐水泥可较好地承受高速车辆的摩擦、循环负荷、冲击震荡、货物起卸时的骤然负荷，也能较好地抵抗路面与路基的温差和干湿变化带来的膨胀应力，抵抗冬季的冻融循环。因此道路硅酸盐水泥的使用，可减少路面裂缝和磨耗、减小维修量，延长使用寿命。道路硅酸盐水泥主要用于公路路面、机场跑道等工程结构，也可用于要求较高的工厂地面和停车场等工程。

三、快硬水泥

1. 快硬硅酸盐水泥

凡以硅酸盐水泥熟料和适量石膏磨细制成的，以 3 天抗压强度表示强度等级的水硬性胶凝材料，称为快硬硅酸盐水泥（简称快硬水泥）。

快硬水泥可用来配制早强、高强度等级混凝土，适用于紧急抢修工程、低温施工工程和高强度等级混凝土预制件等。快硬水泥凝结时间正常，而且终凝和初凝的时间间隔很短，早期强度发展很快，后期强度持续增长。用快硬水泥可以配制早强混凝土。该水泥还适用于制作蒸养条件下的混凝土制品。快硬水泥的其他性能，如干缩、与钢筋粘结等，与硅酸盐水泥相似。与使用普通水泥相比，可加快施工进度，加快模板周转，提高工程和制品质量，具有较好的技术经济效益和社会效益。由于水化放热比较集中，因此，快硬水泥不宜用于大体积混凝土工程。

2. 铝酸盐水泥

铝酸盐水泥是以铝矾土和石灰石为原料，经煅烧制得的以铝酸钙为主要成分、氧化铝含量约 50% 的熟料，再磨制成的水硬性胶凝材料，又称高铝水泥。铝酸盐水泥常为黄或褐色，也有呈灰色的。铝酸盐水泥的主要矿物成为铝酸一钙（$CaO \cdot Al_2O_3$，简写 CA）及其他的铝酸盐，以及少量的硅酸二钙（$2CaO \cdot SiO_2$）等。

《铝酸盐水泥》（GB/T 201—2015）的规定，铝酸盐水泥的密度和堆积密度与普通硅酸盐水泥相近，比表面积 ≥300 m^2/kg 或 45 μm 筛筛余 ≤20%。铝酸盐水泥按 Al_2O_3 含量分为 CA50、CA60、CA70、CA80 四个类型。各类型水泥的凝结时间和各龄期强度不得低于表 3-9 中的数值。

表3-9　铝酸盐水泥的凝结时间和各龄期强度要求（GB 201—2015）

水泥品种		Al₂O₃/%	凝结时间/min		抗压强度/MPa　≥				抗折强度/MPa　≥			
			初凝≥	终凝≤	6 h	1 d	3 d	28 d	6 h	1 d	3 d	28 d
CA50	CA50 - Ⅰ	≥50且<60	30	360	20	40	50		3	5.5	6.5	—
	CA50 - Ⅱ					50	60			6.5	7.5	
	CA50 - Ⅲ					60	70			7.5	8.5	
	CA50 - Ⅳ					70	80			8.5	9.5	
CA60	CA60 - Ⅰ	≥60且<68	30	360	—	65	85		—	7.0	10.0	
	CA60 - Ⅱ		60	1 080		20	45	85		2.5	5.0	10.0
CA70		≥68且<77	30	360		30	40			5.0	6.0	
CA80		≥77	30	360		25	30			4.0	5.0	

铝酸盐水泥凝结硬化速度快，1 d 强度可达最高强度的80%以上，且放热量集中，具有较高的耐热性，主要用于工期紧急的工程，如国防、道路和特殊抢修工程、冬期施工、也可制成使用温度为1 300～1 400 ℃的耐热混凝土等。但铝酸盐水泥的长期强度及其他性能有降低的趋势，因此，铝酸盐水泥不宜用于长期承重的结构及处在高温高湿环境的工程中。

3. 硫铝酸盐水泥

硫铝酸盐水泥是以适当成分的生料，经煅烧所得以无水硫铝酸钙和硅酸二钙为主要矿物成分的水泥熟料掺加不同量的石灰石、适量石膏共同磨细制成的水硬性胶凝材料。硫铝酸盐水泥分为快硬硫铝酸盐水泥（代号 R·SAC）、低碱度硫铝酸盐水泥（代号 L·SAC）、自应力硫铝酸盐水泥（代号 S·SAC）。这三类硫铝酸盐水泥的物理力学性能指标见表3-10。

表3-10　硫铝酸盐水泥物理力学性能指标（GB 20472—2006）

项　　目			性能指标		
			快硬硫铝酸盐水泥	低碱度硫铝酸盐水泥	自应力硫铝酸盐水泥
比表面积/（m²·kg）		≥	350	400	370
凝结时间/min	初凝	≤	25		40
	终凝	≥	180		240
碱度 pH		≤	—	10.5	—
28 d 自由膨胀率/%				0～0.15	
自由膨胀率/%	7 d	≤			1.30
	28 d	≤			1.75
水泥中的碱含量（Na₂O + 0.658K₂O）/% <					0.50
28 d 自应力增进率/（MPa·d⁻¹）		≤			0.010

（1）快硬硫铝酸盐水泥。快硬硫铝酸盐水泥是由适当成分的硫铝酸盐水泥熟料和少量石灰石、适量石膏共同磨细制成的，具有早期强度高的水硬性胶凝材料。其石灰石掺加量应不大于水泥质量的15%。按 3 d 抗压强度分为 42.5、52.5、62.5、72.5 四个强度等级，各

强度等级强度值应不低于表 3-11 中数值。

表 3-11　快硬硫铝酸盐水泥强度要求（GB 20472—2006）　　MPa

强度等级	抗压强度			抗折强度		
	1 d	3 d	28 d	1 d	3 d	28 d
42.5	30.0	42.5	45.0	6.0	6.5	7.0
52.5	40.0	52.5	55.0	6.5	7.0	7.5
62.5	50.0	62.5	65.0	7.0	7.5	8.0
72.5	55.0	72.5	75.0	7.5	8.0	8.5

快硬硫铝酸盐水泥具有快凝、早强、不收缩等特点，可用于浆锚、喷锚支护、抢修、堵漏等工程、冬期施工工程，也可用于配制早强、抗渗混凝土和耐硫酸盐混凝土。但是该类水泥碱度低，在使用过程中要注意钢筋的锈蚀问题。另外，水泥石中的钙矾石在 150 ℃ 以上会脱水，强度大幅下降，所以耐热性较差。

（2）低碱度硫铝酸盐水泥。低碱度硫铝酸盐水泥是由适当成分的硫铝酸盐水泥熟料和较多量石灰石、适量石膏共同磨细制成，具有低碱度的水硬性胶凝材料。其石灰石掺加量应不小于水泥质量的 15%，且不大于水泥质量的 35%。低碱度硫铝酸盐水泥主要用于制作玻璃纤维增强水泥制品，用于配有钢纤维、钢筋、钢丝网、钢埋件等混凝土制品和结构时，所用钢材应为不锈钢。按 7 d 抗压强度分为 32.5、42.5、52.5 三个强度等级，各强度等级强度值应不低于表 3-12 中数值。

表 3-12　低碱度硫铝酸盐水泥强度要求（GB 20472—2006）　　MPa

强度等级	抗压强度		抗折强度	
	1 d	7 d	1 d	7 d
32.5	25.0	32.5	3.5	5.0
42.5	30.0	42.5	4.0	5.5
52.5	40.0	52.5	4.5	6.0

低碱度硫铝酸盐水泥碱度低、早期强度高且能适当补偿收缩，可用于制作玻璃纤维增强水泥制品。用作配制有纤维、钢筋、钢丝网、钢埋件等混凝土制品和结构时，所用钢材应为不锈钢。

（3）自应力硫铝酸盐水泥。自应力硫铝酸盐水泥是由适当成分的硫铝酸盐水泥熟料加入适量石膏磨细制成的具有膨胀性的水硬性胶凝材料。按 28 d 自应力值分为 3.0、3.5、4.0、4.5 四个自应力等级，自应力硫铝酸盐水泥所有自应力等级的水泥抗压强度 7 d 不小 32.5 MPa，28 d 不小于 42.5 MPa。各级别各龄期自应力值应符合表 3-13 中数值。

表 3-13　自应力硫铝酸盐水泥强度要求（GB 20472—2006）　　MPa

级别	7 d	28 d	
	≥	≥	≤
3.0	2.0	3.0	4.0

级别	7 d	28 d	
	≥	≥	≤
3.5	2.5	3.5	4.5
4.0	3.0	4.0	5.0
4.5	3.5	4.5	5.5

自应力硫铝酸盐水泥自由膨胀较大，自应力值较高，抗渗性和抗化学侵蚀能力好，可用于制造输水、输油、输气用的自应力水泥钢筋混凝土压力管。

四、膨胀水泥和自应力水泥

用普通硅酸盐水泥配制的砂浆或混凝土，在空气中凝结干燥硬化时会产生收缩。由于收缩，使砂浆或混凝土产生裂缝，导致抗拉强度和抗渗性降低，且破坏了结构的整体性，使结构的耐久性下降。而膨胀水泥是一种在硬化过程中能产生一定体积膨胀的水泥，用这种水泥配制的砂浆或混凝土，能够克服或改善一般水泥的上述缺点。在有钢筋等约束的情况下，还能在硬化混凝土中产生一定程度的预压应力，以提高构件的抗裂性能，这种预压应力称为自应力。

膨胀水泥和自应力水泥实质上都是膨胀水泥，只是由于使用目的和膨胀数值上的差别，人们把它们分别称为膨胀水泥和自应力水泥。在我国，一般来说，膨胀值较小、用于补偿水泥混凝土收缩的水泥称膨胀水泥；膨胀值较大、用于建立预应力的水泥就称为自应力水泥，如制造钢筋混凝土压力管、墙板和楼板等。

五、抗硫酸盐硅酸盐水泥

《抗硫酸盐硅酸盐水泥》（GB 748—2005）按抗硫酸盐硅酸盐水泥的抗硫酸盐性能将该类水泥分为中抗硫酸盐硅酸盐水泥与高抗硫酸盐硅酸盐水泥两类。以特定矿物组成的硅酸盐水泥熟料，加入适量石膏、磨细制成的具有抵抗中等浓度硫酸根离子侵蚀的水硬性胶凝材料，称为中抗硫酸盐硅酸盐水泥，简称中抗硫酸盐水泥，代号 P·MSR。以特定矿物组成的硅酸盐水泥熟料，加入适量石膏、磨细制成的具有抵抗较高浓度硫酸根离子侵蚀的水硬性胶凝材料，称为高抗硫酸盐硅酸盐水泥，简称高抗硫酸盐水泥，代号 P·HSR。

《抗硫酸盐硅酸盐水泥》（GB 748—2005）规定，水泥中烧失量应不大于 3.0%；水泥中氧化镁的含量应不大于 5.0%，如果水泥经过压蒸安定性试验合格，则水泥中氧化镁的含量允许放宽到 6.0%；三氧硫含量应不大于 2.5%；不溶物应不大于 1.5%；比表面积应不小于 280 m^2/kg；初凝时间不应早于 45 min，终凝时间应不晚于 10 h；安定性须符合用沸煮法检验合格；水泥中碱含量由供需双方商定，若使用活性集料，用户要求提供低碱水泥时，水泥中的碱含量按 $Na_2O + 0.658K_2O$ 计算应不大于 0.6%；中抗硫酸盐水泥和高抗硫酸盐水泥强度等级都按规定龄期的抗压强度和抗折强度划分为 32.5 级和 42.5 级，各龄期的抗压强度和抗折强度应不低于表 3-14 中数值；中抗硫酸盐水泥 14 d 线膨胀率应不大于 0.06%，高抗硫酸盐水泥 14 d 线膨胀率应不大于 0.04%。

表 3-14 抗硫酸盐水泥强度等级和各龄期强度要求（GB 748—2005） MPa

分类	强度等级	抗压强度		抗折强度	
		3 d	28 d	3 d	28 d
中抗硫酸盐水泥、高抗硫酸盐水泥	32.5	10.0	32.5	2.5	6.0
	42.5	15.0	42.5	3.0	6.5

抗硫酸盐水泥抗腐蚀能力较好，其抗冻性也较高，主要用于受硫酸盐腐蚀、冻融循环和干湿交替作用的水利、地下、海港、隧道、桥梁和道路基础工程。

复习思考题

一、填空题

1. 改变硅酸盐水泥的矿物组成可制具有不同特性的水泥，降低＿＿＿＿＿＿的含量，提高＿＿＿＿＿＿的含量，可制得中、低热水泥。

2. 硅酸盐水泥的细度用＿＿＿＿＿＿表示。

3. 硅酸盐水泥的矿物中对水泥后期强度提高有较大影响的矿物是＿＿＿＿＿＿。

4. 活性混合材的主要化学成分是＿＿＿＿＿＿。

5. 生产硅酸盐水泥时掺入适量石膏的目的是起＿＿＿＿＿＿作用。

6. 高铝水泥不宜用于长期＿＿＿＿＿＿的结构。

7. 高铝水泥不能与＿＿＿＿＿＿混合使用，否则会出现＿＿＿＿＿＿而无法施工。

8. 当石膏掺量过多时，易导致水泥＿＿＿＿＿＿的不合格。

9. 水泥中掺入的＿＿＿＿＿＿，能通过发生＿＿＿＿＿＿反应，保证后期混凝土强度和某些耐久性能。

10. 引起硅酸盐水泥体积安定性不良的因素主要有＿＿＿＿＿＿。

二、判断题

1. 粒化高炉矿渣是一种非活性混合材料。 （ ）

2. 水泥强度的确定是以其 28 d 为最后龄期强度，但 28 d 后强度是继续增长的。 （ ）

3. 我国北方有低浓度硫酸盐侵蚀的混凝土工程宜优先选用矿渣水泥。 （ ）

4. 粉煤灰水泥与硅酸盐水泥相比，因为掺入了大量的混合材，故其强度也降低了。 （ ）

5. 火山灰质水泥由于其标准稠度用水量大，而水泥水化的需水量是一定的，故其抗渗性差。 （ ）

6. 水泥的强度等级不符合标准可以降低等级使用。 （ ）

7. 普通水泥的细度不合格时，水泥为废品。 （ ）

8. 水泥的体积安定性不合格可以降低等级使用。 （ ）

9. 体积安定性不合格的水泥在空气中放置一段时间后，安定性可能合格了。 （ ）

10. 水泥储存超过三个月，应重新检测，才能决定如何使用。 （ ）

三、单项选择题

1. 下列工程中宜优先选用硅酸盐水泥的是（　　　）。
　　A. 地下室混凝土　　　　　　　　　B. 耐碱混凝土
　　C. 耐酸混凝土　　　　　　　　　　D. 预应力混凝土

2. 水泥（　　　）检验不合格，需作废品处理。
　　A. 强度　　　　　　B. 细度　　　　　　C. 初凝时间　　　　D. 终凝时间

3. 在水泥中掺入部分优质生石灰，由于生石灰消解时体积膨胀（　　　）。
　　A. 会使水泥安定性不良　　　　　　B. 会使水泥无法正常凝结
　　C. 对水泥安定性没有影响　　　　　D. 对水泥凝结没有影响

4. 地上水塔工程宜选用（　　　）。
　　A. 火山灰质水泥　　　　　　　　　B. 矿渣水泥
　　C. 普通水泥　　　　　　　　　　　D. 粉煤灰水泥

5. 在施工中为了加快水泥的凝结速度，可加入适量的（　　　）。
　　A. 石灰　　　　　　B. 石膏　　　　　　C. NaCl　　　　　　D. NaOH

8. 硅酸盐水泥熟料矿物中，水化热最高的是（　　　）。
　　A. C_3S　　　　　　B. C_2S　　　　　　C. C_3A　　　　　　D. C_4AF

9. 为了加快模具的周转，生产混凝土预制构件时，常用蒸汽养护的方法，在此条件下，应选择（　　　）水泥拌制混凝土。
　　A. 硅酸盐水泥　　　B. 普通水泥　　　　C. 矿渣水泥　　　　D. 高铝水泥

10. 在正常条件下，通用水泥的使用有效期限为（　　　）月。
　　A. 3　　　　　　　　B. 6　　　　　　　　C. 9　　　　　　　　D. 12

11. 检验水泥中 $f-CaO$ 是否过量常通过（　　　）进行。
　　A. 压蒸法　　　　　B. 放入长期温水中　C. 沸煮法　　　　　D. 水解法

12. 为了延缓水泥的凝结时间，在生产水泥时必须掺入适量（　　　）。
　　A. 石灰　　　　　　B. 石膏　　　　　　C. 助磨剂　　　　　D. 水玻璃

13. 硅酸盐水泥石耐热性差，主要是因为水泥石中含有较多的（　　　）。
　　A. 水化铝酸钙　　　B. 水化铁酸钙　　　C. 氢氧化钙　　　　D. 水化硅酸钙

四、简答题

1. 为什么生产硅酸盐水泥时掺入的适量石膏不会引起水泥的体积安定性不良，而硅酸盐水泥石处在硫酸盐溶液中时则会造成腐蚀？

2. 在什么条件下拌制混凝土选用水泥时要注意水化热的影响？为什么？

3. 影响常用水泥性能的因素有哪些？

4. 为什么矿渣水泥耐硫酸盐和软水腐蚀性能较好，而普通硅酸盐水泥较差？

5. 试分析引起水泥石腐蚀的内因。如何防治水泥石腐蚀？

混凝土

　　混凝土是指由胶凝材料将集料胶结成整体的工程复合材料的统称。在土木工程中使用最多的是以水泥作胶凝材料，砂、石作集料，与水（可含外加剂、掺和料）按一定比例配合，经搅拌而得的水泥混凝土。它在工业与民用建筑、给排水工程、道路工程、桥梁工程、水利工程等都有广泛应用。

　　混凝土的种类很多，按不同的分类方式可分为以下几类。

　　（1）按胶凝材料分类。

　　①无机胶凝材料混凝土，如水泥混凝土、石膏混凝土、硅酸盐混凝土、水玻璃混凝土等。

　　②有机胶凝材料混凝土，如沥青混凝土、聚合物混凝土等。

　　（2）按表观密度分类。

　　①重混凝土。重混凝土是表观密度大于 2 500 kg/m³ 用特别密实和特别重的集料制成的，如重晶石混凝土、钢屑混凝土等，它们具有不透 X 射线和 γ 射线的性能，主要用于核工业工程的屏蔽结构材料。

　　②普通混凝土。普通混凝土即在建筑中常用的混凝土，表观密度为 1 950 ~ 2 500 kg/m³，集料为砂、石。

　　③轻质混凝土。轻质混凝土是表观密度小于 1 950 kg/m³ 的混凝土。它又可以分为轻集料混凝土、泡沫混凝土、加气混凝土、普通大孔混凝土、轻集料大孔混凝土。

　　（3）按使用功能分类。可分为结构混凝土、保温混凝土、装饰混凝土、防水混凝土、耐火混凝土、水工混凝土、海工混凝土、道路混凝土、防辐射混凝土等。

　　（4）按施工工艺分类。可分为离心混凝土、真空混凝土、灌浆混凝土、喷射混凝土、碾压混凝土、挤压混凝土、泵送混凝土等。

　　另外，混凝土还有其他分类方式，如无特殊说明，本章所介绍的混凝土均指普通水泥混凝土。

　　混凝土材料有很多优点，例如，材料来源广泛，混凝土中占整个体积 80% 以上的砂、石料均可就地取材，其资源丰富，能够有效降低制作成本；性能可调整范围大，可根据使用功能要求，改变混凝土的材料配合比例及施工工艺，在相当大的范围内对混凝土的强度、保温耐热性、耐久性及工艺性能进行调整；在硬化前有良好的塑性，拌合混凝土优良的可塑成型性，使混凝土可适应各种形状复杂的结构构件的施工要求；施工工艺简易、多变，混凝土既可简单进行人工浇筑，也可根据不同的工程环境特点灵活地采用泵送、喷射、水下等施工方法；可用钢筋增强，钢筋与混凝土虽为性能迥异的两种材料，但两者有近乎相等的线膨胀系数，从而使它们可共同工作，弥补了混凝土抗拉强度低的缺点，扩大了其应用范围；有较高的强度和耐久性，近代高强度混凝土的抗压强度可达 100 MPa 以上，同时具备较高的抗渗、抗冻、抗腐蚀、抗碳化性，其耐久年限可达数百年以上。虽然混凝土也存在诸如自重大、养护周期长、导热系数较大、不耐高温、拆除废弃物再生利用性较差等缺点，但随着混凝土新功能、新品种不断地被开发，这些缺点正在不断地被克服和改进。

第一节　混凝土的组成材料

普通混凝土是以通用水泥为胶结材料，用普通砂石材料为集料，并以普通水为原材料，按专门设计的配合比，经搅拌、成型、养护而得到的复合材料。现代水泥混凝土中，为了调节和改善其工艺性能和力学性能，还加入各种化学外加剂和磨细矿质掺和料。

砂石在混凝土中起骨架作用，故也称集料。水泥和水组成水泥浆，包裹在砂石表面并填充砂石空隙，在拌合物中起润滑作用，赋予混凝土拌合物一定的流动性，使混凝土拌合物容易施工；在硬化过程中胶结砂、石，将集料颗粒牢固地粘结成整体，使混凝土有一定的强度。混凝土的组成及各材料的大致比例见表4-1。

表4-1　混凝土组成及各组分材料绝对体积比

组成成分	水泥	水	砂	石	空气
占混凝土总体积的/%	10～15	15～20	20～30	35～48	1～3
	25～35		55～78		1～3

一、水泥

1. 水泥品种的选择

水泥是混凝土的胶结材料，混凝土的性能很大程度上取决于水泥的质量和数量。在保证混凝土性能的前提下，尽量节约水泥用量，降低工程造价。应根据工程特点、所处环境气候条件，特别是工程竣工后可能遇到的环境因素以及设计、施工的要求进行分析，并考虑当地水泥的供应情况选用适当品种的水泥。

2. 水泥强度等级的选择

水泥的强度等级，应与混凝土设计强度等级相适应。用高强度等级的水泥配低强度等级混凝土时，水泥用量偏少可以节约水泥，但会影响和易性及强度，可掺适量混合材料（火山灰、粉煤灰、矿渣等）予以改善；反之，如果水泥强度等级选用过低，那么混凝土中水泥用量太多，非但不经济，而且降低混凝土的某些技术品质（如收缩率增大等）。

一般情况下，水泥强度为混凝土强度的 1.5 ~ 2.0 倍比较合适，高强度混凝土可取 0.9 ~ 1.5。

3. 水泥用量的确定

为保证混凝土的耐久性，水泥用量应满足《普通混凝土配合比设计规程》（JGJ 55—2011）规定的最小水泥用量的要求。如果水泥用量少于规定的最小水泥用量，那么取规定的最小水泥用量值；如果水泥用量大于规定的最大的水泥用量，那么应选择更高强度等级的水泥或采用其他措施使水泥用量满足规定的要求。水泥的具体用量由混凝土的配合比设计确定。

二、细集料

粒径小于等于 4.75 mm 的集料称为细集料，即砂。砂一般分为天然砂和机制砂两类。自然生成的，经人工开采和筛分的粒径小于等于 4.75 mm 的岩石颗粒，包括河砂、湖砂、山砂、淡化海砂，但不包括软质、风化的岩石颗粒。机制砂是经除土处理，由机械破碎、筛分制成的，粒径小于等于 4.75 mm 的岩石、矿山尾矿或工业废渣颗粒，但不包括软质、风化的颗粒，俗称人工砂，由于成本高、片状及粉状物多，一般不使用。按其产源不同，天然砂可分为河砂，海砂和山砂。山砂表面粗糙，颗粒多棱角，含泥量较高，有机杂质含量也较多，故质量较差；海砂和河砂表面圆滑，但海砂含盐分较多，对混凝土和砂浆有一定影响，河砂较为洁净，故应用较广。

对于配制混凝土用砂，《普通混凝土用砂、石质量及检验方法标准》（JGJ 52—2006）规定以下几个方面的质量要求。

1. 砂的粗细程度和颗粒级配

（1）砂的粗细程度。砂的粗细程度，是指不同粒径砂粒混合在一起的平均粗细程度。砂子通常分为粗砂、中砂、细砂三种规格。在混凝土各种材料用量相同的情况下，若砂过粗，砂颗粒的表面积较小，混凝土的黏聚性、保水性较差；若砂过细，砂子颗粒表面积过大，虽黏聚性、保水性好，但因砂的表面积大，需较多水泥浆来包裹砂粒表面，当水泥浆用量一定时，富裕的用于润滑的水泥浆较少，混凝土拌合物的流动性差，甚至还会影响混凝土的强度。因此，拌混凝土用的砂，不宜过粗，也不宜过细，颗粒大小均匀的砂是级配不良的砂。砂的粗细程度通常用细度模数（M_x）表示。

$$M_x = \frac{(A_2 + A_3 + A_4 + A_5 + A_6) - 5A_1}{100 - A_1} \tag{4-1}$$

式中 M_x——细度模数；

　　　A_1、A_2、A_3、A_4、A_5、A_6——4.75 mm、2.36 mm、1.18 mm、600 μm、300 μm、150 μm 筛的累计筛余百分率（%），见表 4-2。

细度模数越大，表示砂越粗，普通混凝土用砂的细度模数为 3.7 ~ 1.6。砂按细度模数大小分为粗砂、中砂、细砂 3 种规格，当 $M_x = 3.7 ~ 3.1$ 时为粗砂；$M_x = 3.0 ~ 2.3$ 为中砂；

$M_x = 2.2 \sim 1.6$ 为细砂。普通混凝土在可能的情况下应选用粗砂或中砂，以节约水泥。

（2）砂的颗粒级配。砂的颗粒级配是指不同粒径的颗粒互相搭配及组合的情况。级配良好的砂，其大小颗粒的含量适当，一般有较多的粗颗粒，并且适当数量的中等颗粒及少量的细颗粒填充其空隙，砂的总表面积及空隙率均较小。使用级配良好的砂，填充空隙用的水泥浆较少，不仅可以节省水泥，而且混凝土的和易性好，强度耐久性也较高。

如图 4-1（a）所示，集料颗粒大小均匀，集料之间空隙最大；如图 4-1（b）所示，集料用两种粒径的颗粒搭配，集料之间空隙则减小了；如图 4-1（c）所示，集料用三种粒径的颗粒搭配，集料之间空隙又减小了。由此可知，要想减小集料间空隙，就必须搭配不同粒径的颗粒。也就是说选择颗粒级配良好的砂。

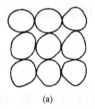 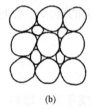 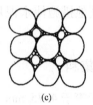

（a）　　　　　　　　（b）　　　　　　　　（c）

图 4-1　集料颗粒级配示意图

（a）单粒径；（b）两种粒径；（c）三种粒径

因此，在拌制混凝土时，砂的颗粒级配和粗细程度应同时考虑，仅凭某一个单一指标来进行评价是不合理的。

（3）砂的粗细程度与颗粒级配的测定。砂的粗细程度和颗粒级配常由砂的筛分试验来进行测定。筛分试验是采用过 9.50 mm 方孔筛后 500 g（m_0）烘干的待测砂，用一套孔径从大到小（孔径分别为 4.75 mm、2.36 mm、1.18 mm、600 μm、300 μm、150 μm）的标准方孔筛进行筛分，然后称其各筛上所得的粗颗粒的质量（称为筛余量 m_i），将各筛余量分别除以 500 得到分计筛余百分率（%）a_1、a_2、a_3、a_4、a_5、a_6，再将其累加得到累计筛余百分率（简称累计筛余率）A_1、A_2、A_3、A_4、A_5、A_6，其计算过程见表 4-2。

表 4-2　累计筛余百分率（%）与分计筛余百分率（%）的关系

筛孔尺寸	分计筛余		累计筛余百分率/%
	分计筛余量/g	分计筛余百分率/%	
4.75 mm	m_1	a_1	$A_1 = a_1$
2.36 mm	m_2	a_2	$A_2 = a_1 + a_2$
1.18 mm	m_3	a_3	$A_3 = a_1 + a_2 + a_3$
600 μm	m_4	a_4	$A_4 = a_1 + a_2 + a_3 + a_4$
300 μm	m_5	a_5	$A_5 = a_1 + a_2 + a_3 + a_4 + a_5$
150 μm	m_6	a_6	$A_6 = a_1 + a_2 + a_3 + a_4 + a_5 + a_6$

注：表中 $a_i = \dfrac{m_i}{m_0} \times 100\%$

砂的颗粒级配用级配区表示，以级配区或筛分曲线判定砂级配的合格性。根据计算和试验结果，规定将砂的合理级配以 600 μm 级的累计筛余率为准，划分为 3 个级配区，分别称为 Ⅰ、Ⅱ、Ⅲ区，如图 4-2 所示。

任何一种砂，只要其累计筛余率 $A_1 \sim A_6$ 分别分布在某同一级配区的相应累计筛余率的范围内，即为级配合理，符合级配要求。砂的颗粒级配要求见表 4-3。除 4.75 mm 和 600 μm 级外，其他级的累计筛余可以略有超出，但超出总量应小于 5%。由表 4-3 中数值可见，在 3 个级配区内，只有 600 μm 级的累计筛余率是重叠的，故称其为控制粒级，控制粒级使任何一个砂样只能处于某一级配区内，避免出现属两个级配区的现象。

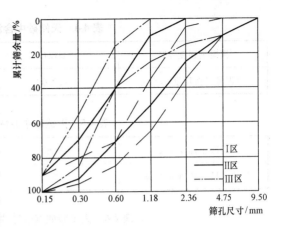

图 4-2　砂的 Ⅰ、Ⅱ、Ⅲ级级配曲线

表 4-3　砂的颗粒级配（JGJ 52—2006）

级配区　　　累计筛余/% 公称粒径	Ⅰ区（粗）	Ⅱ区（中）	Ⅲ区（细）
5.00 mm	10 ~ 0	10 ~ 0	10 ~ 0
2.50 mm	35 ~ 5	25 ~ 0	15 ~ 0
1.25 mm	65 ~ 35	50 ~ 10	25 ~ 0
630 μm	85 ~ 71	70 ~ 41	40 ~ 16
315 μm	95 ~ 80	92 ~ 70	85 ~ 55
160 μm	100 ~ 90	100 ~ 90	100 ~ 90

其中，Ⅰ区为粗砂区，用过粗的砂配制混凝土，拌合物的和易性不易控制，内摩擦角较大，混凝土振捣困难。当采用Ⅰ区砂时，应适当提高砂率。Ⅲ区砂较细，为细砂区，适宜配制低动流性混凝土。超出Ⅲ区范围过细的砂，配成的混凝土不仅水泥用量大，而且强度将显著降低，当采用Ⅲ区砂时，应适当减小砂率，以保证混凝土强度。Ⅱ区为中砂区，配制混凝土时应优先选择级配在Ⅱ区的砂。

在工程中，若砂的自然级配不合适，可采用人工掺配的方法予以改善，即将粗、细砂按适当的比例掺和使用，也可将砂过筛，筛除过粗或过细的颗粒。

2. 含泥量、泥块含量和石粉含量

含泥量是指砂中粒径小于 75 μm 的岩屑、淤泥和黏土颗粒总含量的百分数，其含量要求见表 4-4。泥块含量是颗粒粒径大于 1.18 mm，水浸碾压后可成为小于 600 μm 块状黏土在淤泥颗粒的含量，其含量要求见表 4-5。石粉含量是人工砂生产过程中不可避免的粒径小于 75 μm 的颗粒的含量，粉料径虽小，但与天然砂中的泥成分不同，粒径分布也不同，其含量要求见表 4-6。

表 4-4　天然砂中含泥量（JGJ 52—2006）

混凝土强度等级	≥C60	C55～C30	≤C25
含泥量（按质量计/%）	≤2.0	≤3.0	≤5.0

表 4-5　天然砂中泥块含量（JGJ 52—2006）

混凝土强度等级	≥C60	C55～C30	≤C25
泥块含量（按质量计/%）	≤0.5	≤1.0	≤2.0

表 4-6　人工砂或混合砂中石粉含量（JGJ 52—2006）

混凝土强度等级		≥C60	C55～C30	≤C25
石粉含量/%	MB＜1.4（合格）	≤5.0	≤7.0	≤10.0
	MB≥1.4（不合格）	≤2.0	≤3.0	≤5.0

对于有抗冻、抗渗或其他特殊要求的小于或等于 C25 混凝土用砂，其含泥量不应大于 3.0%。

对于有抗冻、抗渗或其他特殊要求的小于或等于 C25 混凝土用砂，其泥块含量不应大于 1.0%。

3. 有害杂质含量

砂在生产过程中，由于环境的影响和作用，常混有对混凝土性质有害的物质，主要有黏土、淤泥、黑云母、轻物质、有机质、硫化物和硫酸盐、氯盐等。这些杂质附着在砂的表面，导致砂与水泥的粘结性差，影响混凝土的强度和耐久性；硫化物和硫酸盐影响水泥的正常凝结，并对水泥有腐蚀作用等。当砂中含有颗粒状的硫酸盐或硫化物杂质时，应进行专门检验，确认能满足混凝土耐久性要求后，方可采用。对于长期处于潮湿环境的重要混凝土结构用砂，应采用砂浆棒（快速法）或砂浆长度法进行集料的碱活性检验。经上述检验判断为有潜在危害时，应控制混凝土中的碱含量不超过 3 kg/m^3，或采用能抑制碱集料反应的有效措施。砂中有害杂质含量限制见表 4-7。

表 4-7　砂中有害杂质含量（JGJ 52—2006）

项　　目	质量指标
云母含量（按质量计/%）	≤2.0
轻物质含量（按质量计/%）	≤1.0
硫化物及硫酸盐含量（折算成按质 SO$_3$ 按质量计/%）	≤1.0
有机物含量（用比色法试验）	颜色不应深于标准色。当颜色深于标准色时，应按水泥胶砂强度试验方法进行强度对比试验，抗压强度比不应低于0.95

对于有抗冻、抗渗要求的混凝土用砂，其云母含量不应大于 1.0%。

4. 砂的坚固性

砂的坚固性是指砂在气候、环境变化或其他物理因素作用下抵抗破裂的能力。天然砂的坚固性采用硫酸钠溶液法进行试验检测，砂样经 5 次循环后其质量损失应符合表 4-10 中的规定；人工砂采用压碎指标法进行试验检测，压碎指标值应小于表 4-8 中的规定。

表 4-8　砂的坚固性指标（JGJ 52—2006）

混凝土所处的环境条件及其性能要求	5 次循环后的质量损失/% ≤
在严寒及寒冷地区室外使用并经常处于潮湿或干湿交替状态下的混凝土；对于有抗疲劳、耐磨、抗冲击要求的混凝土；有腐蚀介质作用或经常处于水位变化的地下结构混凝土	8
其他条件下使用的混凝土	10

三、粗集料

粒径大于 4.75 mm 的集料称为粗集料。普通混凝土常用的粗集料有碎石及卵石两种。碎石是天然岩石、卵石或矿山废石经机械破碎、筛分制成的，粒径大于 4.75 mm 的岩石颗粒。卵石是由自然风化、水流搬运和分选、堆积而成的、粒径大于 4.75 mm 的岩石颗粒。混凝土用粗集料的技术要求有以下几个方面。

1. 颗粒级配及最大粒径

（1）最大粒径。粗集料中公称粒级的上限称为最大粒径。当集料粒径增大时，其比表面积减小，混凝土的水泥用量也减少，故在满足技术要求的前提下，粗集料的最大粒径应尽量选大一些。《混凝土质量控制标准》（GB 50164—2011）规定，混凝土粗集料的最大粒径不得超过结构截面最小尺寸的 1/4，同时不得大于钢筋间最小净距的 3/4。对于混凝土实心板，最大粒径不宜超过板厚的 1/3 且不得大于 40 mm；对于大体积混凝土，粗集料最大公称粒径则不宜小于 31.5 mm。石子粒径过大，对运输和搅拌都不方便。为减少水泥用量、降低混凝土的温度和收缩应力，在大体积混凝土内，也常用毛石来填充，这种混凝土也称为毛石混凝土。

（2）颗粒级配。粗集料级配好坏对节约水泥和保证混凝土具有良好的和易性有很大的关系。特别是拌制高强度混凝土，粗集料级配更为重要。

粗集料的级配也通过筛分试验来确定，石子的标准筛孔径为 2.36 mm、4.75 mm、9.50 mm、16.0 mm、19.0 mm、26.5 mm、31.5 mm、37.5 mm、53.0 mm、63.0 mm、75.0 mm 及 90.0 mm 共 12 个筛子。分计筛余百分率和累计筛余百分率计算均与细集料相同。

粗集料的级配有单粒级和连续粒级两种，均应符合表 4-9 的规定。连续级配是石子的粒径从大到小连续分级，每一级都占适当的比例。连续级配的颗粒大小搭配连续合理（最小粒径都从 5 mm 起），用其配置的混凝土拌合物和易性好，不易发生离析，在工程中应用较多。但其缺点是，当最大粒径较大（大于 40 mm）时，天然形成的连续级配往往与理论最佳值有偏差，且在运输、堆放过程中易发生离析，影响到级配的均匀合理性。

表 4-9　碎石或卵石的颗粒级配（JGJ 52—2006）

级配情况	公称粒级/mm	累计筛余量，按质量/%											
		方孔筛筛孔边长尺寸/mm											
		2.36	4.75	9.5	16.0	19.0	26.5	31.5	37.5	53	63	75	90
连续粒级	5~10	95~100	80~100	0~15	0	—	—	—	—	—	—	—	—
	5~16	95~100	85~100	30~60	0~10	0	—	—	—	—	—	—	—
	5~20	95~100	90~100	40~80	—	0~10	0	—	—	—	—	—	—
	5~25	95~100	90~100	—	30~70	—	0~5	0	—	—	—	—	—
	5~31.5	95~100	90~100	70~90	—	15~45	—	0~5	0	—	—	—	—
	5~40	—	95~100	70~90	—	30~65	—	—	0~5	0	—	—	—
单粒级	10~20	—	95~100	85~100	0~15	0	—	—	—	—	—	—	—
	16~31.5	—	95~100	—	85~100	—	—	0~10	0	—	—	—	—
	20~40	—	—	95~100	—	80~100	—	—	0~10	0	—	—	—
	31.5~63	—	—	—	95~100	—	—	75~100	45~75	—	0~10	0	—
	40~80	—	—	—	—	95~100	—	—	70~100	—	30~60	0~10	0

间断级配是石子粒级不连续，人为剔除某些中间粒级的颗粒而形成的级配方式。间断级配能更有效降低石子颗粒间的空隙率，使水泥达到最大程度的节约，但由于粒径相差较大，故拌合混凝土易发生离析，间断级配需按设计进行掺配而成。

2. 颗粒形状和表面特征

粗集料的颗粒形状及表面特征同样会影响其与水泥的粘结及混凝土拌合物的流动性。碎石具有棱角，表面粗糙，与水泥粘结较好；而卵石多为圆形，表面光滑，与水泥的粘结较差。在水泥用量和水用量相同的情况下，碎石拌制的混凝土流动性较差，但强度较高；而卵石拌制的混凝土则流动性较好，但强度较低。如要求流动性相同，用卵石时用水量可少些，结果强度不一定低。

粗集料的颗粒形状还有属于针状（颗粒长度大于该颗粒所属粒级的平均粒径的 2.4 倍）和片状（厚度小于平均粒径的 40%）的，这种针、片状颗粒过多，会使混凝土强度降低。

针、片状颗粒含量一般应符合表 4-10 中的规定。

表 4-10　粗集料中针、片状颗粒含量（JGJ 52—2006）

混凝土强度等级	≥C60	C55 ~ C30	≤C25
针、片状颗粒含量（按质量计/%）	≤8	≤15	≤25

3. 有害杂质含量

粗集料中常含有一些有害杂质，如黏土、淤泥、细屑、硫酸盐、硫化物和有机杂质。它们的危害作用与在细集料中的相同，它们的含量一般应符合表 4-11 中的规定。当碎石或卵石中含有颗粒状硫酸盐或硫化物杂质时，应进行专门检验，确认能满足混凝土耐久性要求后，方可采用。

表 4-11　卵石或碎石的有害杂质含量（JGJ 52—2006）

项　　目	指　　标		
	≥C60	C55 ~ C30	≤C25
含泥量（按质量计/%）	≤0.5	≤1.0	≤2.0
泥块含量（按质量计/%）	≤0.2	≤0.5	≤0.7
硫化物和硫酸盐含量（按 SO_3 质量计/%）	≤1.0		
有机质含量（比色法）	颜色应不深于标准色。当颜色深于标准色时，应配置成混凝土进行强度对比试验，抗压强度比应不低于 0.95		

对于长期处于潮湿环境的重要结构混凝土，其所使用的碎石或卵石应进行碱活性检验。进行碱活性检验时，首先应采用岩相法检验碱活性集料的品种、类型和数量。当检验出集料中含有活性二氧化硅时，应采用快速砂浆法和砂浆长度法进行碱活性检验；当检验出集料中含有活性碳酸盐时，应采用岩石柱法进行碱活性检验。

综上所述，当判定集料存在潜在碱—碳酸盐反应危害时，不宜用作混凝土集料；否则，应通过专门的混凝土试验，做最后评定。当判定集料中存在潜在碱—硅反应危害时，应控制混凝土中的碱含量不超过 3 kg/m^3，或采用能抑制碱—集料反应的有效措施。

4. 坚固性

有抗冻要求的混凝土所用粗集料，要求测定其坚固性。即用硫酸钠溶液法检验，试样经 5 次循环后，其质量损失应不超过表 4-12 的规定。

表 4-12　碎石或卵石的坚固性指标（JGJ 52—2006）

混凝土所处的环境条件及其性能要求	5 次循环后的质量损失/%　　　≤
在严寒及寒冷地区室外使用并经常处于潮湿或干湿交替状态下的混凝土；有抗疲劳、耐磨、抗冲击要求的混凝土；有腐蚀介质作用或经常处于水位变化的地下结构混凝土。	8
其他条件下使用的混凝土	12

5. 强度

碎石或卵石的强度可用岩石抗压强度和压碎指标两种方法表示。当混凝土强度等级为C60 及以上时，应进行岩石抗压强度检验。在选择采石场或对粗集料强度有严格要求或对质量有争议时，也宜用岩石抗压强度做检验。对经常性的生产质量控制则可用压碎指标值检验。

用岩石抗压强度表示粗集料强度，是将岩石制成 50 mm×50 mm×50 mm 的立方体（或直径与高均为 50 mm 的圆柱体）试件，在水饱和状态下，其抗压强度（MPa）与设计要求的混凝土强度等级之比，应不小于 1.2，对路面混凝土不应小于 2.0。在一般情况下，火成岩试件的强度不宜低于 80 MPa，变质岩不宜低于 60 MPa，水成岩不宜低于 30 MPa。

用压碎值指标表示粗集料的强度，是将一定质量气干状态下粒径为 10~20 mm 的石子装入一定规格的圆筒内，在压力机上施加荷载到 200 kN，卸荷后称取试样质量（m_0），用孔径为 2.5 mm 的筛筛除被压碎的细粒，称取试样的筛余量（m_1）。

$$\delta_a = (m_0 - m_1)/m_0 \times 100\%$$

式中 m_0——试样质量（g）；

m_1——压碎试验后筛余的试样质量（g）。

压碎值指标表示石子抵抗压碎的能力，以间接地推测其相应的强度。压碎值指标应符合表 4-13 的规定。

表 4-13 碎石、卵石的压碎值指标（JGJ 52—2006）

项　　目		混凝土强度等级	压碎指标值/%　　≤
碎石	沉积岩	C60~C40	10
		≤C35	16
	变质岩或深层的岩浆岩	C60~C40	12
		≤C35	20
	喷出的岩浆岩	C60~C40	13
		≤C35	30
卵石		C60~C40	12
		≤C35	16

6. 集料的含水状态

粗集料的含水状态有绝干（干燥状态）、气干、饱和面干和湿润等，如图 4-3 所示。绝干状态是指集料烘干完全干燥，含水率等于或接近于零，混凝土配合比计算的时候应该都是干燥状态。气干状态是指与大气湿度达到平衡时的状态；饱和面干状态的集料其内部孔隙含水达到饱和而其表面干燥；润湿状态的集料内部孔隙含水饱和，表面有明显的自由水。

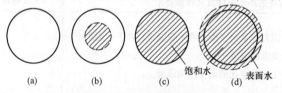

图 4-3 集料的含水状态

（a）绝干状态；（b）气干状态；（c）饱和面干状态；（d）湿润状态

四、混凝土拌合用水

混凝土拌合用水包括饮用水、地表水、地下水、再生水、混凝土企业设备洗刷水和海水等。《混凝土用水标准》（JGJ 63—2006）规定，混凝土拌合用水不应有漂浮明显的油脂和泡沫，不应有明显的颜色和异味；拌制及养护混凝土宜采用洁净的饮用水；地表水、地下水和再生工艺处理后的再生水常溶有较多的有机质和矿物盐类，须按标准规定检验合格方可使用；混凝土企业设备洗刷水不宜用于预应力混凝土、装饰混凝土、加气混凝土和暴露于腐蚀环境的混凝土；不得用于使用碱性或潜在碱活性集料的混凝土；未经处理的海水严禁用于钢筋混凝土和预应力混凝土；在无法获得水源的情况下，海水可用于素混凝土，但不宜用于装饰混凝土。各类水的水质要求见表4-14。

表4-14　混凝土拌合用水水质要求（JGJ 63—2006）

项　目	预应力混凝土	钢筋混凝土	素混凝土
pH	5.0	4.5	4.5
不溶物/（mg·L^{-1}）　≤	2 000	2 000	5 000
可溶物/（mg·L^{-1}）　≤	2 000	5 000	10 000
Cl$^-$/（mg·L^{-1}）　≤	500	1 000	3 500
SO$_4^{-2}$/（mg·L^{-1}）　≤	600	2 000	2 700
碱含量/（mg·L^{-1}）　≤	1 500		
注：碱含量按 Na$_2$O + 0.658K$_2$O 计算值表示，采用非碱活性集料时，可不检验碱含量			

五、混凝土外加剂

混凝土外加剂是指在拌制混凝土过程中掺入，用以改善混凝土性能的物质，掺量不大于水泥质量的5%（特殊情况除外）。外加剂的种类很多，按功能可划分为四类：

（1）改善混凝土拌合物流变性能的外加剂，如各种减水剂和泵送剂等；

（2）调节混凝土凝结时间和硬化性能的外加剂，如缓凝剂、促凝剂和速凝剂等；

（3）改善混凝土耐久性的外加剂，如引气剂、防水剂、阻锈剂和矿物外加剂等；

（4）改善混凝土其他性能的外加剂，如膨胀剂、防冻剂和着色剂等。

1. 减水剂

减水剂是一种在维持混凝土坍落度基本不变的条件下，能减少拌合用水量的混凝土外加剂。大多属于阴离子表面活性剂，有木质素磺酸盐、萘磺酸盐甲醛聚合物等。根据其减水及增强能力，减水剂分为普通减水剂、高效减水剂和高性能减水剂，又分别分为早强型、标准型和缓凝型。加入混凝土拌合物后对水泥颗粒有分散作用，能改善其工作性，减少单位用水量，改善混凝土拌合物的流动性；或减少单位水泥用量，节约水泥。

减水剂通过分散作用、润滑作用、空间位阻作用、接枝共聚支链的缓释作用等发挥其作用效应，其作用机理如下所述。

（1）分散作用。水泥加水拌和后，由于水泥颗粒的水化作用，水泥颗粒表明形成双电层结构，使之形成溶剂化水膜，且水泥颗粒表面带有异性电荷使水泥颗粒间产生缔合作用，使水泥浆形成絮凝结构，使10% ~30% 的拌合水被包裹在水泥颗粒之中，不能参与自由流动和润滑作用，从而影响了混凝土拌合物的流动性，如图4-4（a）所示。当加入减水剂后，由于减水剂分子能定向吸附于水泥颗粒表面，使水泥颗粒表面带有同一种电荷（通常为负电荷），形成静电排斥作用，促使水泥颗粒相互分散，絮凝结构解体，释放出被包裹部分水，参与流动，从而有效地增加混凝土拌合物的流动性，如图4-4（b）所示。

（2）润滑作用。减水剂中的亲水基极性很强，因此水泥颗粒表面的减水剂吸附膜能与水分子形成一层稳定的溶剂化水膜，这层水膜具有很好的润滑作用，能有效地降低水泥颗粒间的滑动阻力，从而使混凝土流动性进一步提高，如图4-4（c）所示。

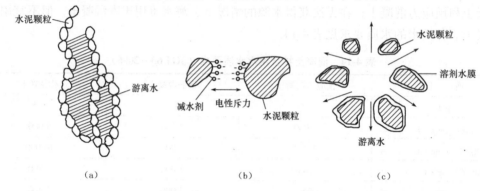

图4-4　减水剂的作用简图
（a）水泥浆体的絮凝结构；（b）电斥力作用；（c）游离水释放

（3）空间位阻作用。减水剂结构中具有亲水性的支链，伸展于水溶液中，从而在所吸附的水泥颗粒表面形成有一定厚度的亲水性立体吸附层。当水泥颗粒靠近时，吸附层开始重叠，即在水泥颗粒间产生空间位阻作用，重叠越多，空间位阻斥力越大，对水泥颗粒间凝聚作用的阻碍也越大，使得混凝土的坍落度保持良好。

（4）接枝共聚支链的缓释作用。新型减水剂，如聚羧酸减水剂，在制备的过程中，在减水剂的分子上接枝上一些支链，该支链不仅可提供空间位阻效应，而且在水泥水化的高碱度环境中，该支链还可慢慢地被切断，从而释放出具有分散作用的多羧酸，这样就可提高水泥粒子的分散效果，并控制坍落度损失。

减水剂的掺入，能很好地改善混凝土某些方面的性能，其主要作用如下所述。

（1）在不改变各种原材料配比（除水泥）及混凝土强度的情况下，可以减少水泥的用量，掺加水泥质量0.2% ~0.5%的混凝土减水剂，可以节省水泥量的15%以上。

（2）在不改变各种原材料配比（除水）及混凝土的坍落度的情况下，减少水的用量，可以大大提高混凝土的强度，早强和后期强度分别比不加减水剂的混凝土提高60%、20%以上。

（3）在不改变各种原材料配比的情况下，可以大幅度地提高混凝土的流动性及可塑性，使得混凝土施工可以采用自流、泵送、无须振动等方式进行施工，提高施工速度、降低施工能耗。

（4）显著改善混凝土的孔结构，提高密实度，从而提高混凝土耐久性。

（5）减少混凝土凝固的收缩率，防止混凝土构件产生裂纹；提高抗冻性，有利于冬期施工。

（6）减少新拌混凝土的泌水、离析现象，延缓拌合物的凝结时间和降低水化放热速度。

混凝土减水剂的掺入方法有四种：先掺法是在生产水泥时就加入减水剂，使用方便，但是减水剂中的粗粒子在混凝土中不易分散，影响拌合时间和混凝土质量，不常采用；同掺法是将减水剂先溶于水再拌和，容易搅拌均匀，但也增加了工序，常用此法；后掺法是将混凝土运至浇筑点附近再加入减水剂搅拌，可避免运输中的分层离析现象，但是需要二次搅拌，适用于预拌混凝土；滞水法是在加水搅拌后 1~3 min 加入减水剂，能够提高减水剂的效果，但是搅拌时间长，不常用。掺外加剂混凝土的技术性能指标见表 4-15。

2. 引气剂

为改善混凝土拌合物的和易性、保水性和黏聚性，提高混凝土流动性，在混凝土拌合物的拌合过程中引入大量均匀分布的，闭合而稳定的微小气泡的外加剂，称为引气剂。引气剂的主要品种包括松香树脂类、烷基和烷基芳烃磺酸类、脂肪醇磺酸盐类、皂苷类以及蛋白质盐、石油磺盐酸等。引气剂主要用于抗冻性要求高的结构，如混凝土大坝、路面、桥面、飞机场道面等大面积易受冻的部位。

具体地分析，引气剂的作用机理包括以下几个方面。

（1）界面活性作用。不加引气剂时，搅拌混凝土过程中，也会裹入一定量的气泡。但是当加入引气剂后，在水泥—水—空气体系中，引气剂分子很快吸附在各相界面上。在水泥—水界面上，形成憎水基指向水泥颗粒，而亲水基指向水的单分子（或多分子）定向吸附膜；在气泡膜（也即水—气界面）上，形成憎水基指向空气，而亲水基指向水的定向吸附层。由于表面活性剂的吸附作用，大大降低了整个体系的自由能，使得在搅拌过程中，容易引入小气泡。

（2）起泡作用。清净的水不会起泡，即使在剧烈搅动或振荡作用下，使水中卷入搅成细碎的小气泡而浑浊，但静置后，气泡立即上浮而破灭。但是当水中加入引气剂后，经过振荡或搅动，便引入大量气泡。这是因为在引气剂存在的情况下，由于它能吸附到气—液界面上，降低了界面能，即降低了表面张力，因而使起泡较容易。

（3）稳泡作用。引气剂分子定向排列在泡膜界面上，阻碍泡膜内水分子的移动，增加了泡膜的厚度及强度，使气泡不易破灭；水泥浆中的氢氧化钙与引气剂作用生成的钙皂会沉积在泡膜壁上，也提高了泡膜的稳定性。

上述作用，使得掺加引气剂的混凝土在搅拌过程中所形成的气泡大小均匀，迁移速度小，且相互聚并的可能性也很小，基本上都能稳定地存在于混凝土体内。其基本作用表现在以下几个方面。

（1）改善新拌混凝土拌合物的和易性。混凝土中引入的大量微小气泡既增加了水泥浆体积，又如同滚珠轴承一般降低了集料间的摩擦力，从而提高混凝土流动性；同时，水分均匀附着在气泡表面，又提高了混凝土的保水性和黏聚性。

（2）改善硬化混凝土的耐久性。气泡的存在能阻断混凝土的毛细通道，在混凝土内水分结冰时能作为"卸压空间"，对水压力起缓压作用，可以提高混凝土的抗渗性和抗冻性。

表 4-15　掺外加剂混凝土的技术性能指标（GB 8076—2008）

项目		高性能减水剂 HPWR 早强型 HPWR-A	标准型 HPWR-S	缓凝型 HPWR-R	高效减水剂 HWR 标准型 HWR-S	缓凝型 HWR-R	普通减水剂 WR 早强型 WR-A	标准型 WR-S	缓凝型 WR-R	引气减水剂 AEWR	泵送剂 PA	早强剂 Ac	缓凝剂 Re	引气剂 AE
减水率/%，不小于		25	25	25	14	14	8	8	8	10	12	—	—	6
泌水率率/%，不大于		50	60	70	90	100	95	100	100	70	70	100	—	70
含气量/%		≤6.0	≤6.0	≤6.0	≤3.0	≤4.5	≤4.0	≤4.0	≤5.5	≥3.0	≤5.5	—	—	≥3.0
凝结时间之差/min	初凝	-90~+90	-90~+120	>+90	-90~+120	>+90	-90~+90	-90~+120	>+90	-90~+120	—	-90~+90	>+90	-90~+120
	终凝	—	—	—	—	—	—	—	—	—	—	—	—	—
1 h 经时变化量	坍落度/mm	—	≤80	≤60	—	—	—	—	—	—	≤80	—	—	—
	含气量/%	—	—	—	—	—	—	—	—	-1.5~+1.5	—	—	—	-1.5~+1.5
抗压强度比/%，不小于	1 d	180	170	—	140	—	135	—	—	—	—	135	—	—
	3 d	170	160	—	130	—	130	115	—	115	—	130	—	95
	7 d	145	150	140	125	125	110	115	110	110	115	110	100	95
	28 d	130	140	130	120	120	100	110	110	100	110	100	100	90
收缩率比/%，不大于	28 d	110	110	110	135	135	135	135	135	135	135	135	135	135
相对耐久性（200次）/%，不小于		—	—	—	—	—	—	—	80	80	—	—	—	80

注：1. 表中抗压强度比、收缩率比、相对耐久性为强制性指标，其余为推荐性指标；
2. 除含气量和相对耐久性外，表中所列数据为掺外加剂混凝土与基准混凝土的差值或比值；
3. 凝结时间之差性能指标中的"-"号表示提前，"+"号表示延缓；
4. 相对耐久性（200次）性能指标中的"≥80"表示将 28 d 龄期的受检混凝土试件快速冻融循环 200 次后，动弹性模量保留值≥80%；
5. 1 h 含气量经时变化量指标中的"-"号表示含气量增加，"+"号表示含气量减少硬化混凝土中的微小气泡能缓冲因水的冻结而产生的膨胀压力，减少冰冻破坏，这就提高了混凝土的抗冻性；微小气泡能切断硬化混凝土中的毛细管，减少由于毛细作用引起的渗透，也就提高了混凝土的抗渗性。

（3）对混凝土强度有所削弱。气泡的引入，导致混凝土有效受压面积减小，使混凝土强度降低。在水胶比不变的前提下，含气量每增加1%，混凝土强度下降3%～5%，所以要注意控制气泡的引入量，避免混凝土强度大幅下降。

掺引气剂混凝土的技术性能指标见表4-15。

3. 早强剂

混凝土早强剂是指能提高混凝土早期强度，并且对后期强度无显著影响的外加剂。早强剂的主要作用在于可在常温、低温和负温（不低于 –5 ℃）下加速水泥水化速度，促进混凝土早期强度的发展；既具有早强功能，又具有一定减水增强功能，多用于冬期施工和抢修工程，不宜用于大体积混凝土工程。到目前为止，人们已先后开发除氯盐和硫酸盐以外的多种早强型外加剂，如亚硝酸盐，铬酸盐等，以及有机物早强剂，如三乙醇胺、甲酸钙、尿素等。

4. 缓凝剂

缓凝剂是一种能使新拌混凝土在较长时间内保持塑性，从而降低水泥或石膏水化速度和水化热、延长凝结时间的外加剂。常用的缓凝剂有糖类及碳水化合物、羟基羧酸、可溶硼酸盐和磷酸盐等。缓凝剂主要适用于有时间延缓要求的情况，例如，气温高、运距长的混凝土运输。

5. 速凝剂

速凝剂是指掺入混凝土中能使混凝土迅速凝结硬化的外加剂。其主要种类有无机盐类和有机物类。其掺用量仅占混凝土中水泥用量2%～3%，却能使混凝土在 5 min 内初凝，10 min 内终凝，以达到抢修时或井巷中混凝土快速凝结的目的，是喷射混凝土施工中不可缺少的外加剂。其作用是加速水泥的水化硬化，在很短的时间内形成足够的强度，以保证特殊施工的要求。

6. 膨胀剂

膨胀剂是指与水泥、水拌和后经水化反应生成钙矾石、氢氧化钙或钙矾石和氢氧化钙，使混凝土产生体积膨胀的外加剂。在混凝土中，常用的膨胀剂按其水化产物分类，有硫铝酸钙类（代号 A，其水化产物为钙矾石）、氧化钙类（代号 C，其水化产物为氢氧化钙）和硫铝酸钙—氧化钙类（代号 AC，其水化产物为钙矾石和氢氧化钙）三类。常用膨胀剂有明矾石膨胀剂（明矾石＋无水石膏或二水石膏），CSA 膨胀剂（$3CaO \cdot 3 Al_2O_3 \cdot CaSO_4$＋生石灰＋无水石膏），U 型膨胀剂（无水硫铝酸钙＋明矾石＋石膏），M 型膨胀剂（铝酸盐水泥＋二水石膏）。

7. 泵送剂

泵送剂是指能改善混凝土拌合物泵送性能的外加剂，一般由减水剂、缓凝剂、引气剂等单独使用或复合使用而成。它适用于工业与民用建筑及其他构筑物的泵送施工的混凝土、滑模施工、水下灌注桩混凝土等工程，特别适用于大体积混凝土、高层建筑和超高层建筑等工程。

泵送剂的品种、掺量应按供货单位提供的推荐掺量和环境温度、泵送高度、泵送距离、运输距离等要求经过混凝土试配后确定。

8. 防冻剂

防冻剂是指能使混凝土在负温下硬化，并在规定养护条件下达到预期性能的外加剂。防冻剂按其成分可分为强电解质无机盐类（氯盐类、氯盐阻锈类、无氯盐类）、水溶性有机化合物类、有机化合物与无机盐复合类、复合型防冻剂。

防冻剂是由多种组分复合而成，主要组分有防冻组分、减水组分、引气组分、早强组分等，不同的组分其作用机理不同。防冻组分可改变混凝土液相浓度，降低冰点，保证混凝土在负温下有液相存在，使水泥仍能继续水化。减水组分可减少混凝土拌合用水量，从而减少了混凝土中的成冰量，并使冰晶粒度细小且均匀分散，减小对混凝土的破坏应力。引气组分是引入一定量的微小封闭气泡，减缓冻胀应力。早强组分是能够提高混凝土早期强度，增强混凝土抵抗冰冻的破坏能力。亚硝酸盐一类的阻锈剂可以在一定程度上防止氯盐对钢筋的锈蚀作用，同时兼具防冻与早强的作用。

使用防冻剂时应注意，掺加了防冻剂的混凝土，应根据室外寒冷天气的情况，注意采取适宜的养护措施；对于房屋建筑结构，严禁使用含有尿素的防冻剂。尿素在混凝土中受到碱性物质作用时，会释放氨气，产生刺激性气味，并会引起头晕、头疼，恶心、胸闷，导致肝脏、眼角膜、鼻口腔黏膜的损害。

9. 常用外加剂的选用

（1）外加剂的选用。混凝土外加剂种类较多、掺量范围较宽、功能各异、使用效果易受多种因素影响。因此，外加剂种类的选择通过采用工程实际使用的原材料，经过试验验证，达到满足混凝土工作性能、力学性能、长期性能、耐久性能、安全性及节能环保等设计和施工要求。常用外加剂的选择见表4-16。

表 4-16　常用外加剂的选择

使用目的或要求	可用外加剂种类
改善工作性、提高强度	普通减水剂、高效减水剂、聚羧酸系高性能减水剂
改善工作性、提高抗冻融性	引气剂、引气减水剂
提高早期强度	早强剂
延长凝结时间	缓凝剂
改善混凝土泵送性、提高工作性	泵送剂
提高抗冻性和抗冻融性	防冻剂
喷射混凝土或由速凝要求的混凝土	速凝剂
配制补偿收缩混凝土与自应力混凝土	膨胀剂
提高混凝土抗渗性	防水剂
防止钢筋锈蚀	阻锈剂

不同供货方、不同品种、不同组分的外加剂经科学合理共同（复合或混合）使用时，会使外加剂效果优化、获得多功能性。但由于我国外加剂品种多样，功能各异。当不同供方、不同品种的外加剂共同使用时，有的可能会产生某些组分超出规定的允许掺量范围，造成混凝土凝结时间异常、含气量过高或对混凝土性能产生不利影响；而配制复合外加剂的水

溶液时，有的可能会产生分层、絮凝、变色、沉淀等相溶性不好或发生化学反应等问题。因此，为确保安全性，当不同供方、不同品种外加剂共同使用时，需向供方咨询、并在供方指导下，经试验验证，满足混凝土设计和施工要求方可使用。

另外，需要注意，六价铬盐、亚硝酸盐和硫氰酸盐是对人体有害的物质，常用作早强剂等外加剂，也可与减水剂组分复合使用。当含有这些组分的外加剂或该组分直接掺入用于饮水工程中建成后与饮用水直接接触的混凝土时，这些物质在流水的冲刷、渗透作用下会溶于水中，造成水质的污染，人饮用后会对健康造成伤害。因此，含有六价铬盐、亚硝酸盐和硫氰酸盐成分的混凝土外加剂，严禁用于饮水工程中建成后与饮用水直接接触的混凝土。

含强电解质无机盐的外加剂会导致镀锌钢材、铝铁等金属件发生锈蚀，生成的金属氧化物体积膨胀，进而导致混凝土的胀裂。强电解质无机盐在有水存在的情况下会水解为金属离子和酸根离子，这些离子在直流电的作用下会发生定向迁移，使得这些离子在混凝土中分布不均，容易造成混凝土性能劣化，导致工程安全问题。因此，含有强电解质无机盐的早强型普通减水剂、早强剂、防冻剂和防水剂，严禁用于下列混凝土结构：与镀锌钢材或铝铁相接触部位的混凝土结构；有外露钢筋预埋铁件而无防护措施的混凝土结构；使用直流电源的混凝土结构；距离高压直流电源 100 m 以内的混凝土结构。

混凝土中的氯离子渗透到钢筋表面，会导致混凝土结构中的钢筋发生电化学锈蚀，进而导致结构的膨胀破坏，会对混凝土结构质量造成重大影响。因此，含有氯盐的早强型普通减水剂、早强剂、防水剂及氯盐类防冻剂严禁用于预应力混凝土、使用冷拉钢筋或冷拔低碳钢丝的混凝土以及间接或长期处于潮湿环境下的钢筋混凝土、钢纤维混凝土结构。

硝酸铵、碳酸铵和尿素在碱性条件下能够释放出刺激性气味的气体，长期难以消除，直接危害人体健康，造成环境污染。因此，含有硝酸铵、碳酸铵的早强型普通减水剂、早强剂和含有硝酸铵、碳酸铵、尿素的防冻剂，严禁用于办公、居住等有人员活动的建筑工程。

由于亚硝酸盐、碳酸盐会引起预应力混凝土中钢筋的应力腐蚀和晶格腐蚀，会对预应力混凝土结构安全造成重大影响。因此，含有亚硝酸盐、碳酸盐的早强型普通减水剂、早强剂、防冻剂和含亚硝酸盐的阻锈剂，严禁用于预应力混凝土结构。

（2）外加剂掺量。胶凝材料除水泥外，还包括矿物掺和料，主要有粉煤灰、粒化高炉矿渣、磷渣粉、硅灰、钢渣粉等。因此，外加剂掺量应以外加剂质量占混凝土中胶凝材料总质量的百分数表示。有些特殊外加剂如膨胀剂属于内掺，其与外掺的外加剂掺量表示方法不同。

外加剂掺量有固定范围，除外加剂本身的性能外，外加剂掺量还会受到水泥品种、矿物掺和料品种、混凝土原材料质量状况、混凝土配合比、混凝土强度等级、施工环境温度、商品混凝土运输距离及外加剂掺加方式等诸多因素的影响。因此，外加剂最佳掺量的确定宜按供货方的推荐掺量确定，根据上述的影响因素，经试验确定，当混凝土其他原材料或使用环境发生变化时，混凝土配合比、外加剂掺量可进行调整。

（3）外加剂的质量控制。外加剂进场时，供方提供给需方的质量证明材料应齐全，包括型式检验报告、出厂检验报告与合格证和产品使用说明书等质量证明文件查验和收存。另外，外加剂产品进场检验对混凝土施工及质量控制具有极其重要的意义。在外加剂进场时应检验把关，不合格产品不能进场。经进场检验合格的外加剂应按不同供方、不同品种和不同牌号分别存放，标识应清楚。当同一品种外加剂的供方、批次、产地和等级等发生变化时，需方应对外加剂进行复检，应合格并满足设计和施工等要求后再使用。粉状外加剂应防止受潮结块，有结块时，应进行检验，合格者应经粉碎至全部通过公称直径为 630 μm 方孔筛后再使用；液体外加剂应储存在密闭容器内，并应防晒和防冻，有沉淀、异味、漂浮等现象时，应经检验合格后再使用。外加剂计量系统在投入使用前，应经标定合格后再使用，标识应清楚，计量应准确，计量允许偏差应为 ±1%。最后，外加剂在储存、运输和使用过程中应根据不同种类和品种分别采取安全防护措施。

第二节　普通混凝土的技术性质

混凝土的性能包括两个部分：一是混凝土硬化之前的性能，即和易性；二是混凝土硬化之后的性能，包括强度、变形性能和耐久性等。

一、新拌混凝土的和易性

由混凝土组成材料拌和而成、尚未硬化的混合料，称为混凝土拌合物，又称新拌混凝土。和易性，又称作稠度，是指混凝土拌合物易于施工操作（拌和、运输、浇筑和振捣），不发生分层、离析、泌水等现象，以获得质量均匀、密实的混凝土的性能。和易性是反映混凝土拌合物易于流动但组分间又不分离的一种性能，是一项综合技术性能，包括流动性、黏聚性和保水性三个方面的含义。

（1）流动性是指混凝土拌合物在自重或施工机械振捣的作用下，能够产生流动，并均匀密实地充满模板的性能。

（2）黏聚性是指混凝土拌合物内部各组分间具有一定的黏聚力，在运输和浇筑过程中不致产生分层离析现象的性能。

（3）保水性是指混凝土拌合物具有保持内部水分不流失，不致产生严重泌水现象的性能。

混凝土拌合物的流动性、黏聚性和保水性，三者既相互联系又相互矛盾。当流动性大时，往往黏聚性和保水性差，反之亦然。因此，和易性良好是要使这三个方面的性质达到良好的统一。

1. 和易性的测定

混凝土和易性内涵较复杂，目前尚未有通过一个技术指标来全面地反映混凝土拌合物和易性的方法，通常是测定混凝土拌合物的流动性，观察评定黏聚性和保水性。和易性测定方法有坍落度法、坍落扩展度法和维勃稠度法。

（1）坍落度法。坍落度法适用于集料最大粒径不大于 40 mm、坍落度不小于 10 mm 的混凝土拌合物和易性测定，测定方法如图 4-5 所示。坍落度试验应按下列步骤进行：湿润坍落度筒及底板，在坍落度筒内

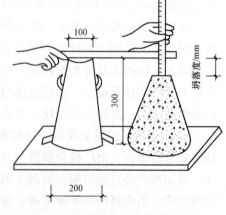

图 4-5　混凝土拌合物坍落度的测定

壁和底板上应无明水。底板应放置在坚实水平面上，并把筒放在底板中心，然后用脚踩住两边的脚踏板，坍落度筒在装料时应保持固定的位置。

把按要求取得的混凝土试样用小铲分三层均匀地装入筒内，使捣实后每层高度为筒高的三分之一左右。每层用捣棒插捣 25 次。插捣筒边混凝土时，捣棒可以稍稍倾斜。插捣底层时，捣棒应贯穿整个深度，插捣第二层和顶层时，捣棒应插透本层至下一层的表面；浇灌顶层时，混凝土应灌到高出筒口。在插捣过程中，如果混凝土沉落到低于筒口，则应随时添加。顶层插捣完后，刮去多余的混凝土，并用抹刀抹平。

清除筒边底板上的混凝土后，垂直平稳地提起坍落度筒。坍落度筒的提离过程应在 5 ~ 10 s 内完成；从开始装料到提坍落度筒的整个过程应不间断地进行，并应在 150 s 内完成。

提起坍落度筒后，测量筒高与坍落后混凝土试体最高点之间的高度差，即为该混凝土拌合物的坍落度值，混凝土拌合物坍落度值以 mm 为单位，测量精确至 1 mm，结果值修约至 5 mm。坍落度筒提高后，如混凝土发生崩坍或一边剪坏现象，则应重新取样另行测定；如第二次试验仍出现上述现象，则表示该混凝土和易性不好，应予以记录备查。

根据坍落度的不同，可将混凝土拌合物分为 5 级，见表 4-17。

表 4-17　混凝土拌合物的坍落度等级划分（GB 50164—2011）

等级	坍落度/mm
S1	10 ~ 40
S2	50 ~ 90
S3	100 ~ 150
S4	160 ~ 210
S5	≥220

观察坍落后的混凝土试体的黏聚性及保水性。黏聚性的检查方法是用捣棒在已坍落的混凝土锥体侧面轻轻敲打。此时，如果锥体逐渐下沉，则表示黏聚性良好；如果锥体倒塌、部分崩裂或出现离析现象，则表示黏聚性不好。保水性以混凝土拌合物稀浆析出的程度来评定，坍落度筒提起后，如有较多的稀浆从底部析出，锥体部分的混凝土也因失浆而集料外露，则表明此混凝土拌合物的保水性能不好；如坍落度筒提起后无稀浆或仅有少量稀浆自底部析出，则表示此混凝土拌合物保水性良好。如果发现粗集料在中央集堆或边缘有水泥浆析出，表示此混凝土拌合物抗离析性能不好，应予以记录。

（2）坍落扩展度法。当混凝土拌合物的坍落度大于 220 mm 时，由于粗集料堆积的偶然性，坍落度则不能很好地代表拌合物的和易性，因此，用坍落度扩展法表示此类混凝土的和易性，主要适用于泵送高强度混凝土和自密实混凝土。其试验方法同坍落度法，当测得混凝土坍落度大于 220 mm 时，用钢尺测量混凝土扩展后最终的最大直径和最小直径，在这两个直径之差小于 50 mm 的条件下，用其算术平均值作为坍落扩展度值。混凝土拌合物坍落扩展度值以 mm 为单位，测量精确至 1 mm，结果值修约至 5 mm。根据扩展度不同，可将混凝土拌合物划分为 6 个等级，如表 4-18 所示。

表 4-18　混凝土拌合物的扩展度等级划分（GB 50164—2011）　　　　　mm

等级	扩展度/mm	等级	扩展度/mm
F1	≤340	F4	490 ~ 550
F2	350 ~ 410	F5	560 ~ 620
F3	420 ~ 480	F6	≥630

（3）维勃稠度法。维勃稠度法适用于集料最大粒径不大于 40 mm，维勃稠度为 5 ~ 30 s 的混凝土拌合物稠度测定，维勃稠度以如图 4-6 所示。坍落度不大于 50 mm 或干硬性混凝土和维勃稠度大于 30 s 的特干硬性混凝土拌合物的稠度可采用增实因数法来测定。

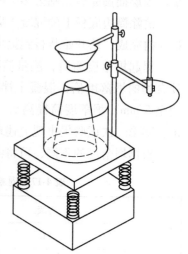

维勃稠度法试验应按下列步骤进行：维勃稠度以应放置在坚实水平面上，用湿布把容器、坍落度筒、喂料斗内壁及其他用具润湿；将喂料斗提到坍落度筒上方扣紧，校正容器位置，使其中心与喂料中心重合，然后拧紧固定螺钉；把按要求取样或制作的混凝土拌合物试样用小铲分三层经喂料斗均匀地装入筒内，装料及插捣的方法同坍落度筒法；把喂料斗转离，垂直地提起坍落度筒。此时，应注意不使混凝土试体产生横向的扭动；把透明圆盘转到混凝土圆台体顶面，放

图 4-6　维勃稠度仪

松测杆螺钉，降下圆盘，使其轻轻接触到混凝土顶面；拧紧定位螺钉，并检查测杆螺钉是否已经完全放松；在开启振动台的同时用秒表计时，当振动到透明圆盘底面被水泥浆布满的瞬间停止计时，并关闭振动台。

用秒表读出时间即为该混凝土拌合物的维勃稠度值，结果值精确至 1 s。根据维勃稠度值的不同，可将混凝土分为五级（见表 4-19）。

表 4-19　混凝土拌合物的维勃稠度等级划分（GB 50164—2011）

等级	维勃稠度/s
V0	≥31
V1	30 ~ 21
V2	20 ~ 11
V3	10 ~ 6
V4	5 ~ 3

以上三种方法都是测定混凝土和易性（稠度）的常用试验方法，坍落度试验适用于坍落度不小于 10 mm 的混凝土拌合物，维勃稠度试验适用于维勃稠度 5 ~ 30 s 的混凝土拌合物，扩展度适用于泵送高强度混凝土和自密实混凝土。其试验时的稠度允许偏差应符合表 4-20 的规定。

表 4-20　混凝土拌合物稠度允许偏差

拌合物性能		允许偏差		
坍落度/mm	设计值	≤40	50 ~ 90	≥100
	允许偏差	±10	±20	±30
维勃稠度/s	设计值	≥11	10 ~ 6	≤5
	允许偏差	±3	±2	±1
扩展度/mm	设计值	≥350		
	允许偏差	±30		

2. 混凝土坍落度的选择

（1）普通混凝土坍落度的选择。一般情况下，混凝土拌合物应在满足施工要求的前提下，尽可能采用较小的坍落度。对于流动性较小的（S1、S2 型）混凝土，其坍落度的选择，要根据构件截面大小、钢筋疏密和捣实方法来确定。当构件截面尺寸较小或钢筋较密，或采用人工插捣时，坍落度可选择大些；反之，坍落度可选择小些。普通混凝土灌注时的坍落度可按表 4-21 选用。

表 4-21　混凝土灌注时的坍落度选择

结构种类	坍落度/mm
基础或地面等的垫层	10 ~ 30
无配筋的大体积结构（挡土墙、基础等）或配筋稀疏的结构	
板、梁和大型及中型截面的柱子等	30 ~ 50
配筋密集的结构（薄壁、斗仓、筒仓、细柱等）	50 ~ 70
配筋特密的结构	70 ~ 90

（2）泵送混凝土坍落度（坍落扩展度）的选择。在混凝土泵送方案设计时，应根据施工技术要求、原材料特性、混凝土配合比、混凝土拌制工艺、混凝土运输和输送方案等技术条件分析混凝土的可泵性。混凝土拌合物坍落度过小，泵送时吸入混凝土缸较困难，即活塞后退吸混凝土时，进入缸内的数量少，也就使充盈系数小，影响泵送效率。这种拌合物进行泵送时的摩阻力也大，要求用较高的泵送压力，使混凝土泵机件的磨损增加，甚至会产生阻塞，造成施工困难；如坍落度过大，拌合物在管道中滞留时间长，则泌水就多，容易产生离析而形成阻塞。对于泵送混凝土而言，其拌合物坍落度设计值不宜大于 180 mm，泵送高强度混凝土时，其扩展度不宜小于 500 mm，另泵送混凝土拌合物的坍落度经时损失不宜大于 30 mm/h。对于不同泵送高度，入泵时混凝土的坍落度、坍落扩展度可按表 4-22 选用。

表 4-22　混凝土入泵坍落度、坍落扩展度与泵送高度的关系（JGJ/T 10—2011）

最大泵送高度/m	50	100	200	400	400 以上
入泵坍落度/mm	100 ~ 140	150 ~ 180	190 ~ 220	230 ~ 260	—
入泵坍落扩展度/mm	—	—	—	450 ~ 590	600 ~ 740

3. 和易性的主要影响因素

混凝土拌合物要产生流动必须克服其内部的阻力，而拌合物内的阻力主要来自两个方面，一是集料间的摩擦阻力；二是水泥浆的黏聚力。因此，影响混凝土拌合物和易性的主要因素有以下几个方面。

（1）水泥浆数量。集料间摩擦阻力的大小主要取决于集料颗粒表面水泥浆的厚度，即水泥浆数量的多少。在水胶比不变的情况下，单位体积拌合物内，水泥浆数量越多，拌合物的流动性越大，但若水泥浆过多，将会出现流浆现象，使拌合物黏聚性变差，影响混凝土强度和耐久性；若水泥浆过少，则集料之间缺少粘结物质，易使拌合物发生离析和崩坍。因此，混凝土拌合物中水泥浆的数量应以满足流动性要求为准，不宜过量也不宜过少。

（2）水泥浆稠度。水泥浆稠度的大小主要取决于水胶比。在水泥用量、集料用量均不变的情况下，水胶比增大即增大水的用量，拌合物流动性增大，而水胶比过大，会使得混凝土黏聚性和保水性下降，易产生离析、流浆现象，严重影响混凝土的强度和耐久性；水胶比越小，水泥浆稠度越大，混凝土流动性越小，而水胶比过小，会使得混凝土因太稠而施工困难，影响混凝土密实度。因此，应根据混凝土强度和耐久性要求，合理选用水胶比。

总之，无论是水泥浆数量的影响还是水泥浆稠度的影响，实际上都是用水量的影响。因此，影响混凝土和易性的决定性因素是混凝土单位体积用水量的多少。实践证明，在配制混凝土时，当所用粗、细集料的种类及比例一定时，如果单位用水量一定，即使水泥用量有所变动（对于 1 m^3 混凝土，水泥用量增加 50 ~ 100 kg）时，混凝土的流动性大体保持不变。这一规律称为恒定需水量法则，这一法则意味着如果其他条件不变，即使水泥用量有某种程度的变化，对混凝土的流动性影响不大。运用于配合比设计，就是通过固定单位用水量，变化水胶比，得到既满足拌合物和易性要求，又满足混凝土强度要求的混凝土，混凝土单位用水量与拌合物稠度的关系见表4-23。

表4-23　混凝土用水量选用表（JGJ 55—2011）

拌合物稠度		卵石最大公称粒径/mm				碎石最大公称粒径/mm			
项目	指标	10.0	20.0	31.5	40.0	16.0	20.0	31.5	40.0
坍落度 /mm	10 ~ 30	190	170	160	150	200	185	175	165
	35 ~ 50	200	180	170	160	210	195	185	175
	55 ~ 70	210	190	180	170	220	205	195	185
	75 ~ 90	215	195	185	175	230	215	205	195
维勃稠度 /s	16 ~ 20	175	160	—	145	180	170	—	155
	11 ~ 15	180	165	—	150	185	175	—	160
	5 ~ 10	185	170	—	155	190	180	—	165

注：1. 用水量系采用中砂时的取值，采用细砂时可增加 5 ~ 10 kg/m^3，采用粗砂时可减少 5 ~ 10 kg/m^3；

　　2. 掺用外加剂和矿物掺和料时，用水量应相应调整

（3）砂率。砂率是指混凝土中砂的质量占砂、石总质量的百分比。即

$$S_P = \frac{S}{S + G} \times 100\% \tag{4-2}$$

式中　S_P——砂率（%）；

　　　S、G——砂、石子的用量（kg）。

砂率的变化会使得集料总表面积和空隙率产生变化，从而影响混凝土拌合物的和易性。砂率过小，没有足够的砂浆包裹石子表面、填充满石子间隙，从而使混凝土拌合物黏聚性和保水性变差，产生离析、流浆等现象；当砂率在一定范围内增大，混凝土拌合物的流动性提高，但是当砂率过大，流动性反而随砂率增加而降低。这是因为此时集料的总表面积和空隙率都会增大，在水泥浆含量不变的前提条件下，水泥浆含量相对减少，即减少了润滑作用，而使混凝土拌合物流动性降低。因而，在配制混凝土时，砂率不能过大，也不能过小，应有一个合理值。当采用合理砂率时，在用水量及水泥用量一定的情况下，能使混凝土拌合物获得最大的流动性且能保持黏聚性及保水性能良好，如图4-7所示；在保持混凝土拌合物坍落度基本相同且能保持黏聚性及保水性能良好的情况下，合理的砂率能使水泥浆的数量减少，从而节约水泥用量，如图4-8所示。

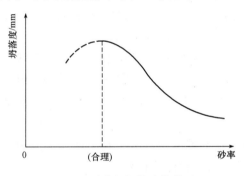

图 4-7　砂率与坍落度的关系
（水与水泥用量一定）

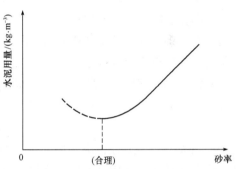

图 4-8　砂率与水泥用量的关系
（达到相同的坍落度）

影响砂率的因素很多，在进行混凝土配制时不可能计算得出准确的合理砂率值。一般情况下，在能够获得较好和易性又不影响浇筑施工的条件下，应尽量选用较小砂率，以节约水泥用量。对于混凝土用量较大的工程应通过试验确定合理的砂率。如无历史资料可参考时，混凝土砂率的确定应符合以下规定：

①坍落度为 10～60 mm 的混凝土砂率，可根据粗集料品种、粒径及水胶比按表4-24选取。

表 4-24　混凝土的砂率（JGJ 55—2011）　　　　　　　　　　　　　　%

水胶比（W/B）	卵石最大公称粒径/mm			碎石最大公称粒径/mm		
	10	20	40	16	20	40
0.40	26～32	25～31	24～30	30～35	29～34	27～32
0.50	30～35	29～34	28～33	33～38	32～37	30～35
0.60	33～38	32～37	31～36	36～41	35～40	33～38

续表

水胶比（W/B）	卵石最大公称粒径/mm			碎石最大公称粒径/mm		
	10	20	40	16	20	40
0.70	36 ~ 41	35 ~ 40	34 ~ 39	39 ~ 44	38 ~ 43	36 ~ 41

注：1. 本表数值是中砂的选用砂率，对细砂或粗砂，可相应减少或增加砂率；

2. 只用一个单粒级粗集料配制混凝土时，砂率应适当增大；

3. 对薄壁构件，砂率取偏大值；

4. 本表中的砂率是指与集料总量的质量比

②坍落度大于 60 mm 的混凝土砂率，可经试验确定，也可在表 4-26 的基础上，按坍落度每增大 20 mm，砂率增大 1% 的幅度予以调整。

③坍落度小于 10 mm 的混凝土，其砂率应经试验确定。

（4）水泥和集料。一般而言，需水量大的水泥比需水量小的水泥配制的混凝土拌合物，其流动性要小。例如，使用矿渣水泥或火山灰质水泥拌制的混凝土拌合物，其流动性比普通硅酸盐水泥拌制时小。水泥颗粒越细，其总表面积越大，需要用来润湿颗粒表面及吸附在颗粒表面的水越多，在其他条件相同的情况下，混凝土拌合物流动性变小。

集料的性质也会对混凝土拌合物和易性产生影响，主要有集料颗粒级配、颗粒形状、表面特征及粒径。级配好的集料，其拌合物流动性较大，黏聚性与保水性较好；表面光滑的集料，如河砂、卵石，其拌合物流动性较大；集料的粒径增大，总表面积减小，拌合物流动性则增大。

（5）外加剂。在拌制混凝土时，加入少量的减水剂就能使混凝土在不增加水泥用量的条件下增大流动性，还能改善黏聚性和保水性，从而获得很好的和易性。

（6）温度和时间。混凝土拌制好后，随着时间的延长，其和易性变差，表现为混凝土拌合物逐渐变稠，流动性减小，这种现象即混凝土的经时损失，如图 4-9 所示。其原因在于，在混凝土的放置过程中，拌合物中部分水蒸发，部分水与水泥发生了水化，还有部分水被集料所吸收，从而使得水泥凝聚结构逐渐形成，导致流动性变差。

温度对混凝土拌合物和易性也有着重要的影响。环境温度越高，水泥水化及水分蒸发速度越快，从而使得混凝土拌合物流动性降低，加速其坍落度经时损失，如图 4-10 所示。尤其是泵送混凝土，由于泵送过程中，混凝土和管壁的摩擦会使得混凝土温度升高，从而降低混凝土流动性，影响正常施工。因此，国家规定，对于泵送混凝土，混凝土的坍落度经时损失不宜超过 30 mm/h。

4. 改善混凝土拌合物和易性的措施

在实际工程中，可采取以下措施调整混凝土拌合物的和易性。

（1）选用级配良好的集料，并尽可能采用较粗的砂石，有利于提高混凝土的质量。

（2）选用合理砂率，在不影响混凝土性质的情况下，尽可能降低砂率，可以节约水泥。

（3）可适量掺入减水剂或引气剂。

（4）当配制混凝土拌合物坍落度太小时，在保持水胶比不变的条件下，适当增加水泥和水的用量，或者掺入外加剂；当坍落度太大而黏聚性较好时，可在砂率不变的条件下适当增加砂、石用量；当坍落度太大且黏聚性和保水性不好时，可适当提高砂率或者加入矿物掺和料。

还应当注意的是，由于混凝土拌合物和易性的影响因素众多，在采取某一项措施来调整和易性时，还应当考虑该措施对混凝土强度、耐久性等其他性质的影响。

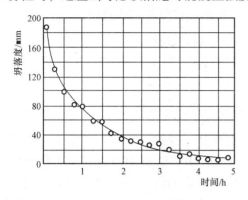

图4-9　坍落度和拌合时间的关系
（拌合物配比1∶2∶4，$W/C = 0.775$）

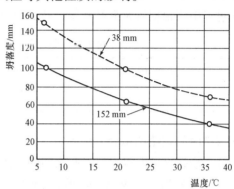

图4-10　温度对拌合物坍落度的影响
（曲线上的数字为集料最大粒径）

5. 混凝土拌合物的凝结时间

虽然混凝土凝结是因为水泥水化的结果，但是混凝土拌合物的凝结时间与其所用水泥的凝结时间是不相同的。混凝土的水胶比、环境温度和外加剂等性能均会对混凝土的凝结时间产生影响。例如，水胶比越大，水泥水化产物间距越大，水化产物填充空隙的时间越长，凝结时间越长；环境温度升高，水泥水化反应加快，同时会加速水分的蒸发，导致凝结时间缩短；掺入缓凝剂会延长凝结时间，掺入速凝剂会缩短凝结时间等。

混凝土拌合物的凝结时间通常用贯入阻力仪来测定。用5 mm标准筛筛出砂浆，每次应筛净，然后将其拌和均匀。将砂浆一次分别装入三个试样筒中，做三个试验。取样混凝土坍落度不大于70 mm的混凝土宜用振动台振实砂浆；取样混凝土坍落度大于70 mm的宜用捣棒人工捣实。用振动台振实砂浆时，振动应持续到表面出浆为止，不得过振；用捣棒人工捣实时，应沿螺旋方向由外向中心均匀插捣25次，然后用橡皮锤轻轻敲打筒壁，直至插捣孔消失为止。振实或插捣后，砂浆表面应低于砂浆试样筒口约10 mm；砂浆试样筒应立即加盖。

砂浆试样制备完毕，编号后应置于温度为20 ℃±2 ℃的环境中或现场同条件下待试，并在以后的整个测试过程中，环境温度应始终保持20 ℃±2 ℃。现场同条件测试时，应与现场条件保持一致。在整个测试过程中，除在吸取泌水或进行贯入试验外，试样筒应始终加盖。

凝结时间测定从水泥与水接触瞬间开始计时。根据混凝土拌合物的性能，确定测针试验时间，以后每隔0.5 h测试一次，在临近初、终凝时可增加测定次数。

在每次测试前2 min，将一片20 mm厚的垫块垫入筒底一侧使其倾斜，用吸管吸去表面的泌水，吸水后平稳地复原。

测试时将砂浆试样筒置于贯入阻力仪上，测针端部与砂浆表面接触，然后在（10±2）s

内均匀地使测针贯入砂浆（25±2）mm 深度，记录贯入压力，精确至 10 N；记录测试时间，精确至 1 min；记录环境温度，精确至 0.5 ℃。

各测点的间距应大于测针直径的两倍且不小于 15 mm，测点与试样筒壁的距离应不小于 25 mm。贯入阻力测试为 0.2～28 MPa 应至少进行 6 次，直至贯入阻力大于 28 MPa 为止。在测试过程中应根据砂浆凝结状况，适时更换测针，更换测针宜按表 4-25 选用。

表 4-25 测针选用规定表（GB/T 50080—2016）

贯入阻力/MPa	0.2～3.5	3.5～20	20～28
测针面积/mm^2	100	50	20

凝结时间用绘图拟合方法确定，以贯入阻力位纵坐标，经过的时间为横坐标（精确至 1 min），绘制出贯入阻力与时间之间的关系曲线，以 3.5 MPa 和 28 MPa 画两条平行于横坐标的直线，分别与曲线相交的两个交点的横坐标即混凝土拌合物的初凝和终凝时间。用三个试验结果的初凝和终凝时间的算术平均值作为此次试验的初凝和终凝时间，且三个测值的最大值或最小值中有一个与中间值之差不能超过中间值的 10%，否则试验无效。

二、混凝土的强度

强度是混凝土凝结硬化后的主要力学性能，混凝土具有立方体抗压强度、轴心抗压强度、抗拉强度和抗折强度等，但是主要表征混凝土力学性能的是立方体抗压强度，故常用混凝土的立方体抗压强度特征值作为混凝土强度的设计值。

1. 混凝土的受压破坏过程

混凝土未受外力作用之前，由于水泥水化和混凝土的泌水作用，会在粗集料与砂浆界面形成很多界面裂缝。混凝土在外力作用下，其内部会产生拉应力，此力很容易在楔形的微裂缝尖端形成应力集中，随着外力的增大，微裂缝会进一步延伸、连通、扩大，最后形成几条肉眼可见的裂缝而破坏。以混凝土单轴受压为例，形成的静力受压时的荷载-变形曲线，如图 4-11 所示。由图可知，混凝土裂缝的发展可分为六个不同阶段，每个阶段的裂缝状态如图 4-12 所示。

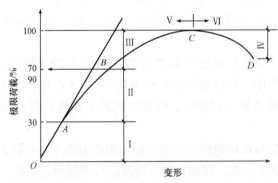

图 4-11 混凝土受压变形曲线

Ⅰ—界面裂缝无明显变化；Ⅱ—界面裂缝增长；Ⅲ—出现砂浆裂缝和连续裂缝；
Ⅳ—连续裂缝迅速发展；Ⅴ—裂缝缓慢增长；Ⅵ—裂缝迅速增长

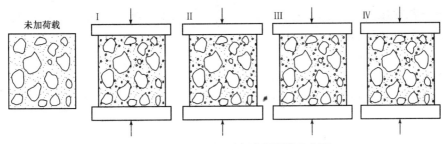

图4-12　混凝土不同受力阶段裂缝示意图

由图4-11中的 *OA* 段、图4-12中的 I 可知，当荷载到达"比例极限"（约为极限荷载的30%）以前，界面裂缝无明显变化，此时荷载与变形近似于直线关系。由图4-11中的 *AB* 段、图4-12中的 II 可知，荷载超过"比例极限"后，界面裂缝的长度、宽度和数量都不断增大，由于摩阻力的作用，界面继续承受荷载，但尚无明显的砂浆裂缝；此时，变形增大的速度超过荷载增大的速度，荷载与变形之间不再呈直线关系。由图4-11中的 *BC* 段、图4-12中的 III 可知，荷载超过"临界荷载"（极限荷载的70%～90%）后，界面裂缝继续发展，并且开始出现砂浆裂缝，将界面裂缝贯通。此时变形速度增快，荷载－变形曲线开始弯向横轴。由图4-11中的 *CD* 段、图4-12中的 IV 可知，超过极限荷载后，连续裂缝迅速扩展，混凝土承载能力开始下降，荷载减小但变形迅速增大，最终达到破坏。

由上述分析可知，混凝土在外力作用下的变形实际上是混凝土内部微裂缝扩展的结果。混凝土受力变形破坏的过程就是内部微裂缝扩展的过程，这是一个持续性的由量变到质变的发展过程，只有当混凝土内部的微裂缝发展到一定程度才会使混凝土遭受整体破坏。

2. 混凝土的强度理论

由格雷菲斯脆性断裂理论可知，固体材料的理论抗拉强度可用下式表达：

$$\sigma_m = \sqrt{\frac{E\gamma}{a_0}} \qquad (4\text{-}3)$$

式中　σ_m——材料的理论抗拉强度；

E——弹性模量；

γ——单位面积的表面能；

a_0——原子间的平衡距离。

σ_m 也可粗略地用下式进行估算：

$$\sigma_m = 0.1E$$

由此可知，普通混凝土其理论抗拉强度可达到 10^3 MPa，而实际上混凝土的抗拉强度很低。若用格雷菲斯理论来解释这个现象，也即混凝土在外力作用下产生界面裂缝，当裂缝扩展到一定宽度后，便处于不稳定状态，迅速扩展以致断裂。而根据大量的试验和理论证明，断裂拉应力和裂缝临界宽度的关系如下：

$$\sigma_c = \sqrt{\frac{2E\gamma}{\pi\left(1-\mu^2\right)C}} \qquad (4\text{-}4)$$

式中　σ_c——材料断裂拉应力；

C——裂缝临界宽度的一半；

μ——泊松比。

上式还可近似简化为

$$\sigma_{\mathrm{c}} \approx \sqrt{\frac{E\gamma}{C}} \tag{4-5}$$

将上式和理论抗拉强度计算式对比可得

$$\frac{\sigma_{\mathrm{m}}}{\sigma_{\mathrm{c}}} = \left(\frac{C}{a_0}\right)^{1/2} \tag{4-6}$$

用格雷菲斯理论进行解释,可理解为裂缝在混凝土两端引起了应力集中现象,由此外加应力放大了 $\left(\frac{C}{a_0}\right)^{1/2}$ 倍,使得局部区域的荷载达到了理论强度限值,最终导致混凝土破坏。例如,若 $a_0 = 1 \times 10^{-8}$ cm,则只要在混凝土中存在一个 $C \approx 1 \times 10^{4}$ cm 的裂缝,那么只需要作用一个超过理论强度限值百分之一的外力,就可以使混凝土断裂。

混凝土强度理论分为细观力学理论和宏观力学理论两种。其中,细观力学理论是根据混凝土非匀质的特征,研究混凝土组成材料对混凝土强度的影响,是混凝土材料设计的主要理论依据之一;宏观力学理论是在假定混凝土为宏观均质各向同性材料的前提下,研究混凝土在复杂应力作用下的破坏条件,是混凝土结构设计的重要依据。

细观力学理论认为,水泥石的性能是影响混凝土强度的最主要的因素,并且长期以来,在混凝土配合比设计中都起着理论指导作用。但是按照格雷菲斯断裂理论来看,决定混凝土断裂强度的是其临界裂缝的宽度,它和孔隙的形状及尺寸有关,而不是总孔隙率。因此,针对混凝土强度的研究有了一个新的方向,即断裂理论。随着这方面研究的逐步深入,人们对混凝土的力学特性有了更深层次的了解,也能通过合理选择组成材料、正确地设计配合比以及控制混凝土内部结构来达到实现混凝土力学行为综合设计的目的。

3. 混凝土立方体抗压强度与强度等级

(1) 混凝土立方体抗压强度的测定。混凝土立方体抗压强度是划分混凝土强度等级的依据,其测定需按照《普通混凝土力学性能试验方法标准》(GB/T 50081—2002)来进行,具体步骤如下:

从同一盘或者同一车混凝土里取出三个边长为150 mm 的立方体混凝土标准试件,取件时混凝土集料的最大粒径应符合表4-26 的要求。当混凝土强度等级小于C60 时,也可选用非标准试件,但应按表4-27 将所得抗压强度乘以尺寸换算系数。试件尺寸越大,尺寸换算系数越大。造成这种现象有两个方面的原因,一是试件尺寸越大,其内部缺陷等出现的概率也越大,有效受力面积减小以及应力集中等现象会引起所测强度偏低;二是环箍效应,将在本节单独进行介绍。当混凝土强度等级不小于C60 时,宜采用标准试件;当采用非标准试件时,需要通过试验确定其尺寸换算系数。

表 4-26　混凝土试件尺寸选用表 (GB/T 50081—2002)　　　　　mm

试件截面尺寸	集料最大粒径	
	劈裂抗拉强度试验	其他试验
100×100	20	31.5

试件截面尺寸	集料最大粒径	
	劈裂抗拉强度试验	其他试验
150 × 150	40	40
200 × 200	—	63
注：集料最大粒径是符合《普通混凝土用砂、石质量及检验方法标准》（JGJ 52—2006）中规定的圆孔筛的孔径。		

表 4-27　混凝土不同尺寸试件的尺寸换算系数（GB/T 50081—2002）

集料最大公称粒径/mm	试件尺寸/（mm × mm × mm）	尺寸换算系数
<31.5	100 × 100 × 100	0.95
<40	150 × 150 × 150	1.0
<63	200 × 200 × 200	1.05

试件制作时需注意，试件承压面的平面度公差不得超过 0.000 5d（d 为试件边长），试件相邻面间的角度应为 90°，其公差不得超过 0.5°，试件各边长、直径和高的尺寸的公差不得超过 1 mm。试件成型时需注意，对于坍落度不大于 70 mm 的混凝土宜用振动振实，大于 70 mm 的宜用捣棒人工捣实。

试件成型后立即用不透水的薄膜覆盖表面，在温度为 20 ℃ ±5 ℃ 的环境中静置 1～2 昼夜，然后编号、拆模。拆模后立即放入温度为 20 ℃ ±2 ℃ 的不流动的 Ca（OH）$_2$ 饱和溶液中养护。标准养护室内的试件应放在支架上，彼此间隔为 10～20 mm，试件表面应保持潮湿，并不得被水直接冲淋，养护龄期为从搅拌加水开始 28 d。

试件养护好后，应及时取出试验，将试件表面与上下承压板面擦干净。将试件安放在试验机的上下压板或垫板上，试件的承压面应与成型时的顶面垂直。试件的中心应与试验机下压板中心对准，若混凝土强度等级不小于 C60，试件周围还应设防崩裂网罩。开动试验机，当上压板与试件或钢垫板接近时，调整球座，使接触均衡。在试验过程中应连续均匀加荷，加荷速率应符号表 4-28 的要求。当试件接近破坏开始急剧变形时，应停止调整试验机油门，直至破坏，然后记录破坏荷载。

表 4-28　混凝土立方体抗压试验加荷速度标准（GB 50081—2002）

混凝土强度等级	加荷速度/（MPa·s^{-1}）
<C30	0.3～0.5
≥C30 且 <C60	0.5～0.8
≥C60	0.8～1.0

混凝土立方体抗压强度计算式如下：

$$f_{cu} = \frac{F}{A}$$

式中　f_{cu}——混凝土立方体试件抗压强度（MPa）；

　　　F——试件破坏荷载（N）；

A——试件承压面积（mm^2）。

混凝土立方体抗压强度计算应精确至 0.1 MPa。在最终确定强度值时应注意，三个试件测值的算术平均值作为该组试件的强度值；三个测值中的最大值或最小值中如有一个与中间值的差值超过中间值的 15% 时，则把最大及最小值一并舍去，取中间值作为该组试件的抗压强度值；如最大值和最小值与中间值的差均超过中间值的 15%，则该组试件的试验结果无效。

（2）环箍效应。如前所述，测定混凝土立方体试件抗压强度时，可以按粗集料最大粒径的尺寸而选用不同试件的尺寸。但是试件尺寸不同、形状不同，会影响试件的抗压强度测定结果。因为混凝土试件在压力机上受压时，在沿加荷方向发生纵向变形的同时，也按泊松比效应产生横向膨胀。而压力机两块压板的弹性模量比混凝土的大 5~15 倍，泊松比不大于混凝土的两倍，所以钢制压板的横向膨胀较混凝土小，因而在压板与混凝土试件受压面形成摩擦力，该力对试件的横向膨胀起着约束作用，对强度有提高作用。试验表明，越接近试件端部，约束作用越强，在距离端部约 $\frac{\sqrt{3}}{2}a$ 的范围外，约束作用才消失，这种约束作用称为"环箍效应"，如图 4-13（a）所示。

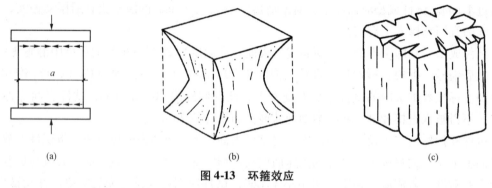

图 4-13　环箍效应

（a）压力机压板对试块的约束作用；（b）试块破坏后残存的棱锥体；（c）不受压板约束时试块破坏情况

试件破坏以后，试件上、下两部分各呈一个较为完整的棱锥体，如图 4-13（b）所示。若试验时，在压板和试件接触面上涂抹润滑剂，则环箍效应大大减小，试件将出现直裂破坏，如图 4-13（c）所示，此时测得的强度也较低。试验表明，试件尺寸越大，环箍效应越小，所测立方体抗压强度越低；反之，试件尺寸越小，所测立方体抗压强度越高。

（3）混凝土强度等级。混凝土强度等级是混凝土结构设计、配合比设计、质量控制和合格评定的重要依据，其强度等级是由符号"C"和立方体抗压强度标准值（$f_{cu,k}$）组成的。立方体抗压强度标准值是按照立方体抗压强度试验方法测得的具有 95% 保证率的抗压强度值（MPa）。由于不同部位或不同工程对混凝土强度的要求不同，所以《混凝土质量控制标准》（GB 50164—2011）将普通混凝土划分为 C10、C15、C20、C25、C30、C35、C40、C45、C50、C55、C60、C65、C70、C75、C80、C85、C90、C95、C100 等 19 个等级。

4. 混凝土的轴心抗压强度

确定混凝土强度等级时采用的是立方体试件，但在实际结构中，钢筋混凝土受压构件多为棱柱体或圆柱体。为了使测得的混凝土强度与实际情况接近，在进行钢筋混凝土受压构件

（如柱子、桁架的腹杆等）计算时，都是采用混凝土的轴心抗压强度（f_{cp}）。

混凝土轴心抗压强度是指按标准方法制作的标准尺寸为 150 mm × 150 mm × 300 mm 的棱柱体试件，在标准养护条件下养护到 28 d 龄期，以标准试验方法测得的抗压强度值。非标准试件尺寸为 100 mm × 100 mm × 300 mm 和 200 mm × 200 mm × 400 mm，但须注意，若采用非标准试件，试件高宽比（h/a）应为 2 ~ 3；对涉外工程或必须用圆柱体试件来确定混凝土力学性能等特殊情况，也可用 ϕ150 mm × 300 mm 的圆柱体标准试件或 ϕ100 mm × 200 mm、ϕ200 mm × 400 mm 的圆柱体非标准试件。

一般来说，棱柱体试件测得的轴心抗压强度 f_{cp} 比同截面的立方体抗压强度值 f_{cu} 小，大量试验表明，当标准立方体抗压强度为 10 ~ 50 MPa 时，两者之间的比值近似为 0.7 ~ 0.8。试件高宽比越大，实测轴心抗压强度越小，但是当高宽比大到一定程度后，实测强度就不再降低。这是因为此时环箍效应在试件中段已消失，形成了纯压状态。但是，试件尺寸也不能过高，过高的试件在破坏前就会因为失稳而产生较大的附加偏心，从而降低其实测轴心抗压强度值。

5. 混凝土的抗拉强度

混凝土是典型的脆性材料，其抗拉强度很低，抗拉强度只有抗压强度的 1/20 ~ 1/10，且随着混凝土强度等级的提高而降低。因此，在钢筋混凝土结构设计时，不依靠混凝土承受拉力，而是在混凝土中配制钢筋，利用钢筋承受拉力。但混凝土的抗拉强度对其抗裂性具有重要作用，是在结构设计时用来确定混凝土抗裂度的重要指标。它也能用来间接衡量混凝土与钢筋的粘结强度。

原则上，混凝土抗拉强度测定应采用轴拉试件，因此，过去多用八字形或棱柱体试件直接测定混凝土轴心抗拉强度。但是很难避免夹具附近的局部破坏，并且很难实现外力作用线与试件轴心方向的协调一致，所以很少采用。目前，我国采用劈裂抗拉试验来测定混凝土的抗拉强度，称为劈裂抗拉强度 f_{ts}。劈裂抗拉强度测定时，对试件前期制作方法、试件尺寸、养护方法及养护龄期等的规定，与混凝土立方体抗压强度试验的要求相同。该方法的原理是在试件两个相对的表面轴线上，作用着均匀分布的压力，这样就能使在此外力作用下的试件竖向平面内，产生均布拉应力，如图4-14所示。该拉应力可根据弹性

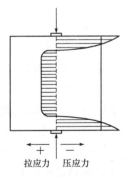

图 4-14　劈裂试验时垂直于受力面的应力分布

理论计算得出。这个方法克服了过去测试混凝土抗拉强度时出现的一些问题，并且也能较正确地反映试件的抗拉强度。

混凝土劈裂抗拉强度计算公式如下：

$$f_{ts} = \frac{2P}{\pi A} = 0.637 \frac{P}{A} \tag{4-7}$$

式中　f_{ts}——混凝土劈裂抗拉强度（MPa）；

　　　P——破坏荷载（N）；

　　　A——试件劈裂面积（mm²）。

试验证明，混凝土劈裂抗拉强度较轴心抗拉强度低，其两者的比值为 0.9 左右。而劈裂

抗拉强度与立方体抗压强度之间的关系符合以下经验公式：

$$f_{ts} = 0.35 f_{cu}^{3/4} \qquad (4-8)$$

6. 混凝土的抗折强度

在实际工程中，水泥混凝土公路路面工程和桥梁桥面工程，常会出现混凝土的断裂破坏现象，因此，在混凝土道路工程和桥梁工程的结构设计时，以混凝土抗折强度为主要强度指标，在质量控制与验收等环节，还要检测混凝土的抗折强度。

根据《普通混凝土力学性能试验方法标准》（GB 50081—2002）的规定，混凝土抗折强度是采用按标准方法制作的标准尺寸为 150 mm×150 mm×600 mm（或 550 mm）的长方体试件，在标准养护条件下养护 28 d，以标准试验方法测得的抗折强度值，如图 4-15 所示。

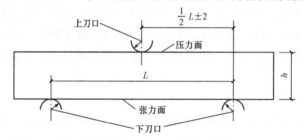

图 4-15　混凝土抗折强度测定装置

抗折强度计算公式如下：

$$f_{cf} = \frac{PL}{bh^2} \qquad (4-9)$$

式中　f_{cf}——混凝土抗折强度（MPa）；

　　　P——破坏荷载（N）；

　　　L——支座之间的距离（mm）；

　　　b、h——试件截面的宽度和高度（mm）。

当采用试件尺寸为 100 mm×100 mm×400 mm 的非标准试件时，所测得抗折强度应乘以换算系数 0.85；当混凝土强度等级不小于 C60 时，宜采用标准试件；使用非标准试件时，尺寸换算系数应由试验确定。

7. 混凝土强度的主要影响因素

混凝土强度主要取决于集料和水泥石的粘结强度，集料和水泥石自身的强度也发挥着重要作用。但是，大量工程实践和试验证明，普通混凝土的破坏主要发生在粗集料和砂浆基体界面上。这是因为在混凝土受力前，水泥石的化学和物理收缩会引起砂浆的体积变化，并且混凝土拌合物泌水会在粗集料下缘形成水囊等，都会使得砂浆基体和粗集料的界面上形成许多原生的微裂缝，当混凝土受力后，这些微裂缝不断地扩展，就使混凝土产生由于粘结强度不足而引起的结构破坏。当然，当水泥石强度较低时，也有可能发生水泥石破坏。集料最先破坏的可能性较小，因为集料强度通常远大于水泥石和粘结强度。因此，混凝土强度主要取决于集料和水泥石的粘结强度，而粘结强度和水泥强度等级、水胶比、集料性质等有密切关系。另外，混凝土强度还受到施工质量、养护条件及龄期等的影响。

（1）水泥强度等级和水胶比。水泥强度等级和水胶比是影响混凝土强度的决定性因素。

因为混凝土的强度主要取决于水泥石的强度及其与集料间的粘结力，而水泥石的强度及其与集料间的粘结力又取决于水泥的强度等级和水胶比。在配合比、成型工艺、养护条件均相同的情况下，水泥强度等级越高，配制的混凝土强度越高。

当采用同一种水泥且水泥强度等级相同时，混凝土在振动密实的条件下，水胶比越小，强度越高，如图4-16（a）所示。但是为了使混凝土拌合物获得必要的流动性，常要加入较多的水（水胶比为0.4~0.8），它往往超过了水泥水化的理论需水量（水胶比约为0.23）。当混凝土硬化后，多余的水分便残留在混凝土内形成水泡或蒸发成为孔隙，降低了混凝土的实际受力面积，还可能在孔隙周围产生应力集中，使混凝土的强度下降。还需注意的是，如果加水太少，混凝土拌合物过于干稠，难以振捣密实，浇筑质量无法保证，会形成较多的蜂窝、孔洞，混凝土强度反而会下降，如图4-16（a）所示。大量试验证明，混凝土强度随水胶比的增大而减小，关系曲线为曲线；而混凝土强度和胶水比的关系曲线为直线，如图4-16（b）所示。

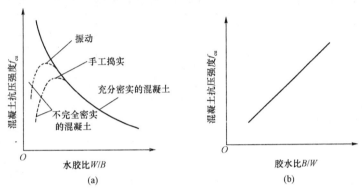

图4-16　混凝土强度与水胶比和胶水比的关系
（a）混凝土强度与水胶比的关系；（b）混凝土强度与胶水比的关系

试验结果表明，在原材料一定的情况下，混凝土28 d龄期抗压强度（f_{cu}）与水泥28 d胶砂强度（f_b）及水胶比（W/B）之间的关系式如下（又称鲍罗米公式）：

$$f_{cu} = \alpha_a f_b \left(\frac{B}{W} - \alpha_b \right) \tag{4-10}$$

式中　f_{cu}——混凝土28 d抗压强度（MPa）；

　　　α_a、α_b——回归系数，可根据工程所使用的原材料，通过试验建立的水胶比与混凝土强度关系式来确定；当不具备上述试验统计资料时，可按表4-29采用；

　　　B/W——混凝土的胶水比（水泥与水的质量之比）；

　　　f_b——胶凝材料（水泥与矿物掺和料按使用比例混合）28 d胶砂强度（MPa）。试验方法应按《水泥胶砂强度检验方法（ISO法）》（GB/T 17671—1999）执行；当无实测值时，可按下式计算：

$$f_b = \gamma_f \gamma_s f_{ce} \tag{4-11}$$

式中　γ_f、γ_s——粉煤灰影响系数和粒化高炉矿渣粉影响系数，可按表4-30选用；

　　　f_{ce}——水泥28 d胶砂抗压强度（MPa）。可实测，也可按下式计算：

$$f_{ce} = \gamma_c f_{ce,g} \tag{4-12}$$

式中　γ_c——水泥强度等级值的富余系数，可按实际统计资料确定；当缺乏实际统计资料

时，也可按表4-31选用；

　　　$f_{ce,g}$——水泥强度等级值（MPa）。

表4-29　回归系数 α_a、α_b 选用表（JGJ 55—2011）

回归系数 \ 粗集料品种	碎石	卵石
α_a	0.53	0.49
α_b	0.20	0.13

表4-30　粉煤灰影响系数（γ_f）和粒化高炉矿渣粉影响系数（γ_s）选用表（JGJ 55—2011）

掺量（%） \ 种类	粉煤灰影响系数 γ_f	粒化高炉矿渣粉影响系数 γ_s
0	1.00	1.00
10	0.85~0.95	1.00
20	0.75~0.85	0.95~1.00
30	0.65~0.75	0.90~1.00
40	0.55~0.65	0.80~0.90
50	—	0.70~0.85

注：1. 采用Ⅰ级、Ⅱ级粉煤灰，宜取上限值；

　　2. 采用S75级粒化高炉矿渣粉宜取下限值，采用S95级粒化高炉矿渣粉宜取上限值，采用S105级粒化高炉矿渣粉可取上限值加0.05；

　　3. 当超出表中的掺量时，粉煤灰和粒化高炉矿渣粉影响系数应经试验确定

表4-31　水泥强度等级值的富余系数（γ_c）（JGJ 55—2011）

水泥强度等级值	32.5	42.5	52.5
富余系数	1.12	1.16	1.10

　　在混凝土施工过程中，常出现向混凝土拌合物中随意加水的情况，这必然使得混凝土水胶比增大，从而导致混凝土强度严重下降，这种现象时必须要禁止的。在混凝土施工中，节约水和节约水泥同等重要。

　　（2）集料。一般而言，集料本身的强度大于水泥石的强度，不容易出现集料破坏影响混凝土强度的情况。但集料的级配、形状、颗粒表面特征等都会对混凝土强度产生重要影响。集料中有害杂质含量较多、级配不良，则混凝土强度较低；集料表面粗糙，则与水泥石粘结力较大，能提高混凝土强度，但达到同样流动性时，需水量大，随着水胶比变大，强度反而会降低。大量试验证明，水胶比小于0.4时，用碎石配制的混凝土比用卵石配制的混凝土强度高30%~40%，但随着水胶比增大，两者的差异就不显著了。

（3）养护温度和湿度。混凝土所处环境的温度及湿度对混凝土强度的影响，本质上是对水泥水化的影响。

养护温度越高，水泥早期水化速度越快，混凝土的早期强度越高，如图 4-17 所示。但混凝土早期养护温度过高（40 ℃以上），会导致水泥水化产物不均匀，从而水化物分布较少的区域便成为水泥石中的薄弱区域，从而降低混凝土的整体强度；而水化物稠密的区域又会因为水化物包裹在水泥颗粒周围而妨碍水化反应的进行，影响混凝土后期强度的发展。

而养护温度较低时，由于水化反应速度慢，水化产物有充分的扩散时间，使得水化产物分布均匀，有利于混凝土后期强度的发展。但是，当温度降至 0 ℃以下时，由于混凝土中水分结冰，水泥水化反应停止，混凝土强度停止发展。并且，混凝土中的水结冰还会使得整体产生体积膨胀，产生相当大的膨胀压力，使混凝土内部结构遭受破坏，损失已有强度，导致混凝土强度降低。如果此时，再升高混凝土的环境温度，混凝土中的冰开始融化。若冻融反复进行，会导致混凝土内部的微裂缝逐渐扩展，混凝土强度降低，表面开始剥落甚至全部崩裂。试验证明，早期强度低更容易导致混凝土发生冻坏，因此应当注意混凝土的早期温度控制。

环境湿度对水泥的水化反应起着重要的作用。若浇筑后混凝土所处环境湿度相宜，水泥水化反应便能顺利进行，混凝土强度得以充分发展；若环境湿度较低，混凝土失水干燥，导致水泥水化反应不能正常进行，甚至停止水化，导致混凝土强度严重降低，如图 4-18 所示。这是因为水泥水化反应只能在有水充填的毛细管里进行，而过低的环境湿度会使得混凝土中大量自由水被水化产生的凝胶所吸附，可供水化反应的水越来越少，从而降低混凝土强度。并且，由于水化反应不能完成，会使得混凝土结构疏松，透水性增大，或者形成干缩裂缝，从而影响混凝土耐久性。

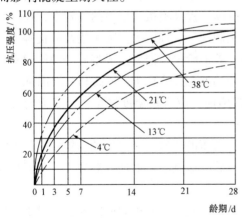

图 4-17　养护温度对混凝土强度的影响

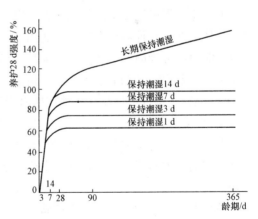

图 4-18　混凝土强度与湿度及龄期的关系

因此，为了保证混凝土强度正常发展和防止失水过快引起的混凝土收缩裂缝，混凝土浇筑完毕后，应在适当的环境温度和湿度条件下及时进行养护。若气候炎热或空气干燥时不及时进行养护，会导致由于混凝土失水过快或脱水而在混凝土表面出现片状、粉状剥落和干缩裂纹等劣化现象，使得混凝土强度降低；在冬季温度较低时，应尤其注意保持适应的温度，以保证水泥水化反应的正常进行和防止混凝土内部结冰引起膨胀破坏。

常见的混凝土养护方法有以下几种。

①自然养护。是混凝土在自然条件下于一定时间内使混凝土保持湿润状态的养护，包括洒水养护和喷涂薄膜养生液养护两种。洒水养护是指用草帘等将混凝土覆盖，经常洒水使其保持湿润。养护时间取决于混凝土的特性和水泥品种，非干硬性混凝土浇筑完毕 12 h 以内应加以覆盖并保湿养护，干硬性混凝土应于浇筑完毕后立即进行养护。使用硅酸盐水泥、普通水泥和矿渣水泥时，浇水养护时间不应少于 7 d；对于采用粉煤灰硅酸盐水泥、火山灰质硅酸盐水泥、复合硅酸盐水泥配制的混凝土，或掺加缓凝剂的混凝土以及大掺量矿物掺和料混凝土，养护时间不得少于 14 d；对于竖向混凝土结构，养护时间宜适当延长。洒水次数以能保证混凝土表面湿润为宜，混凝土养护用水应与拌制用水相同。

喷涂薄膜养生液适用于不易洒水的高耸构筑物和大面积混凝土结构的养护。它是将过氯乙烯树脂溶液用喷枪喷涂在混凝土表面上，溶液挥发后在混凝土表面形成一层塑料薄膜，将混凝土与空气隔绝，阻止其中水分的蒸发以保证水泥水化用水。有的薄膜在养护完成后能自行老化脱落，否则不宜于喷洒在以后要做粉刷的混凝土表面上。在夏季薄膜成型后要防晒，否则易产生裂纹。混凝土采用喷涂养护液养护时，应确保不漏喷。在长期暴露的混凝土表面上一般采用灰色养护剂或清亮材料养护。灰色养护剂的颜色接近于混凝土的颜色，而且对表面还有粉饰和加色作用，到风化后期阶段，它的外观要比用白色养护剂好得多。清亮养护剂是透明材料，不能粉饰混凝土，只能保持原有的外观。

②标准养护。是将混凝土放置在 20 ℃ ±2 ℃，相对湿度为 95% 以上的标准养护室或 20 ℃ ±2 ℃ 的不流动的 Ca（OH）$_2$ 饱和溶液中进行的养护。在测定混凝土强度时，一般采用这种养护方式，能保证试验结果具有可比性。

③蒸汽养护。是将混凝土放在近 100 ℃ 的常压蒸汽中进行的养护。蒸汽养护的目的是加快水泥的水化，提高混凝土的早期强度，以加快拆模，提高模板及场地的周转率，提高生产效率和降低成本。这种养护方法非常适用于生产预制构件、预应力混凝土梁及墙板等。采用蒸汽养护时，应分为静停、升温、恒温和降温四个养护阶段。混凝土成型后的静停时间不宜少于 2 h，升温速度不宜超过 25 ℃/h，降温速度不宜超过 20 ℃/h，最高和恒温温度不宜超过 65 ℃；混凝土构件或制品在出池或撤除养护措施前，应进行温度测量，当表面与外界温差不大于 20 ℃ 时，构件方可出池或撤除养护措施。

④蒸压养护。是将混凝土放在 175 ℃ 及 8 个大气压的压蒸釜中进行的养护。这种养护的目的和适用的水泥与蒸汽养护相同，主要用于生产硅酸盐制品，如加气混凝土、蒸养粉煤灰砖和灰砂砖等。

无论采取哪种养护方法，都应该满足施工养护方案或生产养护制度的要求。对于大体积混凝土，养护过程应进行温度控制，混凝土内部和表面的温差不宜超过 25 ℃，表面与外界温差不宜大于 20 ℃。对于冬期施工的混凝土，日均气温低于 5 ℃ 时，不得采用浇水自然养护方法；混凝土受冻前的强度不得低于 5 MPa；并且模板和保温层应在混凝土冷却到 5 ℃ 方可拆除，或在混凝土表面温度与外界温度相差不大于 20 ℃ 时拆模，拆模后的混凝土也要及时覆盖，使其缓慢冷却；最后，当混凝土强度达到设计强度等级的 50% 时，方可撤除养护措施。

（4）龄期。龄期是指混凝土正常养护所需的时间。在正常养护条件下，混凝土强度随龄期的增长而增大，最初 7～14 d 内，强度发展较快，28 d 后强度发展趋于平缓，如图 4-18 所示，因此，常以 28 d 龄期的强度作为混凝土的质量评定依据。但是，在未来的很长一段时间内，强度仍然会持续增长。

经过大量的工程实践和试验得出：在标准养护条件下，混凝土强度的发展大致和龄期的对数成正比，其关系式表达如下：

$$f_n = f_{28} \cdot \frac{\lg n}{\lg 28} \tag{4-13}$$

式中　f_{28}——混凝土 28 d 龄期的抗压强度（MPa）；

　　　f_n——混凝土 n 天龄期的抗压强度（MPa）；

　　　n——养护龄期（d），$n \geqslant 3$。

根据上式，可由所测混凝土的强度估算 28 d 强度，或由 28 d 强度估算另一个龄期的强度、推算达到某一强度所需要的养护天数等。但是，混凝土强度的影响因素很多，强度发展不可能完全一致，因此，上式的计算结果仅可作为参考。

（5）试验条件。试验进行混凝土强度的测定时，试验条件的不同会对所测混凝土强度产生一定的影响。例如，试件形状、试件尺寸、试件表面状态、加荷速率等。

①试件形状。如前所述，混凝土轴心抗压强度值为立方体抗压强度值的 70%～80%，造成此种现象的原因主要是两组试验所采取的试件形状不同，测定立方体抗压强度时所采用的是立方体试件，而测定轴心抗压强度时所采用的是棱柱试件，棱柱体试件在试验时强度受高宽比的影响较大。

②试件尺寸。同一种试验采取不同尺寸试件时，所测强度值不同。需要经过换算，具体尺寸换算系数如表 4-27 所示。

③试件表面状态。由图 4-13（b）、（c）可知，试件表面不涂润滑剂时，破坏时试件呈上下两个对立的棱锥体，试件表面涂润滑剂时，环箍效应减弱，试件呈现竖向开裂破坏。

④加荷速率。一般情况下，要求试验过程中应该连续均匀加荷，加荷速率要求见表 4-28。加荷速率过大，测得的强度值会偏大；加荷速率过小，对试验结果的影响较小，但是会影响试验效率。

8. 提高混凝土强度的措施

（1）采用高强度等级或早强型水泥。提高水泥的强度等级可有效提高混凝土的强度，但由于水泥强度等级的增加受到原料、生产工艺的制约，故单纯靠提高水泥强度来达到提高混凝土强度的目的，往往是不现实的，也是不经济的。采用早强型水泥可提高混凝土的早期强度，有利于加快施工进度。

（2）采用低水胶比的干硬性混凝土。尽可能降低水胶比以使混凝土拌合物中的游离水分减少，从而硬化后形成的孔隙较少，混凝土密实度较高，提高混凝土强度。但水胶比过小会使得混凝土流动性不足，影响正常施工，所以可采取在混凝土中掺入减水剂的方法，既降低了水胶比又不影响混凝土和易性。

（3）采用级配良好的集料。集料的颗粒级配是指粒径不同的集料互相搭配的情况。级配良好的集料，所配制的混凝土硬化后空隙率较小，不仅可以节省水泥，还可改善混凝土拌合物的和易性，提高混凝土的密实度，强度和耐久性。

（4）采用蒸汽养护或湿热养护。将混凝土进行蒸汽养护，其近 100 ℃的常压蒸汽可加速混凝土中活性混合材料的"二次反应"，从而提高混凝土的早期强度和后期强度。

（5）采用机械搅拌和振捣。如采用机械搅拌和振捣，可使混凝土拌合物在低水胶比的情况下更加均匀、密实地浇筑，从而获得更高的强度。近年来，国外研制的高速搅拌法、二次投料搅拌法及高频振捣法等新的施工工艺在我国的工程中应用，都取得了较好的效果。

（6）掺入外加剂和矿物掺和料。在混凝土中掺入早强剂、减水剂等可提高混凝土的强度，而同时掺入矿物掺和料还能显著提高混凝土强度。

三、混凝土的变形性能

混凝土在施工和使用过程中会发生各种不同类型的变形。其中，由物理化学作用引起的变形称作非荷载作用下的变形，包括化学收缩、干湿变形和温度变形；由荷载作用引起的变形称为荷载作用下的变形，包括短期荷载作用下的变形和长期荷载作用下的变形——徐变。

1. 非荷载作用下的变形

（1）化学收缩。混凝土硬化后，由于水泥水化产物的体积比反应前的总体积小，从而引起的混凝土收缩称为化学收缩。化学收缩量随着混凝土硬化龄期的延长而持续增加，一般在混凝土成型后 40 天内增长较快，以后逐渐趋于稳定。由于化学收缩值很小，对混凝土结构并没有破坏作用，但是混凝土的化学收缩是不可恢复的。

（2）干湿变形。周围环境的湿度变化会引起混凝土产生干燥收缩和湿胀的现象，统称为干湿变形。

混凝土在水中硬化时，由于凝胶体中胶体粒子的吸附水膜增厚，使得胶体粒子间距离增大，从而引起混凝土产生轻微膨胀，即湿胀，这种湿胀作用对混凝土是无害的。而混凝土在空气中硬化时，会失去气孔水和毛细水，气孔水的蒸发不会引起混凝土体积的收缩，而毛细水的蒸发会在毛细孔中形成负压从而产生收缩。若继续干燥则开始蒸发吸附水，使得凝胶体失水而紧缩，称为干缩变形。混凝土的这种变形在重新吸水后大部分可恢复，但不能完全恢复。即使干燥收缩后，再将混凝土长期放在水中也仍然会有残余变形，残余收缩为收缩量的30% ~60%。

引起混凝土干缩变形的因素很多，其主要影响因素有以下几个方面：

①水泥。混凝土中水泥石是引起干缩的主要成分。水泥颗粒越细干缩越大；掺大量混合材料的硅酸盐水泥配制的混凝土，比普通水泥配制的混凝土干缩率大，其中火山灰质水泥混凝土的干缩率最大，粉煤灰水泥混凝土的干缩率较小；采用高强度等级的水泥比低强度等级水泥的收缩量大；水泥用量过大或者水胶比过大也会引起收缩量增大。

②集料。因集料在混凝土结构中起着限制收缩的作用，所以混凝土的收缩量比水泥砂浆小。集料弹性模量越大，混凝土收缩越小，因此，轻集料混凝土比普通混凝土收缩量大。

③孔隙。混凝土中孔隙的存在会加大收缩。

④养护方式。实践试验证明，在水中养护或者在潮湿条件下养护可大大地降低混凝土的收缩量，普通蒸养也有降低混凝土收缩量的作用，只是压蒸养护效果更好。并且混凝土的干缩主要发生在早期，前三个月的收缩量为总收缩量的 40% ~80%。故由于混凝土早期强度低，抵抗干缩应力的能力弱，因此，加强混凝土的早期养护，延长湿养护时间，对减少混凝

土干缩裂缝具有重要作用，但对混凝土的最终干缩率无显著影响。

总之，为减少混凝土收缩，可以采取减少水泥用量，减小水胶比，加强振捣，保证集料洁净和级配良好，加强养护等措施。一般情况下，混凝土的极限收缩值为 $(5\sim9)\times10^{-4}$ mm/mm，在结构设计中混凝土干缩率取值一般为 $(1.5\sim2.0)\times10^{-4}$ mm/mm。

（3）温度变形。混凝土随着温度的变化而产生热胀冷缩变形，称为温度变形。混凝土的温度膨胀系数为 $(0.7\sim1.4)\times10^{-5}/℃$，一般取 $1.0\times10^{-5}/℃$，即温度每升高 1 ℃，1 m 混凝土将产生 0.01 mm 膨胀。

混凝土是热的不良导体，散热较慢。而混凝土在硬化初期，混凝土结构内部水化反应会产生大量的水化热，从而积聚较多热量，造成混凝土结构内部温度较外部高，甚至为 50 ℃～70 ℃。这将出现混凝土内部因温度升高而产生体积膨胀，同时混凝土外部随温度降低而产生体积收缩的现象。内部膨胀和外部收缩相互制约，从而在混凝土表层产生很大的拉应力，严重时会使混凝土产生裂缝，影响混凝土结构的强度和耐久性。因此，在大体积混凝土（例如，大坝、桥墩和大型设备基础等）施工时，须采取相应措施来减小混凝土内外温差，以防止混凝土产生温度裂缝。目前常用的方法有以下几种：

①采用低热水泥（例如，粒化高炉矿渣硅酸盐水泥、粉煤灰质硅酸盐水泥、大坝水泥等），或尽量减少水泥用量，以降低水泥水化热。

②在混凝土拌合物中掺入缓凝剂、减水剂或矿物掺和料，以降低水泥水化速度，从而使得水泥水化热不至于过分集中而得以释放，降低混凝土结构内部温度。

③在混凝土中预埋冷却水管，从管子的一端注入冷水，冷水流经埋在混凝土内部的管道后，从另一端排出，从而带出混凝土内部的水化热。

④对于纵长钢筋混凝土结构，可采取每隔一段距离设置伸缩缝或留设后浇带的措施，以减小约束，扩大散热面积。

⑤表面绝热，调节混凝土表面温度下降速率。

⑥在混凝土结构中设置温度钢筋。

除在施工中采取上述措施以外，监测混凝土内部温度场是控制混凝土温度裂缝的重要措施。过去多采用点式温度计进行测试，但是该方法布点有限，施工工艺复杂，温度信息量少。现在多通过在混凝土内埋设光纤，利用光纤传感技术来监测内部温度场，该方法具有测点连续，温度信息量大，定位准确，抗干扰性强，施工简便等优点，在大体积混凝土结构（如三峡工程）中得以广泛地应用。

2. 荷载作用下的变形

（1）短期荷载作用下的变形。混凝土是由砂石集料、水泥凝胶体、游离水分和气泡组成的不均质体。因此，它并不是完全弹性体，而是一种弹塑性体。混凝土结构静力受压时，既产生可完全恢复的弹性变形，又产生不可恢复的塑性变形，其应力（σ）与应变（ε）的关系是一条曲线，如图 4-19 所示。当加荷至图中 A 点又卸荷时，则此时卸荷曲线为图中 AC 段。由图可知，卸荷曲线和加荷曲线并不重合，卸荷后只恢复了部分变形，还残留有一部分残余变形，将卸荷后能恢复的变形称作弹性变形（$\varepsilon_{弹}$），将卸荷后不能恢复的变形称作塑性变形（$\varepsilon_{塑}$）。

将应力应变曲线上任一点的应力 σ 与其相应的应变 ε 的比值称作为混凝土在该应力作

用下的变形模量。变形模量在计算钢筋混凝土变形、裂缝开展及大体积混凝土温度应力时是需要确定的。而在混凝土结构或钢筋混凝土结构设计中，常采用的是按标准方法测定的弹性模量。

将图 4-19 中过原点的切线斜率称作为初始切线弹性模量，但是该值很难被测定准确，所以实际意义不大。大量试验表明，当应力小于（30% ~ 50%）f_{cp} 时，每次加荷再卸荷时都会残留一部分塑性变形，但是随着加荷卸荷次数的增多，残留的塑性变形逐渐减小，最终趋于稳定，应力应变曲线近似为一条直线，并且与初始切线大致平行，如图 4-20 所示。我们将混凝土试件在 $\sigma = 1/3 f_{cp}$ 应力作用下经过三次反复加荷又卸荷后，所得的割线模量作为该混凝土的弹性模量（E_c）。

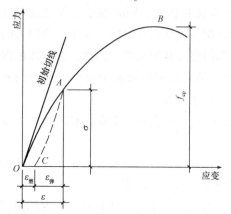

图 4-19　混凝土在压力作用下的应力应变曲线　　图 4-20　低应力作用下重复荷载的应力应变曲线

影响混凝土弹性模量的因素很多，主要有以下几个影响因素。

①混凝土强度。一般而言，混凝土强度等级越高，其弹性模量越高。混凝土强度等级由 C10 增大至 C60 时，其弹性模量大致由 1.75×10^4 MPa 增至 3.60×10^4 MPa。

②集料。由于水泥石的弹性模量一般比集料的弹性模量低，所以混凝土的弹性模量也低于其集料的弹性模量。因此，集料含量越大，弹性模量越大，则混凝土弹性模量就越大。

③养护条件。蒸汽养护比标准养护制得的混凝土试件所测弹性模量值要低。养护条件好则混凝土弹性模量高。

④钢筋混凝土构件的刚度。一般而言，建筑物必须要有足够的刚度，以在外力作用下保持较小的变形，这样才能发挥其正常使用功能。因此，所使用的混凝土须有足够高的弹性模量。

⑤水胶比越小，养护龄期越长，混凝土弹性模量越大。

（2）长期荷载作用下的变形——徐变。混凝土在长期荷载作用下会发生徐变。所谓徐变是指混凝土在长期恒载作用下，随着时间的延长，沿作用力的方向发生的变形，即随时间而发展的变形。混凝土的徐变在加荷早期增长较快，然后逐渐减慢，2 ~ 3 年才趋于稳定。当混凝土卸荷后，一部分变形瞬时恢复，一部分要过一段时间才能恢复（称为徐变恢复），剩余的变形是不可恢复部分，称作残余变形，如图 4-21 所示。

混凝土产生徐变的原因，一般认为是在长期荷载作用下，水泥石中的凝胶体产生黏性流动，并向毛细孔中移动，同时凝胶体中的吸附水向毛细孔迁移渗透所致。在混凝土硬化初期

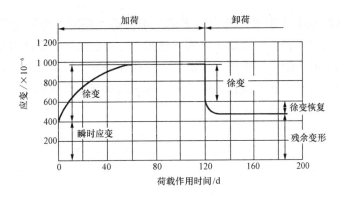

图 4-21　混凝土的徐变与恢复（实例）

或加荷初期，由于毛细孔较多，凝胶体移动相对容易，所以徐变速度较快。随着水泥水化的逐渐进行，水化产生的凝胶体逐渐填充毛细孔，则毛细孔的体积逐渐减小，徐变速度越来越慢。

影响混凝土徐变的因素很多，主要影响因素是水泥用量和水胶比的大小。水泥用量越多，混凝土中凝胶体含量越大，其徐变越大；水胶比越大，混凝土中的毛细孔越多，其徐变越大。另外，混凝土中所用集料弹性模量越大，徐变越小；而集料弹性模量越大，混凝土弹性模量也越大，所以，混凝土弹性模量越大，徐变也越小。因此，若要减少混凝土的徐变，可通过降低混凝土水胶比、在水中养护、减少水泥用量、采用弹性模量较大的集料等措施来实现。

但是，在实际工程中，混凝土的徐变对混凝土及钢筋混凝土结构物的影响有不利的一面，也有有利的一面。在预应力结构中，徐变将产生应力松弛，引起预应力损失。在对大体积混凝土结构来说，徐变能消除由温度、干缩等引起的约束变形，从而防止裂缝的产生；对于钢筋混凝土构件而言，徐变能消除钢筋混凝土内部的应力集中，使应力得以较均匀地重新分布。

四、混凝土的耐久性

混凝土的耐久性是指混凝土能抵抗环境介质的长期作用，保持正常使用性能和外观完整性的能力。在通常的混凝土结构设计中，常常忽视了环境对混凝土结构的作用，许多混凝土结构在尚未达到设计使用年限之前，就已经出现了诸如钢筋锈蚀、混凝土劣化剥落等耐久性破坏现象，给结构的安全性能造成了很大的隐患。因此，混凝土材料的耐久性是保证混凝土结构耐久性的前提条件。一般来讲，混凝土耐久性主要包括抗渗性、抗冻性、抗侵蚀性、抗氯离子渗透性、混凝土的碳化、碱集料反应等。

1. 抗渗性

混凝土的抗渗性是指混凝土抵抗压力介质（水、油等液体）渗透作用的能力，是决定混凝土耐久性最主要的因素。因为外界环境中的物质想要侵蚀破坏混凝土结构只有通过渗透作用才能得以进行。在受压力液体作用的工程，如地下建筑、水池、水塔、压力水管、水坝、油罐以及港工、海工等，必须要求混凝土具有一定的抗渗性能。

混凝土在压力液体作用下能产生渗透作用，主要是因为其内部存在连通的渗水通道。这些通道主要包括水泥浆中多余水分蒸发留下的毛细孔道、混凝土浇筑过程中泌水产生的通道、混凝土拌合物振捣不密实、混凝土干缩和热胀产生的裂缝等。由此可知，提高混凝土抗渗性主要在于提高混凝土的密实度或改变混凝土的孔隙特征。提高混凝土抗渗性的主要措施有降低水胶比，以减少泌水和毛细孔道的形成；掺加减水剂、引气剂等，割断渗水通道；选用级配良好、干净的集料；充分振捣，加强养护等。

混凝土抗水渗透性能可用测定硬化混凝土在恒定水压力下的平均渗水高度来表示，也可通过逐级施加水压力来测定以抗渗等级表示。工程上常用抗渗等级来表示混凝土的抗渗性。根据《普通混凝土长期性能和耐久性能试验方法标准》（GB/T 50082—2009）的规定，测定混凝土抗渗强度等级采用顶面直径为 175 mm、底面直径为 185 mm、高度为 150 mm 的圆台体标准试件。在规定的试验条件下，加水压至 6 个试件中有 3 个试件表面渗水，或者 8 h 内 6 个试件中表面渗水试件少于 3 个时，停止试验。最后以 6 个试件中有 4 个试件未出现渗水时的最大水压力来表示混凝土的抗渗等级，计算公式如下：

$$P = 10H - 1 \tag{4-14}$$

式中　P——混凝土的抗渗等级；

　　　H——6 个试件中有 3 个试件表面渗水时的水压力（MPa）。

混凝土抗渗等级分为 P4、P6、P8、P10、P12 和 > P12 六个等级。例如，P4 表示混凝土能抵抗 0.4 MPa 的水压不渗漏。其中，将抗渗等级不低于 P6 的混凝土称为抗渗混凝土。

2. 抗冻性

混凝土的抗冻性是指混凝土在水饱和状态下，经受多次冻融循环作用，强度不严重降低，外观能保持完整的性能。当温度降至冰点以下时，混凝土内部孔隙中的水分会因为结冰而产生体积膨胀，从而产生静水压力。除了水的冻结膨胀引起的压力之外，当毛细孔水结冰时，凝胶孔水处于过冷的状态，过冷水的蒸气压比同温度下冰的蒸气压高，将发生凝胶水向毛细孔中冰的界面迁移渗透，并产生渗透压力。因此，混凝土受冻融破坏的原因是其内部空隙和毛细孔中的水结冰产生的膨胀压力和冰水气压差产生的渗透压力所致。当两种压力所产生的应力超过混凝土的抗拉强度时，混凝土发生微细裂缝，在反复冻融作用下，微裂缝逐渐扩展，导致混凝土强度降低甚至破坏。

在道路工程中，为防止冰雪冻融影响机动车正常行驶和引发交通安全事故，常常采用在路面撒除冰盐（NaCl、$CaCl_2$ 等）的办法。这是因为盐可以降低水的冰点，从而自动融化冰雪。但除冰盐会提高混凝土的吸水饱和度，增加混凝土毛细孔水冻结后的渗透压力，加速毛细孔中过冷水的冰冻速度，且干燥时盐会在混凝土孔隙中结晶产生结晶压力。这两个方面力的共同作用，会导致混凝土路面剥蚀，并且氯离子渗透到混凝土内部会引起钢筋锈蚀。因此，盐冻比纯水结冰的破坏力更大。

混凝土的抗冻性与混凝土的密实度、孔隙充水程度、孔隙构造和数量、冰冻速度及反复冻融的次数等有关。对于寒冷地区经常与水接触的结构物以及寒冷环境的建筑物，要求混凝土必须具备一定的抗冻性。因此，当混凝土水胶比较低，原材料质量较好，加强振捣，掺引气型外加剂，充分养护时，混凝土抗冻性都较高。

测定混凝土抗冻性的试验方法有快冻法和慢冻法两种。

快冻法是将 28 d 龄期的 100 mm × 100 mm × 400 mm 的标准棱柱体试件，在水冻融条件下，测试其相对动弹性模量下降至不低于60%或质量损失率不超过5%时的最大冻融循环次数。根据试验结果，将混凝土抗冻性划分为F50、F100、F150、F200、F250、F300、F350、F400和>F400共九个抗冻等级，其中数字表示混凝土能承受的最大冻融循环次数。工程中多采用这种方法表示混凝土的抗冻等级，抗冻等级不低于F50的混凝土称为抗冻混凝土。

慢冻法是以标准养护28 d龄期的立方体试件，在水饱和后，于-15 ℃～+20 ℃情况下进行冻融，最后以抗压强度下降率不超过25%、质量损失率不超过5%时，混凝土所能承受的最大冻融循环次数来表示。根据试验结果，将混凝土抗冻性划分为D50、D100、D150、D200和>D200共五个抗冻等级。

3. 抗侵蚀性

混凝土遭受的侵蚀本质上主要是外界环境因素对水泥石的侵蚀，其具体的侵蚀机理详见第三章第一节硅酸盐水泥的腐蚀与防治措施。但是，混凝土的抗侵蚀性还和混凝土的密实度以及孔隙结构特征有关。密实度高且孔隙封闭的混凝土，其抗渗性好，侵蚀介质不容易侵入，故其抗侵蚀性能较好。所以，提高混凝土抗侵蚀性的措施主要包括合理选择水泥品种、降低水胶比、提高混凝土密实度和改善混凝土孔隙结构。

4. 抗氯离子渗透性

氯离子渗透到混凝土中，会导致钢筋的锈蚀，从而影响混凝土的强度和耐久性。尤其是海洋和近海地区接触海水氯化物、道路工程接触除冰盐的钢筋混凝土结构应有较高的抗氯离子渗透性。混凝土抗氯离子渗透性的测定可以采用氯离子迁移系数（RCM法）和电通量法两种方法，分别用氯离子迁移系数和电通量表示，其等级划分见表4-32和表4-33。

表4-32 RCM法划分混凝土抗氯离子渗透性能的等级（GB 50164—2011）

等级	RCM–Ⅰ	RCM–Ⅱ	RCM–Ⅲ	RCM–Ⅳ	RCM–Ⅴ
氯离子迁移系数 D_{RCM} /（$\times 10^{-12}$ $m^2 \cdot s^{-1}$）	$D_{RCM} \geq 4.5$	$3 \leq D_{RCM} < 4.5$	$2.5 \leq D_{RCM} < 3.5$	$1.5 \leq D_{RCM} < 2.5$	$D_{RCM} < 1.5$

表4-33 电通量法划分混凝土抗氯离子渗透性能的等级（GB 50164—2011）

等级	Q–Ⅰ	Q–Ⅱ	Q–Ⅲ	Q–Ⅳ	Q–Ⅴ
电通量 Q_S /C	$Q_S \geq 4\,000$	$2\,000 \leq Q_S < 4\,000$	$1\,000 \leq Q_S < 2\,000$	$500 \leq Q_S < 1\,000$	$Q_S < 500$
氯离子渗透性评价	高	中等	低	很低	可忽略

根据表4-32可知，按照氯离子迁移系数将混凝土抗氯离子渗透性划分为五个等级，从Ⅰ级到Ⅴ级，表示混凝土抗氯离子渗透性能越来越高。与Ⅰ级到Ⅴ级对应的混凝土耐久性水平按表4-34确定，该表定性地描述了等级中代号所代表的混凝土耐久性的高低。这种定性评价仅对混凝土材料本身而言，至于是否符合工程实际的要求，则需要结合设计和施工要求进行确定。

表4-34 等级代号与混凝土耐久性水平推荐意见（GB 50164—2011）

等级代号	Ⅰ	Ⅱ	Ⅲ	Ⅳ	Ⅴ
混凝土耐久性水平推荐意见	差	较差	较好	好	很好

5. 混凝土的碳化

混凝土的碳化是指混凝土内水泥石中的 $Ca(OH)_2$ 与空气中的 CO_2，在一定湿度条件下发生化学反应，生成 $CaCO_3$ 和 H_2O 的过程。

混凝土的碳化弊多利少。由于碳化，混凝土中的钢筋因失去保护而锈蚀，并引起混凝土顺筋开裂；碳化收缩会引起微细裂纹，从而额降低混凝土强度。但是碳化时生成的碳酸钙填充在水泥石的孔隙中，使混凝土的密实度和抗压强度提高，对防止有害杂质的侵入有一定的缓冲作用。

根据快速碳化试验将混凝土抗碳化性能划分为五个等级，其划分见表4-35。其中，碳化深度小于20 mm 的混凝土，其抗碳化性能较好，通常可满足大气环境下50年的耐久性要求。在大气环境下，有其他腐蚀介质侵蚀的影响，混凝土的碳化会发展得快一些。快速碳化试验碳化深度小于10 mm 的混凝土的碳化性能良好；许多强度等级高、密实性良好的混凝土，在碳化试验中会出现测不出碳化的情况。

表4-35　混凝土抗碳化性能的等级划分（GB 50164—2011）

等级	T – Ⅰ	T – Ⅱ	T – Ⅲ	T – Ⅳ	T – Ⅴ
碳化深度 d/mm	$d \geqslant 30$	$20 \leqslant d < 30$	$10 \leqslant d < 20$	$0.1 \leqslant d < 10$	$d < 0.1$

混凝土的碳化主要与环境条件、自身碱度及抗渗性有关。影响混凝土碳化的因素主要有：

（1）环境湿度。当环境的相对湿度为50% ~ 75%时，混凝土碳化速度最快，当相对湿度小于25%或达100%时，碳化停止，这是因为在环境水分太少时碳化不能发生，混凝土孔隙中充满水时，CO_2 不能渗入扩散所致。

（2）水胶比。水胶比越小，混凝土越密实，CO_2 和水不易渗入，碳化速度慢。

（3）环境中 CO_2 的浓度。CO_2 浓度越大，混凝土碳化作用越快。

（4）水泥品种。普通水泥、硅酸盐水泥水化产物碱度高，其抗碳化能力优于矿渣水泥、火山灰质水泥和粉煤灰水泥，且水泥随混合材料掺量的增多而碳化速度加快。

（5）外加剂。混凝土中掺入减水剂、引气剂或引气型减水剂时，由于可降低水胶比或引入封闭小气泡，可使混凝土碳化速度明显减慢。

6. 碱-集料反应

碱-集料反应（AAR）是指集料中特定内部成分在一定条件下与混凝土中的水泥、外加剂等中的碱物质进一步发生化学反应，导致混凝土结构产生膨胀、开裂甚至破坏的现象，严重的会使混凝土结构崩溃，是影响混凝土耐久性的重要因素之一。混凝土碱-集料反应根据反应机制可分为碱-硅酸反应（ASR）、碱-碳酸盐反应（ACR）。

碱-硅酸反应是分布最广、研究最多的碱-集料反应，该反应是指混凝土内的碱与集料中的活性 SiO_2 反应，生成碱-硅酸凝胶，并从周围介质中吸收水分而膨胀，导致混凝土开裂破坏的现象。其化学反应试如下：

$$2ROH + nSiO_2 \rightarrow R_2O \cdot nSiO_2 \cdot H_2O$$

式中，R 代表 Na 或 K。

碱-集料反应是固相与液相之间的反应，其发生必须同时具备三个要素：

（1）混凝土中碱 $Na_2O + K_2O$ 含量高：$w(Na_2O + 0.66K_2O) > 0.6\%$。

混凝土中的碱来自水泥、外加剂、掺和料、集料、拌合水等组分及周围环境。水泥中的碱（$Na_2O + 0.66K_2O$）小于 0.6% 的水泥称为低碱水泥。

（2）碱活性集料。含活性二氧化硅的岩石分布很广，碱-碳酸盐反应活性的只有黏土质白云石质石灰石。充分掌握骨科碱活性的情况，建立碱活性集料分布图。

（3）潮湿环境。只有在空气相对湿度大于80%，或直接接触水的环境，碱-集料反应破坏才会发生。现有的现场资料充分证明，绝大部分混凝土构筑物在季节性气候变化的暴露条件下，其内部的相对湿度足以维持膨胀性碱-集料反应，因此，在沙漠地带的大多数公路、大坝以及干燥气候条件下的桥面和柱也可能保持内部湿度而断续发生膨胀反应。同时，在控制环境条件下，室内的大型混凝土构件也能长期维持适当的相对湿度。因此虽然水是碱-集料反应发生的必要条件之一，但是并没有好的方法预防这一点。

碱-集料反应极其缓慢，引起的破坏往往经过几年或十几年后才会出现。而一旦出现，破坏性极大，应加强防范。抑制碱-集料反应的措施有：

（1）尽量采用非活性集料。

（2）当不得不采用活性集料时，应严格控制混凝土中总碱含量不超过0.6%。

（3）在水泥中掺入火山灰质混合材料。吸收溶液中的钠离子和钾离子，使反应产物早期能均匀分布在混凝土中，不至于集中在集料颗粒周围，从而减轻或消除膨胀破坏。

（4）防止水分侵入，使混凝土处于干燥状态。

（5）在混凝土中掺入引气剂或减水剂。当发生碱-集料反应时，反应生成的胶体可渗入或被挤入外加剂产生的气泡，从而降低膨胀破坏应力。

7. 提高混凝土耐久性的措施

不同工程混凝土所处的环境和使用条件不同，对混凝土耐久性的要求也不尽相同，但是对于提高混凝土耐久性所采取的措施而言，却有很多共同之处。提高混凝土耐久性的主要因素是密实度，其次还包括原材料的选择、施工质量的控制等，主要有以下措施：

（1）根据混凝土工程特点合理选择水泥品种和胶凝材料组成。

（2）选择质量良好、技术条件合格的砂、石集料。

（3）掺用引气剂、减水剂等外加剂和矿物掺和料。

（4）适度控制水胶比和水泥用量，这是提高混凝土耐久性的关键性因素。水胶比是直接决定混凝土强度的因素，同样也严重影响其耐久性；保证足够的水泥用量，也可起到提高混凝土密实度的作用，从而提高其耐久性。规范规定，混凝土结构应根据设计使用年限和环境类别（见表4-36）进行耐久性设计，对设计使用年限为50年的混凝土结构，规范对其水胶比和水泥做了相关要求，详见表4-37。另外，《普通混凝土配合比设计规程》（JGJ 55—2011）还对胶凝材料最小用量做了规定，该规定适用于除配制 C15 及以下强度等级的混凝土，详见表4-38。

表 4-36　混凝土结构的环境类别

环境类别	条件
一	室内干燥环境；无侵蚀性静水浸没环境
二 a	室内潮湿环境；非严寒和非寒冷地区的露天环境；非严寒和非寒冷地区与无侵蚀性的水或土壤直接接触的环境；严寒和寒冷地区的冰冻线以下与无侵蚀性的水或土壤直接接触的环境
二 b	干湿交替环境；水位频繁变动环境；严寒和寒冷地区的露天环境；严寒和寒冷地区冰冻线以上与无侵蚀性的水或土壤直接接触的环境
三 a	严寒和寒冷地区冬季水位变动区环境；受除冰盐影响环境；海风环境
三 b	盐渍土环境；受除冰盐作用环境；海岸环境
四	海水环境
五	受人为或自然的侵蚀性物质影响的环境

注：1. 室内潮湿环境是指构件表面经常处于结露或湿润状态的环境；

2. 严寒和寒冷地区的划分应符合《民用建筑热工设计规范》（GB 50176—2016）的有关规定；

3. 海岸环境和海风环境宜根据当地情况，考虑主导风向及结构所处迎风、背风部位等因素的影响，由调查研究和工程经验确定；

4. 受除冰盐影响环境是指受到除冰盐盐雾影响的环境；受除冰盐作用环境是指被除冰盐溶液溅射的环境以及使用除冰盐地区的洗车房、停车楼等建筑；

5. 暴露的环境是指混凝土结构表面所处的环境

表 4-37　结构混凝土材料的耐久性基本要求

环境等级	最大水胶比	最低强度等级	最大氯离子含量/%	最大碱含量/（kg·m^{-3}）
一	0.60	C20	0.30	不限制
二 a	0.55	C25	0.20	3.0
二 b	0.50（0.55）	C30（C25）	0.15	
三 a	0.45（0.50）	C35（C30）	0.15	
三 b	0.40	C40	0.10	

注：1. 氯离子含量是指其占胶凝材料总量的百分比；

2. 预应力构件混凝土中的最大氯离子含量为 0.06%；其最低混凝土强度等级宜按表中的规定提高两个等级；

3. 素混凝土构件的水胶比及最低强度等级的要求可适当放松；

4. 有可靠工程经验时，二类环境中的最低混凝土强度等级可降低一个等级；

5. 处于严寒和寒冷地区二 b、三 a 类环境中的混凝土应使用引气剂，并可采用括号中的有关参数；

6. 当使用非碱活性集料时，对混凝土中的碱含量可不作限制

对于耐久性环境类别为四类和五类的混凝土结构，其耐久性要求另有规定，在此不做赘述。

表 4-38　混凝土的最小胶凝材料用量（JGJ 55—2011）

最大水胶比	最小胶凝材料用量/（kg·m^{-3}）		
	素混凝土	钢筋混凝土	预应力混凝土
0.60	250	280	300

续表

最大水胶比	最小胶凝材料用量/（kg·m⁻³）		
	素混凝土	钢筋混凝土	预应力混凝土
0.55	280	300	300
0.50	320		
≤0.45	330		

（5）加强混凝土的质量控制。在混凝土工程施工过程中，应保证搅拌均匀、振捣密实、养护得当，从而保证混凝土的施工质量。

第三节 普通混凝土的配合比设计

普通混凝土的配合比是指混凝土的各组成材料数量之间的比例关系，确定其比例关系的过程称为配合比设计。普通混凝土配合比，应根据原材料性能及对混凝土的技术要求进行计算，并经试验室试配、调整后确定。普通混凝土的组成材料主要包括水泥、粗集料、细集料和水，随着混凝土技术的发展，外加剂和掺和料的应用日益普遍，因此，其掺量也是配合比设计时需选定的。

混凝土配合比常用的表示方法有两种：一种以 1 m³ 混凝土中各项材料的质量表示，混凝土中的水泥、水、粗集料、细集料的实际用量按顺序表达，如水泥 300 kg、水 182 kg、砂 680 kg、石子 1 310 kg；另一种表示方法是以水泥、水、砂、石之间的相对质量比来表达，通常以水泥质量为 1，如前例可表示为 1 : 0.61 : 2.26 : 4.37。

一、普通混凝土配合比设计的基本要求

配合比设计的任务，是根据原材料的技术性能及施工条件，确定出能满足工程所要求的技术经济指标的各项组成材料的用量。其基本要求是：

（1）达到混凝土结构设计要求的强度等级。

（2）满足混凝土施工所要求的和易性。

（3）满足工程所处环境和使用条件对混凝土耐久性的要求。

（4）符合经济原则，节约水泥，降低成本。

二、普通混凝土配合比设计的三个重要参数

混凝土的配合比设计，实质上是确定单位体积混凝土拌合物中水、水泥、粗集料（石子）、细集料（砂）之间的三个参数。即水和水泥之间的比例——水胶比；砂和石子间的比例——砂率；集料与水泥浆之间的比例——单位用水量。在配合比设计中能正确地确定这三个基本参数，就能使混凝土满足配合比设计的四项基本要求。

确定这三个参数的基本原则是：在混凝土的强度和耐久性的基础上，确定水胶比。在满

足混凝土施工要求和易性要求的基础上确定混凝土的单位用水量；砂的数量应以填充石子空隙后略有富余为原则来确定。

具体确定水胶比时，从强度角度看，水胶比应小些；从耐久性角度看，水胶比小些，水泥用量多些，混凝土的密度就高，耐久性则优良，这可通过控制最大水胶比和最小水泥用量来满足。由强度和耐久性分别决定的水胶比往往是不同的，此时应取较小值。但当强度和耐久性都已知的前提下，水胶比应取较大值，以获得较高的流动性。

确定砂率主要应从满足工作性和节约水泥两个方面考虑。在水胶比和水泥用量（即水泥浆用量）不变的前提下，砂率应取坍落度最大，而黏聚性和保水性又好的砂率（合理砂率）可根据表 4-26 初步决定，经试拌调整而定，在工作性满足的情况下，砂率尽可能取小值以达到节约水泥的目的。

单位用水量是在水胶比和水泥用量不变的情况下，实际反映水泥浆量与集料间的比例关系。水泥浆量要满足包裹粗、细集料表面并保持足够流动性的要求，但用水量过大，会降低混凝土的耐久性，根据粗集料的品种、粒径，单位用水量可通过表 4-25 确定。

三、混凝土配合比设计的基本资料

在进行混凝土的配合比设计前，需确定和了解的基本资料。设计的前提条件主要有以下几个方面：

（1）混凝土设计强度等级和强度的标准差。

（2）材料的基本情况，包括水泥品种、强度等级、实际强度、密度；砂的种类、表观密度、细度模数、含水率；石子种类、表观密度、含水率；是否掺外加剂，外加剂种类。

（3）混凝土的工作性要求，如坍落度指标。

（4）与耐久性有关的环境条件，如冻融状况、地下水情况等。

（5）工程特点及施工工艺，如构件几何尺寸、钢筋的疏密、浇筑振捣的方法等。

四、普通混凝土配合比设计的步骤

混凝土的配合比设计是一个计算、试配、调整的复杂过程，大致可分为初步计算配合比、配合比的试拌、调整与确定、施工配合比设计三个设计阶段。首先按照已选择的原材料性能及对混凝土的技术要求进行初步计算，得出"初步计算配合比"；经试验室试拌调整，得到试拌配合比；再经强度复核（有抗冻、抗渗等其他特殊性能要求的则需做相应的检验项目），给出满足设计和施工要求并较经济的配合比；最后按现场砂、石含水率对试验室确定的配合比进行修正，得到施工配合比。配合比设计的过程是逐一满足混凝土的强度、工作性、耐久性、节约水泥等要求的过程。

（一）初步计算配合比的确定

1. 确定混凝土配制强度 $f_{cu,0}$

（1）根据《普通混凝土配合比设计规程》（JGJ 55—2011）的规定，当混凝土的设计强度等级小于 C60 时，混凝土的配制强度按下式计算：

$$f_{cu,0} \geq f_{cu,k} + 1.645\sigma \tag{4-15}$$

式中 $f_{cu,0}$ ——混凝土配制强度（MPa）；

$f_{cu,k}$——混凝土立方体抗压强度标准值，这里取混凝土的设计强度等级值（MPa）；

σ——混凝土强度标准差（MPa），其确定方法如下：

①当具有近 1~3 个月的同一品种、同一强度等级混凝土的强度资料，且试件组数不小于 30 时，其混凝土强度标准差 σ 应按下式计算：

$$\sigma = \sqrt{\frac{\sum_{i=1}^{n} f_{cu,i}^2 - n m_{f_{cu}}^2}{n-1}} \tag{4-16}$$

式中 σ——混凝土强度标准差；

$f_{cu,i}$——第 i 组的试件抗压强度（MPa）；

$m_{f_{cu}}$——n 组试件的抗压强度平均值（MPa）；

n——试件组数，n 不应小于 30。

对于强度等级不大于 C30 的混凝土：当 σ 计算值不小于 3.0 MPa 时，应按式（4-16）计算结果取值；当 σ 计算值小于 3.0 MPa 时，应取 3.0 MPa。对于强度等级大于 C30 且小于 C60 的混凝土：当 σ 计算值不小于 4.0 MPa 时，应按式（4-16）计算结果取值；当 σ 计算值小于 4.0 MPa 时，应取 4.0 MPa。

②当没有近期同一品种、同一强度等级混凝土强度资料时，其强度标准差可按表 4-39 取值。

表 4-39　混凝土强度标准差 σ（JGJ 55—2011）　　　　MPa

混凝土强度标准值	≤C20	C25~C45	C50~C55
σ	4.0	5.0	6.0

（2）当设计强度等级不小于 C60 时，配制强度应按下式计算：

$$f_{cu,0} \geq 1.15 f_{cu,k} \tag{4-17}$$

2. 初步确定水胶比 W/B

当混凝土强度等级不大于 C60 时，混凝土水胶比按下式计算：

$$\frac{W}{B} = \frac{\alpha_a f_b}{f_{cu,0} + \alpha_a \alpha_b f_b} \tag{4-18}$$

式中 α_a、α_b——回归系数，有条件时可以通过试验测定；无试验条件时，按表 4-31 取值；

f_b——胶凝材料（水泥与矿物掺和料按使用比例混合）28 d 胶砂强度（MPa），可实测，试验方法应按《水泥胶砂强度检验方法（ISO 法）》（GB/T 17671—1999）执行。

由式（4-18）计算出的水胶比应小于表 4-39 中规定的最大水胶比。若计算而得的水胶比大于最大水胶比，应取规定的最大水胶比，以保证混凝土的耐久性。

3. 确定每立方米混凝土的用水量 m_{w0}

当混凝土水胶比为 0.40~0.80 时，每立方米干硬性或塑性混凝土的用水量 m_{w0} 可按表 4-25 确定；当混凝土水胶比小于 0.40 时，可通过试验确定。

掺外加剂时，每立方米流动性或大流动性混凝土的用水量 m_{w0} 可按下式计算：

$$m_{w0} = m'_{w0}(1 - \beta) \tag{4-19}$$

式中　m_{w0}——计算配合比每立方米混凝土用水量（kg/m^3）；

　　　m'_{w0}——未掺外加剂时推定的满足实际坍落度要求的每立方米混凝土用水量（kg/m^3），以表 4-25 中 90 mm 坍落度的用水量为基础，按每增大 20 mm 坍落度相应增加 5 kg/m^3 用水量来计算，当坍落度增大到 180 mm 以上时，随坍落度相应增加的用水量可减少；

　　　β——外加剂的减水率（%），应经混凝土试验确定。

每立方米混凝土中外加剂用量（m_{a0}）应按下式计算：

$$m_{a0} = m_{b0}\beta_a \tag{4-20}$$

式中　m_{a0}——计算配合比每立方米混凝土中外加剂用量（kg/m^3）；

　　　m_{b0}——计算配合比每立方米混凝土中胶凝材料用量（kg/m^3）；

　　　β_a——外加剂掺量（%），应经混凝土试验确定。

4. 确定胶凝材料、矿物掺和料和水泥用量

（1）每立方米混凝土的胶凝材料用量（m_{b0}）应按下式计算，并应进行试拌调整，在拌合物性能满足的情况下，取经济合理的胶凝材料用量。

$$m_{b0} = \frac{m_{w0}}{W/B} \tag{4-21}$$

式中　m_{b0}——计算配合比每立方米混凝土中胶凝材料用量（kg/m^3）；

　　　m_{w0}——计算配合比每立方米混凝土的用水量（kg/m^3）；

　　　W/B——混凝土的水胶比。

（2）每立方米混凝土的矿物掺和料用量（m_{f0}）应按下式计算：

$$m_{f0} = m_{b0}\beta_f \tag{4-22}$$

式中　m_{f0}——计算配合比每立方米混凝土中矿物掺和料用量（kg/m^3）；

　　　β_f——矿物掺和料掺量（%），应通过试验确定。钢筋混凝土中矿物掺和料最大掺量宜符合表 4-40 规定；预应力钢筋混凝土中矿物掺和料最大掺量应符合表 4-41 的规定。对基础大体积混凝土，粉煤灰、粒化高炉矿渣粉和复合掺和料的最大掺量可增加 5%。采用掺量大于 30% 的 C 类粉煤灰的混凝土应以实际使用的水泥和粉煤灰掺量进行安定性检验。

表 4-40　钢筋混凝土中矿物掺和料最大掺量（JGJ 55—2011）

矿物掺和料种类	水胶比	最大掺量/%	
		采用硅酸盐水泥时	采用普通硅酸盐水泥时
粉煤灰	≤0.40	45	35
	>0.40	40	30
粒化高炉矿渣粉	≤0.40	65	55
	>0.40	55	45
钢渣粉	—	30	20

续表

矿物掺和料种类	水胶比	最大掺量/%	
		采用硅酸盐水泥时	采用普通硅酸盐水泥时
磷渣粉	—	30	20
硅灰	—	10	10
复合掺和料	≤0.40	60	50
	>0.40	50	40

注：1. 采用其他通用硅酸盐水泥时，宜将水泥混合材料掺量20%以上的混合材量计入矿物掺和料；
2. 复合掺和料各组分的掺量不宜超过单掺时的最大掺量；
3. 在混合使用两种或两种以上矿物掺和料时，矿物掺和料总掺量应符合表中复合掺和料的规定

表 4-41　预应力钢筋混凝土中矿物掺和料最大掺量（JGJ 55—2011）

矿物掺和料种类	水胶比	最大掺量/%	
		硅酸盐水泥	普通硅酸盐水泥
粉煤灰	≤0.40	35	30
	>0.40	25	20
粒化高炉矿渣粉	≤0.40	55	45
	>0.40	45	35
钢渣粉	—	20	10
磷渣粉	—	20	10
硅灰	—	10	10
复合掺和料	≤0.40	55	45
	>0.40	40	35

注：1. 采用其他通用硅酸盐水泥时，宜将水泥混合材料掺量20%以上的混合材量计入矿物掺和料；
2. 复合掺和料各组分的掺量不宜超过单掺时的最大掺量；
3. 在混合使用两种或两种以上矿物掺和料时，矿物掺和料总掺量应符合表中复合掺和料的规定

（3）每立方米混凝土的水泥用量（m_{c0}）应按下式计算：

$$m_{c0} = m_{b0} - m_{f0} \tag{4-23}$$

由式（4-23）计算出的水泥用量应大于表 4-40 中规定的最小水泥用量，若计算而得的水泥用量小于最小水泥用量时，应选取最小水泥用量，以保证混凝土的耐久性。

5. 确定砂率 β_s

砂率可根据集料的技术指标、混凝土拌合物性能和施工要求，由既有的历史经验资料选取。如缺少砂率的历史资料，坍落度小于 10 mm 的混凝土，其砂率应经试验确定；坍落度为 10~60 mm 的混凝土，其砂率可根据粗集料品种、最大公称粒径及水胶比按表 4-26 选取；坍落度大于 60 mm 的混凝土，砂率可经试验确定，也可在表 4-26 的基础上，按坍落度每增大 20 mm，砂率增大 1% 的幅度予以调整。

6. 计算砂、石用量 m_{s0}、m_{g0}

砂、石用量可用体积法或质量法求得。

（1）体积法。该方法假定混凝土拌合物的体积等于各组成材料的体积与拌合物中所含空气的体积之和。如取混凝土拌合物的体积为 1 m³，则可得以下关于 m_{s0}、m_{g0} 的二元方程式组。即

$$\begin{cases} \dfrac{m_{c0}}{\rho_c} + \dfrac{m_{f0}}{\rho_f} + \dfrac{m_{g0}}{\rho_g} + \dfrac{m_{s0}}{\rho_s} + \dfrac{m_{w0}}{\rho_w} + 0.01\alpha = 1 \\ \beta_s = \dfrac{m_{s0}}{m_{s0} + m_{g0}} \times 100\% \end{cases} \quad (4\text{-}24)$$

式中　m_{c0}、m_{s0}、m_{g0}、m_{w0}——每立方米混凝土中的水泥、矿物掺和料、细集料（砂）、粗集料（石子）、水的质量（kg/m³）；

ρ_c——水泥密度（kg/m³），应按《水泥密度测定方法》（GB/T 208—2014）测定，也可取 2 900 ~ 3 100 kg/m³；

ρ_f——矿物掺和料密度（kg/m³），可按《水泥密度测定方法》（GB/T 208—2014）测定；

ρ_g、ρ_s——粗集料、细集料的表观密度（kg/m³），应按《普通混凝土用砂、石质量及检验方法标准》（JGJ 52—2006）测定；

ρ_w——水的密度（kg/m³），可取 1 000 kg/m³；

α——混凝土中的含气量百分数，在不使用引气型外加剂时，α 可取 1；

β_s——砂率（%）。

（2）质量法。该方法假定 1 m³ 混凝土拌合物质量，等于其各种组成材料质量之和，据此可得下列方程式组。即

$$\begin{cases} m_{c0} + m_{s0} + m_{g0} + m_{w0} + m_{f0} = m_{cp} \\ \beta_s = \dfrac{m_{s0}}{m_{s0} + m_{g0}} \times 100\% \end{cases} \quad (4\text{-}25)$$

式中　m_{cp}——每立方米混凝土拌合物的假定质量，可据实际经验为 2 350 ~ 2 450 kg/m³ 选取。

联解以上关于 m_{s0} 和 m_{g0} 的二元方程组，可解出 m_{s0} 和 m_{g0}。则混凝土的初步计算配合比（初步满足强度和耐久性要求）为 $m_{c0} : m_{s0} : m_{g0} : m_{w0}$。

（二）混凝土配合比的试配、调整与确定

1. 混凝土配合比的试配

按初步计算配合比进行混凝土配合比的试配和调整。试配时，应采用强制式搅拌机进行搅拌。搅拌机应符合《混凝土试验用搅拌机》（JG 244—2003）的规定，搅拌方法宜与施工采用的方法相同。每盘混凝土试配的最小搅拌量应符合表 4-42 的规定，并不应小于搅拌机公称容量的 1/4 且不应大于搅拌机公称容量。如果搅拌量太小，由于混凝土拌合物浆体粘锅因素影响和体量不足等原因，拌合物的代表性不高。

表 4-42　混凝土试配的最小搅拌量（JGJ 55—2011）

粗集料最大公称粒径/mm	拌合物数量/L
≤31.5	20
40.0	25

在计算配合比的基础上进行试拌。计算水胶比宜保持不变，并应通过调整配合比其他参数使混凝土拌合物性能符合设计和施工要求，然后修正计算配合比，提出试拌配合比。然后应在试拌配合比的基础上，进行混凝土强度试验，并应符合下列规定：

（1）应至少采用三个不同的配合比。当采用三个不同的配合比时，其中一个应为调整后确定的试拌配合比，另外两个配合比的水胶比宜较试拌配合比分别增加和减少 0.05，用水量应与试拌配合比相同，砂率可分别增加和减少 1%。

（2）进行混凝土强度试验时，应继续保持拌合物性能符合设计和施工要求；

（3）进行混凝土强度试验时，每个配合比至少应制作一组试件，标准养护到 28 d 或设计规定龄期时试压。

2. 配合比的调整与确定

根据混凝土试拌后测得的混凝土强度试验结果，宜绘制强度和胶水比的线性关系图或插值法确定略大于配制强度对应的胶水比，这样偏于安全。当试拌得出的拌合物坍落度比要求值小时，应在水胶比不变前提下，增加水泥浆用量；当比要求值大时，应在砂率不变的前提下，增加砂、石用量；当黏聚性、保水性差时，可适当加大砂率。调整时，应即时记录调整后的各材料用量（m_c，m_f，m_w，m_s，m_g），并实测调整后混凝土拌合物的表观密度为 $\rho_{c,t}$（kg/m^3）。配合比调整后的混凝土拌合物的表观密度计算如下：

$$\rho_{c,c} = m_c + m_f + m_w + m_s + m_g \tag{4-26}$$

式中　$\rho_{c,c}$——混凝土拌合物表观密度计算值（kg/m^3）；

　　　m_c——每立方米混凝土的水泥用量（kg/m^3）；

　　　m_f——每立方米混凝土的精确掺和料用量（kg/m^3）；

　　　m_g——每立方米混凝土的粗集料用量（kg/m^3）；

　　　m_s——每立方米混凝土的细集料用量（kg/m^3）；

　　　m_w——每立方米混凝土的用水量（kg/m^3）。

混凝土配合比校正系数计算如下：

$$\delta = \frac{\rho_{c,t}}{\rho_{c,c}} \tag{4-27}$$

式中　δ——混凝土配合比校正系数；

　　　$\rho_{c,t}$——混凝土拌合物表观密度实测值（kg/m^3）；

　　　$\rho_{c,c}$——混凝土拌合物表观密度计算值（kg/m^3）。

当混凝土拌合物表观密度实测值与计算值之差的绝对值不超过计算值的 2% 时，调整后的配合比可维持不变；当两者之差超过 2% 时，应将配合比中每项材料用量均乘以校正系数 δ。

配合比调整后，应测定混凝土拌合物水溶性氯离子含量，并按照《水运工程混凝土试验规程》（JTJ 270—1998）中混凝土拌合物中氯离子含量的快速测定方法进行测定，其试验结果应符合表 4-43 的规定。

表 4-43　混凝土拌合物中水溶性氯离子最大含量

环境条件	水溶性氯离子最大含量（%，水泥用量的质量百分比）		
	钢筋混凝土	预应力混凝土	素混凝土
干燥环境	0.30		
潮湿但不含氯离子的环境	0.20	0.06	1.00
潮湿且含氯离子的环境、盐渍土环境	0.10		
除冰盐等侵蚀性物质的腐蚀环境	0.06		

生产单位可根据常用材料设计出常用的混凝土配合比备用，并应在使用过程中予以验证或调整。当对混凝土性能有特殊要求（抗冻、抗渗、高强、大体积、泵送等）或者水泥外加剂、矿物掺和料品种质量有显著变化时，应重新进行配合比设计。

（三）混凝土施工配合比

试验室进行的配合比试验是以干燥材料为基准的，而工地存放的砂、石都含有一定的水分，且随着气候的变化而经常变化。因此，现场材料的实际称量应按施工现场砂、石的含水情况进行修正，修正后的配合比称为施工配合比。

假定工地存放的砂的含水率 $a\%$，石子的含水率 $b\%$，则将上述试验室测定的配合比换算为施工配合比，其材料称量为

水泥用量：$m_c = m_{c0}$

砂用量：$m_s = m_{s0}(1 + a\%)$

石子用量：$m_g = m_{g0}(1 + b\%)$

用水量：$m_w = m_{w0} - m_{s0} \times a\% - m_{g0} \times b\%$

m_{c0}、m_{s0}、m_{g0}、m_{w0} 为调整后试验室配合比中每立方米混凝土中的水泥、水、砂和石子的用量（kg/m^3）。应注意，进行混凝土配合计算时，其计算公式中有关参数和表格中的数值均是以干燥状态集料（含水率小于 0.05% 的粗集料或含水率小于 0.2% 的粗集料）为基准。当以饱和面干集料为基准进行计算时，则应做相应的调整，即施工配合比公式中的 a、b 分别表示现场砂石含水率与其饱和面干含水率之差。

第四节　混凝土的质量控制

混凝土在生产过程中由于受到许多因素的影响，其质量不可避免地存在波动。造成混凝土质量波动的主要因素有：

（1）混凝土生产前的因素。主要包括组成材料、配合比和设备状况等。

（2）混凝土生产过程中的因素。主要包括计量、搅拌、运输、浇筑、振捣和养护，试件的制作与养护等。

（3）混凝土生产后的因素。主要包括批量划分、验收界限、检测方法和检测条件等。

虽然混凝土的质量波动是不可避免的，但并不意味着不去控制混凝土的质量。反之，要认识到混凝土质量控制的复杂性，必须将质量管理贯穿生产的全过程，使混凝土的质量在合理范畴内波动，确保土木工程的结构安全。

一、混凝土强度的波动规律

在生产条件一定的条件下，混凝土强度的影响因素是随机的。在实践中对同一强度等级混凝土进行系统的随机抽样，测试结果表明其强度的波动符合正态分布，如图 4-22 所示。由该图可知，曲线呈钟形，两边对称，曲线最高峰处为平均强度值。这说明混凝土强度接近其平均强度值处出现的次数最多，距对称轴越远出现的概率越小，并逐渐趋近于零。曲线和横坐标之间所包围的面积为概率的总和且等于 100%。对称轴两边出现的概率相等，各为50%。概率分布曲线若矮而宽，说明测定值较为离散，波动较大，混凝土均匀性较差，也反映了生产施工控制水平较差；相反则说明混凝土均匀性好，混凝土生产施工水平较高。

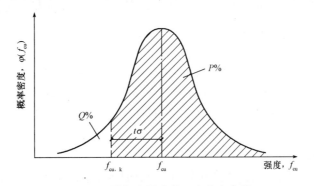

图 4-22　混凝土强度的正态分布曲线

二、混凝土施工质量水平的衡量指标

1. 混凝土强度标准差

混凝土强度标准差又称均方差，能够反应混凝土强度的离散程度。其计算见式（4-16）并宜符合表 4-44 的规定。

表 4-44　混凝土强度标准差（GB 50164—2011）　　　　MPa

生产场所	强度标准差 σ		
	< C20	C20 ~ C40	≥C45
预拌混凝土搅拌站 预制混凝土构件厂	≤3.0	≤3.5	≤4.0
施工现场搅拌站	≤3.5	≤4.0	≤4.5

标准差的几何意义是正态分布曲线上拐点至对称轴的垂直距离。由图 4-22 可以看出，

σ越小者曲线高而窄，说明混凝土质量控制较稳定，生产管理水平较高；而σ大者曲线矮而宽，表明强度值离散性大，施工质量控制差。因此，σ是评定混凝土质量均匀性的一项重要指标。

2. 实测强度达到强度标准值组数的百分率

实测强度达到强度标准值组数的百分率（P）应按下式计算，且P不应小于95%。

$$P = \frac{n_0}{n} \times 100\%$$ (4-28)

式中　P——统计周期内实测强度达到强度标准值组数的百分率，精确到0.1%；

　　　n_0——统计周期内相同强度等级混凝土达到强度标准值的试件组数。

预拌混凝土搅拌站和预制混凝土构件厂的统计周期可取1个月；施工现场搅拌站的统计周期可根据实际情况确定，但不宜超过3个月。

3. 变异系数

变异系数又称离散系数，其计算式如下：

$$C_v = \frac{\sigma}{f_{cu}}$$ (4-29)

C_v越小，表明混凝土质量越稳定；C_v越大，则表示混凝土质量稳定性差。

三、混凝土强度的检验评定

混凝土强度是影响混凝土结构可靠性的重要因素，为保证结构的可靠性，必须进行混凝土的合格性评定，它对保证混凝土工程质量，提高混凝土生产的质量管理水平，以及提高企业经济效益等都具有重大作用。混凝土强度的评定方法分为统计方法评定与非统计方法评定。

1. 统计方法评定

（1）当连续生产的混凝土，生产条件在较长时间内保持一致，且同一品种、同一强度等级混凝土的强度变异性保持稳定时。一个检验批的样本容量应为连续的3组试件，其强度应同时满足以下两式的要求：

$$m_{f_{cu}} \geq f_{cu,k} + 0.7\sigma_0$$ (4-30)

$$f_{cu,min} \geq f_{cu,k} - 0.7\sigma_0$$ (4-31)

检验批混凝土立方体抗压强度的标准差应符合下式要求：

$$\sigma_0 = \sqrt{\frac{\sum_{i=1}^{n} f_{cu,i}^2 - nm_{f_{cu}}^2}{n-1}}$$ (4-32)

当混凝土强度等级不高于C20时，其强度的最小值还应满足下式要求：

$$f_{cu,min} \geq 0.85 f_{cu,k}$$ (4-33)

当混凝土强度等级高于C20时，其强度的最小值还应满足下列要求：

$$f_{cu,min} \geq 0.90 f_{cu,k}$$ (4-34)

式中　$m_{f_{cu}}$——同一检验批混凝土立方体抗压强度的平均值（N/mm²），精确到0.1（N/mm²）；

　　　$f_{cu,k}$——混凝土立方体抗压强度标准值（N/mm²），精确到0.1（N/mm²）；

σ_0——检验批混凝土立方体抗压强度的标准差（N/mm^2），精确到 0.1（N/mm^2）；当检验批混凝土强度标准差 σ_0 计算值小于 2.5 N/mm^2 时，应取 2.5 N/mm^2；

$f_{cu,i}$——前一个检验期内同一品种、同一强度等级的第 i 组混凝土试件的立方体抗压强度代表值（N/mm^2），精确到 0.1（N/mm^2）；该检验期不应少于 60 d，也不得大于 90 d；

n——前一检验期内的样本容量，在该期间内样本容量不应少于 45；

$f_{cu,min}$——同一检验批混凝土立方体抗压强度的最小值（N/mm^2），精确到 0.1（N/mm^2）。

（2）当样本容量不少于 10 组时，其强度应同时满足下列要求：

$$m_{f_{cu}} \geqslant f_{cu,k} + \lambda_1 \cdot S_{f_{cu}} \tag{4-35}$$

$$f_{cu,min} \geqslant \lambda_2 \cdot f_{cu,k} \tag{4-36}$$

同一检验批混凝土立方体抗压强度的标准差应按下式计算：

$$S_{f_{cu}} = \sqrt{\frac{\sum\limits_{i=1}^{n} f_{cu,i}^2 - nm_{f_{cu}}^2}{n-1}} \tag{4-37}$$

式中 $S_{f_{cu}}$——同一检验批混凝土立方体抗压强度的标准差（N/mm^2），精确到 0.1（N/mm^2）；当检验批混凝土强度标准差计算值 $S_{f_{cu}}$ 小于 2.5 N/mm^2 时，应取 2.5 N/mm^2；

λ_1、λ_2——评定系数，按表 4-45 选取；

n——本检验期内的样本容量。

表 4-45　混凝土强度的统计方法评定系数（GB 50107—2010）

试件组数	10 ~ 14	15 ~ 19	≥20
λ_1	1.15	1.05	0.95
λ_2	0.90	0.85	

2. 非统计方法评定

当用于评定的样本容量小于 10 组时，应采用非统计方法评定混凝土强度。按非统计方法评定混凝土强度时，其强度应同时符合下列规定：

$$m_{f_{cu}} \geqslant \lambda_3 \cdot f_{cu,k} \tag{4-38}$$

$$f_{cu,min} \geqslant \lambda_4 \cdot f_{cu,k} \tag{4-39}$$

式中 λ_3、λ_4——评定系数，应按表 4-46 取用。

表 4-46　混凝土强度的非统计方法评定系数（GB 50107—2010）

混凝土强度等级	< C60	≥C60
λ_3	1.15	1.10
λ_4	0.95	

四、混凝土强度的合格性评定

当检验结果满足混凝土强度的检验评定规定时，则该批混凝土强度应评定为合格；反之，则该批混凝土强度应评定为不合格。对评定为不合格的混凝土，可从结构或构件中钻取试件或采用非破损检验方法对混凝土强度进行检测，作为混凝土强度处理的依据。

第五节　其他品种混凝土

一、轻集料混凝土

轻集料混凝土是指集料采用轻集料的混凝土，其表观密度不大于 1 950 kg/m^3。所谓轻集料是以减轻混凝土的质量并以提高热工效果为目的而采用的集料，其表观密度要比普通集料小。

轻集料混凝土按其在建筑工程中的用途不同，分为保温轻集料混凝土、结构保温轻集料混凝土和结构轻集料混凝土。另外，轻集料混凝土还可以用作耐热混凝土，代替窑炉内衬。以天然多孔轻集料或人造陶粒作粗集料，天然砂或轻砂作细集料，用硅酸盐水泥、水和外加剂（或不掺外加剂）按配合比要求配制而成的干表观密度不大于 1 950 kg/m^3 的混凝土。

轻集料混凝土具有轻质、高强、保温和耐火等特点，并且变形性能良好，弹性模量较低，在一般情况下收缩和徐变也较大。轻集料混凝土应用于工业与民用建筑及其他工程，可减小结构自重、节约材料用量、提高构件运输和吊装效率、减小地基荷载及改善建筑物功能等，适用于高层及大跨度建筑。

二、高强度混凝土

一般把强度等级为 C60 及其以上的混凝土称为高强度混凝土，C100 强度等级以上的混凝土称为超高强度混凝土。它是用水泥、砂、石原材料外加减水剂或同时外加粉煤灰、矿渣、硅粉等混合料，经常规工艺生产而获得的。

高强度混凝土作为一种新的建筑材料，以其抗压强度高、抗变形能力强、密度大、孔隙率低的优越性，在高层建筑结构、大跨度桥梁结构以及某些特种结构中得到广泛的应用。高强度混凝土最大的特点是抗压强度高，一般为普通强度混凝土的 4～6 倍，故可减小构件的截面，因此最适宜用于高层建筑。试验表明，在一定的轴压比和合适的配箍率情况下，高强度混凝土框架柱具有较好的抗震性能；而且柱截面尺寸减小，减轻自重，避免短柱，对结构抗震也有利，而且提高了经济效益。高强度混凝土材料为预应力技术提供了有利条件，可采用高强度钢材和人为控制应力，从而大大地提高了受弯构件的抗弯刚度和抗裂度。因此，各国越来越多地采用施加预应力的高强度混凝土结构，将其应用于大跨度房屋和桥梁。另外，利用高强度混凝土密度大的特点，可用作建造承受冲击和爆炸荷载的建（构）筑物，如原子能反应堆基础等。高强度混凝土具有抗渗性能强和抗腐蚀性能强的特点，可用于建造具有高抗渗和高抗腐要求的工业用水池等。

三、喷射混凝土

喷射混凝土，是用压力喷枪喷涂灌筑细石混凝土的施工法。它常用于灌筑隧道内衬、墙壁、天棚等薄壁结构或其他结构的衬里以及钢结构的保护层。喷射混凝土是将预先配好的水泥、砂、石子、水和一定数量的外加剂，装入喷射机，利用高压空气将其送到喷头和速凝剂混合后，以较快的速度喷向岩石或混凝土的表面而形成。

喷射混凝土具备硬化快，能较好地承受早期应力，与岩石粘结能力强，节省模板等优点，故可用于新建建筑物的施工，也可用于既有建筑物的修复与加固，尤其适用于薄或曲面混凝土建筑物中。

四、泵送混凝土

混凝土拌合物的坍落度不低于 100 mm 并用混凝土泵通过管道输送拌合物的混凝土称为泵送混凝土。要求其流动性好，集料粒径一般不大于管径的 1/4，粗集料宜优先选用卵石。粗集料最大粒径与输送管径之比：泵送高度在 50 m 以下时，对碎石不宜大于 1 : 2.3；对卵石不宜大于 1 : 2.5；泵送高度在 50 ~ 100 m 时，宜为 1 : 3 ~ 1 : 4；泵送高度在 100 m 以上时，宜为 1 : 4 ~ 1 : 5。粗、细集料应符合《普通混凝土用砂、石质量及检验方法标准》（JGJ 52—2006）的规定。粗集料应采用连续级配，针片状颗粒含量不宜大于 10%；细集料宜采用中砂，通过 0.315 mm 筛孔的砂，不应少于 15%。

拌制该类混凝土时，为防止混凝土拌合物在泵送管道中离析和堵塞，需加入泵送剂；为使混凝土拌合物能在泵压下顺利通行，需加入外加剂，如减水剂、塑化剂、加气剂以及增稠剂等均可用作泵送剂；加入适量的混合材料（粉煤灰等），避免混凝土施工中拌合料分层离析、泌水和堵塞输送管道。

五、纤维混凝土

纤维混凝土，是纤维和水泥基料（水泥石、砂浆或混凝土）组成的复合材料的统称。水泥石、砂浆与混凝土的主要缺点是：抗拉强度低、极限延伸率小、性脆，加入抗拉强度高、极限延伸率大、抗碱性好的纤维，可以克服这些缺点。以水泥浆、砂浆或混凝土作基材，以纤维作增强材料所组成的水泥基复合材料，称为纤维混凝土。纤维可控制基体混凝土裂纹的进一步发展，从而提高抗裂性。由于纤维的抗拉强度大、延伸率大，使混凝土的抗拉、抗弯、抗冲击强度及延伸率和韧性得以提高。纤维混凝土的主要品种有石棉水泥、钢纤维混凝土、玻璃纤维混凝土、聚丙烯纤维混凝土及碳纤维混凝土、植物纤维混凝土和高弹模合成纤维混凝土等。

制造纤维混凝土主要使用具有一定长径比（即纤维的长度与直径的比值）的短纤维，但有时也使用长纤维（如玻璃纤维无捻粗纱、聚丙烯纤化薄膜）或纤维制品（如玻璃纤维网格布、玻璃纤维毡），其抗拉极限强度可提高 30% ~ 50%。纤维在纤维混凝土中的主要作用，在于限制在外力作用下水泥基料中裂缝的扩展。在受荷（拉、弯）初期，当配料合适并掺有适宜的高效减水剂时，水泥基料与纤维共同承受外力，而前者是外力的主要承受者；当基料发生开裂后，横跨裂缝的纤维成为外力的主要承受者。

若纤维的体积掺量大于某一临界值，整个复合材料可继续承受较高的荷载并产生较大的变形，直到纤维被拉断或纤维从基料中被拔出，以致复合材料破坏。与普通混凝土相比，纤维混凝土具有较高的抗拉与抗弯极限强度，尤其以韧性提高的幅度为大。

六、透水混凝土

透水混凝土又称多孔混凝土，无砂混凝土，透水地坪。它是由集料、水泥、增强剂、和水拌制而成的一种多孔轻质混凝土，不含细集料。透水混凝土由粗集料表面包覆一薄层水泥浆相互粘结而形成孔穴均匀分布的蜂窝状结构，因此，具有透气、透水和重量小的特点。

透水混凝土由欧美、日本等国家开发并使用，针对原城市道路的路面的缺陷，能让雨水流入地下，有效地补充地下水，缓解城市地下水位急剧下降等城市环境问题；并能有效地消除地面上的油类化合物等对环境污染的危害；同时，是保护地下水、维护生态平衡、缓解城市热岛效应的优良铺装材料；其有利于人类生存环境的良性发展及城市雨水管理与水污染防治等工作上，具有特殊的重要意义。

透水混凝土系统拥有系列色彩配方，配合设计的创意，针对不同环境和个性要求的装饰风格进行铺设施工。这是传统铺装和一般透水砖不能实现的特殊铺装材料。

七、再生混凝土

再生混凝土是指将废弃的混凝土块经过破碎、清洗、分级后，按一定比例与级配混合，部分或全部代替砂石等天然集料（主要是粗集料），再加入水泥、水等配而成的新混凝土。再生混凝土按集料的组合形式可以有以下几种情况：集料全部为再生集料；粗集料为再生集料、细集料为天然砂；粗集料为天然碎石或卵石、细集料为再生集料；再生集料替代部分粗集料或细集料。

再生集料成分不仅有少量脱离砂浆的石子、部分包裹砂浆的石子，还有少量独立成块的水泥砂浆。因为这些成分的表面粗糙、棱角多并且在混凝土构件破坏和集料生产过程中集料内部出现大量微细裂缝，从而导致再生集料孔隙率大，进而使得其表观密度和堆积密度降低。研究认为，再生集料的表观密度为天然集料的85%以上，并且其离散性很大。

由于废旧混凝土在破碎过程中受到较大外力作用，在集料内部会出现大量微细裂缝，使得再生集料的吸水率和吸水速率都远高于天然集料。研究认为，再生集料的吸水率是天然集料的6~8倍。一般认为，再生细集料的吸水率超过10%，而再生粗集料一般吸水率为5%左右。由于再生集料的孔隙率较大，在短时间内再生集料就可以吸水饱和。在再生混凝土配合比设计时需要考虑再生集料的高吸水率问题。

集料的形状和表面特征也会对混凝土性能产生影响，立方体或球状颗粒且表面光滑时，对新拌混凝土的流动性有利，但与水泥石的粘结较差。与天然集料相比，大部分再生集料表面都包裹着砂浆，因此表面很粗糙、比表面积大，这对提高与水泥石的粘结有利，但对于新拌混凝土的流动性不利，还会增加水泥的用量。

综上所述，由于再生集料在性能上较天然集料差，对再生混凝土的许多性能产生不利影响。因此，在使用时，需要通过改善再生集料性能来提高再生混凝土的性能。

八、自密实混凝土

自密实混凝土是指在自身重力作用下，能够流动、密实，即使存在致密钢筋也能完全填充模板，同时获得很好均质性，并且不需要附加振动的混凝土。自密实混凝土被称为"近几十年中混凝土建筑技术最具革命性的发展"，是因为自密实混凝土拥有许多优点：

（1）能够保证混凝土良好的密实。

（2）提高生产效率。由于不需要振捣，混凝土浇筑需要的时间大幅度缩短，工人劳动强度大幅度降低，需要工人数量减少。

（3）改善工作环境和安全性。没有振捣噪声，避免工人长时间手持振动器导致的"手臂振动综合征"。

（4）改善混凝土的表面质量。不会出现表面气泡或蜂窝麻面，不需要进行表面修补；能够逼真呈现模板表面的纹理或造型。

（5）增加了结构设计的自由度。不需要振捣，可以浇筑成形状复杂、薄壁和密集配筋的结构。以前，这类结构往往因为混凝土浇筑施工的困难而限制采用。

（6）避免了振捣对模板产生的磨损。

（7）减少混凝土对搅拌机的磨损。

（8）可能降低工程整体造价。从提高施工速度、环境对噪声限制、减少人工和保证质量等诸多方面降低成本。

但是自密实混凝土也有其缺点，其硬化后的耐久性非常有限，尤其是在寒冷气候条件下；同时，自密实混凝土中还有不稳定的气泡。高流动自密实性混凝土与普通混凝相比，干燥收缩略大。

九、自修复混凝土

自修复混凝土是模仿动物的骨组织结构受创伤后的再生，恢复机理，采用修复胶粘剂和混凝土材料相复合的方法，对材料损伤破坏具有自修复和再生的功能，恢复甚至提高材料性能的一种新型复合材料。自修复混凝土，从严格意义上来说，应该是一种机敏混凝土。机敏混凝土是一种具有感知和修复性能的混凝土，是智能混凝土的初级阶段，是混凝土材料发展的高级阶段。

为了迎合 21 世纪人类对建筑材料和结构提出的功能——智能一体化要求，对存在潜在损坏危险的混凝土表面进行有效保护、对造成裂纹和损伤的混凝土结构进行自修复，使混凝土结构具备自防护功能，具有很大经济和社会效益。自修复混凝土可以解决用传统方法难以解决和不能解决的技术关键，它对确保高层建筑、桥梁、核电站等重大土木基础设施的安全和长期的耐久性，以及减轻台风、地震冲击等诸多破坏因素方面有很大的应用潜力，对确保建筑物的安全和耐久性都极具重要性，也对传统的建筑材料研究、制造、缺陷预防和修复等都提出了强烈的挑战。

复习思考题

一、填空题

1. 相同条件下，碎石混凝土的和易性比卵石混凝土的和易性_____。

2. 粗集料的最大粒径是指_____的上限。

3. 普通混凝土用砂当含泥量减小时，混凝土的_____。

4. 普通混凝土配合比设计中要确定的三个参数为_____、_____、_____。

5. 拌制混凝土选用_____的细集料，不仅节约用量，而且有利于硬化后的混凝土性能。

6. 试验室配合比设计中，应采用三组不同的 W/B 进行_____检验。一组为计算 W/B，其余两组应比计算 W/B 增减_____。

7. 粗集料的最大粒径不得超过结构截面最小尺寸的_____。

8. 混凝土中水泥浆凝结硬化前起_____作用；凝结硬化后起_____作用。

9. 混凝土拌合物根据坍落度不同，可分为_____、_____、_____、_____四级，大流动性的坍落度为_____。

10. 对于泵送混凝土，粗集料的最大粒径与输送管内径之比，对于碎石不宜大于_____。

11. 砂子的细度模数表示砂子的_____；砂子的用来分析砂子的_____。

12. 混凝土的合理砂率是指在用_____一定的情况下，能使混凝土获得的_____，并能获得良好黏聚性和保水性的砂率。

13. 对非标准尺寸的立方体试件，可采用_____折算成标准试件的强度值，边长为_____的立方体试件的折算系数。

14. 用_____配制的混凝土拌合物工作性良好，不易产生_____现象。

15. 当水泥用量越多，水胶比越大，混凝土的徐变_____。

16. 在预应力混凝土结构中，_____会引起损失，造成不利影响。

二、判断题

1. 级配好的集料，其表面积小，空隙率小，最省水泥。　　　　　　　　　　　（　　）
2. 水泥磨得越细，则混凝土拌合物坍落度越小。　　　　　　　　　　　　　（　　）
3. 级配相同的砂，细度模数肯定相同。　　　　　　　　　　　　　　　　　（　　）
4. 若砂的筛分曲线落在限定的三个级配区的一个区内，则无论其细度模数是多少，其级配好坏和粗细程度是合格的。　　　　　　　　　　　　　　　　　　　　（　　）
5. 混凝土的流动性用沉入度来表示。　　　　　　　　　　　　　　　　　　（　　）
6. 对混凝土拌合物流动性大小起决定性作用的是用水量。　　　　　　　　　（　　）
7. 保持砂率不变增加砂石用量，可以减小混凝土拌合物的流动性。　　　　　（　　）
8. 维勃稠度值越大，测定的混凝土拌合物流动性越小。　　　　　　　　　　（　　）
9. 卵石拌制的混凝土，比同条件下拌制的碎石混凝土的流动性好，但强度低。（　　）
10. 流动性大的混凝土比流动性小的混凝土强度高。　　　　　　　　　　　　（　　）

11. 提高混凝土的养护温度，能使其早期和后期强度都提高。 （　　）

12. 在混凝土中掺入适量减水剂，不减少用水量，则可改善混凝土拌合物和易性，显著提高混凝土的强度，并可节约水泥的用量。 （　　）

13. 在混凝土中加掺和料或引气剂可改善混凝土的黏聚性和保水性。 （　　）

14. 普通混凝土的强度等级是根据 3 d 和 28 d 的抗压、抗折强度确定的。 （　　）

15. 在混凝土内部结构中，当混凝土没有受到外力作用时内部结构就产生了裂纹。

（　　）

16. 提高水泥石的密实度，可以提高抗腐蚀能力。 （　　）

17. 混凝土设计强度等于配制强度时，混凝土的强度保证率为 95%。 （　　）

18. 混凝土的强度标准差 σ 越小，表明混凝土质量越稳定，施工水平越高。 （　　）

19. 混凝土的强度平均值和标准差，都是说明混凝土质量的离散程度的。 （　　）

20. 对四种基本材料进行混凝土配合比计算时，用体积法计算砂石用量时必须考虑混凝土内 1% 的含气量。 （　　）

三、单项选择题

1. 石子级配中，（　　）级配的空隙率最小。
   A. 连续 　　　　B. 间断 　　　　C. 单粒级 　　　　D. 筛选

2. 普通混凝土的立方体抗压强度是轴心抗压强度的（　　）。
   A. 70% ~80% 　　B. 75% ~85% 　　C. 85% ~95% 　　D. 70% ~95%

3. 炎热的夏季大体积混凝土施工时，必须加入的外加剂是（　　）。
   A、速凝剂 　　　B. 缓凝剂 　　　C. $CaSO_4$ 　　　D. 引气剂

4、用掺混合材料的硅酸盐类水泥拌制的混凝土最好选用（　　）。
   A. 自然养护 　　B. 标准养护 　　C. 水中养护 　　D. 蒸汽养护

5. 在原材料一定的情况下，影响混凝土强度决定性的因素是（　　）。
   A. 水泥强度等级 　B. 水胶比 　　C. 集料种类 　　D. 外加剂

6. 用高强度等级水泥配制低强度等级混凝土时，为满足技术经济要求，可采用（　　）方法。
   A. 提高砂率 　　　　　　　　B. 掺适量的混合材料
   C. 适当提高粗集料的粒径 　　D. 降低砂率

7. 评定细集料粗细程度和级配好坏的指标为（　　）。
   A. 筛分析法 　　　　　　　　B. 合理砂率
   C. 筛分曲线与细度模数 　　　D. 用水量

8. 压碎值指标是用来表示（　　）强度的指标。
   A. 石子 　　　B. 轻集料 　　　C. 轻集料混凝土 　　D. 砂

9. 下列各种材料中，材料强度主要取决于水胶比的材料是（　　）。
   A. 砌筑砂浆 　　　　　　　　B. 普通混凝土
   C. 轻集料混凝土 　　　　　　D. 粗集料

10. 配制混凝土时，限制最大水胶比和最小水泥用量是为了满足（　　）的要求。
    A. 耐久性 　　　B. 强度 　　　C. 和易性 　　　D. 经济性

11. 在原材料不变的前提下，决定混凝土强度的主要因素是（   ）。

    A. 水泥用量   B. 水胶比   C. 砂率   D. 水

12. 大体积混凝土施工采用的外加剂是（   ）。

    A. 减水剂   B. 早强剂   C. 缓凝剂   D. 引气剂

13. 现场拌制混凝土，发现黏聚性不好时最可行的改善措施为（   ）。

    A. 适当加大砂率   B. 加水泥浆（W/C 不变）

    C. 加大水泥用量   D. 加 $CaSO_4$

14. 有抗冻要求的混凝土施工时宜选择的外加剂为（   ）。

    A. 缓凝剂   B. 阻锈剂   C. 引气剂   D. 速凝剂

15. 欲增大混凝土拌合物的流动性，下列措施中最有效的为（   ）。

    A. 适当加大砂率   B. 加水泥浆（W/C 不变）

    C. 加大水泥用量   D. 加减水剂

16. 已知混凝土的砂石比为 0.56，则砂率为（   ）。

    A. 0.36   B. 0.56   C. 0.64   D. 1.79

17. 下列材料中，属于非活性混合材料的是（   ）。

    A. 粉煤灰   B. 矿渣   C. 火山灰   D. 石灰石粉

18. 测定混凝土用的标准试件尺寸为（   ）。

    A. 150 mm × 150 mm × 150 mm   B. 100 mm × 100 mm × 100 mm

    C. 70.7 mm × 70.7 mm × 70.7 mm   D. 30 mm × 30 mm × 30 mm

19. 表示干硬性混凝土流动性的指标为（   ）。

    A. 坍落度   B. 分层度   C. 沉入度   D. 维勃稠度

20. 对混凝土流动性起决定性影响的是（   ）。

    A. 用水量   B. 胶水比   C. 水泥浆用量   D. 掺加剂

四、简答题

1. 改善混凝土拌合物和易性的措施有哪些？

2. 试述混凝土徐变的利弊。

3. 简述混凝土中掺减水剂的技术经济效果。

4. 混凝土配合比设计的基本要求有哪些？

5. 当混凝土拌合物坍落度达不到要求时，如何进行调整？

6. 为什么不宜用高强度等级水泥配制低强度等级的混凝土？为什么也不宜用低强度等级水泥配制高强度等级的混凝土？

7. 如何采取措施提高混凝土的耐久性？

8. 砂率是如何影响混凝土拌合物的和易性的？

9. 混凝土立方体抗压强度与混凝土轴心抗压强度是否相同？为什么？

10. 轻集料混凝土与普通混凝土相比哪些何特点？其应用情况如何？

11. 如何采取措施减少大体积混凝土体积变形而引起的开裂现象？

12. 影响混凝土的和易性的因素有哪些？

13. 纤维混凝土与普通混凝土相比有何特点，其应用情况如何？

14. 什么是混凝土的碱-集料反应？对混凝土有哪些危害？

15. 混凝土的质量控制三个过程包括哪些？

五、计算题

1. 已知混凝土试拌调整合格后各材料用量为：水泥 5.72 kg，砂子 9.0 kg，石子为 18.4 kg，水为 4.3 kg。并测得拌合物表观密度为 2 400 kg/m³，（1）试求其基准配合比（以 1 m³ 混凝土中各材料用量表示）；（2）若采用实测强度为 45 MPa 的普通水泥、河砂、卵石来配制。试估算该混凝土的 28 d 强度（$A=0.46$，$B=0.07$）。

2. 配制 C30 混凝土，要求强度保证率 95%，则混凝土的配制强度为多少？若采用普通水泥、卵石来配制，试求混凝土的水胶比。已知：水泥实际强度为 48 MPa，$A=0.46$，$B=0.07$。

3. 混凝土的设计强度等级为 C25，要求强度保证率 95%，当以碎石、42.5 级普通水泥、河砂配制混凝土时，若实测混凝土 7 d 抗压强度为 20 MPa，推测混凝土 28 d 抗压强度为多少？能否达到设计强度的要求？混凝土的实际水胶比为多少？（$A=0.48$，$B=0.33$，水泥实际强度为 43 MPa）

4. 试验室搅拌混凝土，已确定水胶比为 0.5，砂率为 0.32，每 1 m³ 混凝土用水量为 180 kg，新拌混凝土的体积密度为 2 450 kg/m³。试求：（1）每 1 m³ 混凝土各项材料用量。（2）若采用水泥强度等级为 42.5 级，采用碎石，试估算此混凝土在标准条件下，养护 28 d 的强度是多少？

5. 某试样经调整后，各种材料用量分别为水泥 3.1 kg，水 1.86 kg，砂 6.24 kg，碎石 12.8 kg，并测得混凝土拌合物的体积密度为 2 400 kg/m³，若现场砂的含水率为 4%，石子的含水率为 1%。试求其施工配合比。

6. 某砂做筛分试验，分别称取各筛两次筛余量的平均值见表 4-47。

表 4-47 各筛两次筛余量的平均值

方孔筛径/mm	9.5	4.75	2.36	1.18	0.60	0.30	0.15	<0.15	合计
筛余量/g	0	24	60	80	95	114	105	22	500
分计筛余率									
累计筛余率									

试：计算各号筛的分计筛余率和累计筛余率、细度模数，绘制筛分曲线，并评定砂的粗细程度。

7. 欲配制 C40 混凝土，试件尺寸为 100 mm×100 mm×100 mm。三组试件的抗压强度值分别为（1）48.6 MPa；47.2 MPa；45.7 MPa；（2）49.0 MPa；51.2 MPa；58.5 MPa；（3）54.0 MPa；53.0 MPa；55.0 MPa；要求强度保证率 95%，标准差为 $\sigma=6.0$ MPa。试求哪个组强度值满足设计强度等级要求？

8. 某工地施工采用的施工配合比为水泥 312 kg，砂 710 kg，碎石 1 300 kg，水 130 kg，若采用的是 42.5 级普通水泥，其实测强度为 46.5 MPa，砂的含水率为 3%，石子的含水率为 1.5%。混凝土强度标准差为 $\sigma=4.0$ MPa。试问：其配合比能否满足混凝土设计等级为 C20 的要求？

第五章

砂　浆

砂浆是指由无机胶凝材料、细集料、掺和料、水及根据性能确定的各种组分按适当比例配合、拌制并经硬化而成的工程材料。建筑砂浆与混凝土的差别仅限于不含粗集料，或砂率为100%的混凝土。因此，对混凝土性质提出的有关要求，如和易性、强度和耐久性等，理论上也适应于砂浆。但砂浆为薄层铺筑或粉刷材料，基底材料各自不同，并且在房屋建筑中大多是涂铺在多孔而吸水的基底上，由于这些应用上的特点，故对砂浆性质的要求又与混凝土不尽相同。另外，施工工艺和施工条件的差异，对砂浆也提出了与混凝土不同的技术要求。因此，合理地选择和使用砂浆，对保证工程质量、降低工程造价具有重要的意义。

砂浆按所用胶凝材料的不同，可分为水泥砂浆、石灰砂浆及混合砂浆；按砂浆在建筑工程中的主要作用，可分为砌筑砂浆、抹面砂浆及特种砂浆；按生产方式不同，可分为施工现场拌制砂浆和由专业生产厂生产的商品砂浆。本章主要介绍水泥砂浆。

随着我国墙体材料改革和建筑节能工作的深入，各种新型墙体材料替代传统普通黏土砖而大量使用，同时对建筑砂浆的质量和技术性能也提出了更高的要求，传统的砂浆已不能满足使用要求。预拌砂浆、干粉砂浆、专用砂浆、自流平砂浆等新型建筑砂浆应运而生。

第一节　水泥砂浆的组成材料

水泥砂浆的主要组成材料有水泥、掺和料、细集料、外加剂、水等。

一、水泥

水泥在砂浆中起胶结作用，是影响砂浆黏聚性、流动性和强度的主要组成成分。水泥宜采用通用硅酸盐水泥或砌筑水泥，且应符合《通用硅酸盐水泥》（GB 175—2007）、《砌筑水泥配合比设计规程》（JGJ 98—2011）和《预拌砂浆标准》（GB/T 25181—2010）的规定。

水泥强度等级应根据砂浆品种及强度等级的要求进行选择。M15 及以下强度等级的砌筑砂浆宜选用 32.5 级的通用硅酸盐水泥或砌筑水泥；M15 以上强度等级的砌筑砂浆宜选用 42.5 级通用硅酸盐水泥；如果水泥强度等级过高，可适当掺入掺加料。

二、掺合料

当采用高强度等级水泥配制低强度等级砂浆时，因水泥用量较少，砂浆易产生分层、泌水。为改善砂浆的和易性、节约水泥、降低砂浆成本，在配制砂浆时可掺入磨细生石灰、石灰膏、石膏、消石灰粉、电石膏等材料作为掺合料。但石灰膏的掺入会降低砂浆的强度和粘结力，并改变使用范围，其掺量应严格控制。高强度砂浆、有防水和抗冻要求的砂浆不得掺加石灰膏及含石灰成分的保水增稠材料。

1. 石灰膏

生石灰熟化成石灰膏时，应用孔径不大于 3 mm × 3 mm 的网过滤，熟化时间不得少于 7 d；磨细生石灰粉的熟化时间不得少于 2 d。沉淀池中储存的石灰膏，应采取防止干燥、冻结和污染的措施。为了保证石灰膏的质量，要求石灰膏需防止干燥、冻结、污染。脱水硬化的石灰膏不但起不到塑化的作用，还会影响砂浆强度，故规定严禁使用脱水硬化石灰。

2. 电石膏

为了保证电石膏的质量，制作电石膏的电石渣要求应用孔径不大于 3 mm × 3 mm 的网过滤后方可使用。由于电石膏中乙炔含量大会对人体造成伤害，检验时应加热至 70 ℃ 后至少保持 20 min，并应待乙炔挥发完后再使用。

砂浆配制时，膏类（石灰膏、电石膏等）材料的含水量不计入砂浆用水量中，为了使膏类材料的含水率有一个统一的标准，根据国内外常规，规定其稠度一般为 120 mm ± 5 mm。如稠度不在规定范围，可按表 5-1 进行换算。

表 5-1 石灰膏不同稠度的换算系数（JGJ/T 98—2010）

稠度/mm	120	110	100	90	80	70	60	50	40	30
换算系数	1.00	0.99	0.97	0.95	0.93	0.92	0.90	0.88	0.87	0.86

3. 消石灰粉

消石灰粉是未充分熟化的石灰，颗粒太粗，起不到改善和易性的作用，还会大幅度降低砂浆强度，因此，规定不得用于砌筑砂浆的配制。磨细生石灰粉必须熟化成石灰膏才可使用；严寒地区，磨细生石灰直接加入砌筑砂浆中属冬期施工措施。

4. 粉煤灰、粒化高炉矿渣粉、硅灰、天然沸石粉

粉煤灰、粒化高炉矿渣粉、硅灰、天然沸石粉应分别符合国家现行标准《用于水泥和混凝土中的粉煤灰》（GB/T 1596—2017）、《用于水泥、砂浆和混凝土中的粒化高炉矿渣粉》（GB/T 18046—2017）和《高强高性能混凝土用矿物外加剂》（GB/T 18736—2017）的规定。当采用其他品种矿物掺合料时，应有充足的技术依据，并应在使用前进行试验验证。

砌筑砂浆中的水泥和石灰膏、电石膏等材料的用量可按表 5-2 选用。

表 5-2　砌筑砂浆的材料用量（JGJ/T 98—2010）　　　　　　　　　　　kg/m^3

砂浆种类	材料用量
水泥砂浆	≥200
水泥混合砂浆	≥350
预拌砌筑砂浆	≥200

注：1. 水泥砂浆中的材料用量是指水泥用量；

　　2. 水泥混合砂浆中的材料用量是指水泥和石灰膏、电石膏的材料总量；

　　3. 预拌砂浆中的材料用量是指胶凝材料用量，包括水泥和替代水泥的粉煤灰等活性矿物掺和料

为了改善砂浆韧性，从而提高其抗裂性，通常还会在砂浆中加入纸筋、木纤维、麻刀等纤维材料。为改善砂浆的工作性能，可在拌制砂浆中加入保水增稠材料、外加剂等，但考虑到这类材料品种多，性能、掺量相差较大，因此，掺量应根据不同厂家的说明书确定，性能必须符合有关规范的要求。

三、细集料

细集料在砂浆中起着骨架和填充的作用，对砂浆黏聚性、流动性和强度等技术性质具有一定影响。性能良好的砂浆会在一定程度上提高砂浆的和易性以及强度，尤其对于砂浆的收缩开裂有着较好的抑制作用。砂宜选用中砂，并应符合《普通混凝土用砂、石质量及检验方法标准》（JGJ 52—2006）的规定，且应全部通过 4.75 mm 的筛孔。砂中含有少量泥时，可在一定程度上改善砂浆的黏聚性和保水性；但砂中含泥量过高时，会对砂浆的各种技术性能均产生不良影响，故规定砌筑砂浆用砂砌体砂浆宜选用中砂，毛石砌体宜选用粗砂，砂的含泥量不应超过 5%；强度等级为 M2.5 的水泥混合砂浆，砂的含泥量不应超过 10%。

四、外加剂

为改善新拌砂浆的和易性与硬化后砂浆的各种性能或赋予砂浆某些特殊性能，常在砂浆中掺入适量外加剂。使用外加剂，不用再掺加石灰膏等掺合料就可获得良好的工作性，可以节约能源，保护自然资源。

混凝土中使用的外加剂，对砂浆也具有相应的作用，可以通过试验确定外加剂的品种和掺量。例如，为改善砂浆和易性，提高砂浆的抗裂性、抗冻性及保温性，可掺入减水剂等外加剂；为增强砂浆的防水性和抗渗性，可掺入防水剂等；为增强砂浆的保温隔热性能，除选用轻质细集料外，还可掺入引气剂提高砂浆的孔隙率。

外加剂加入后应充分搅拌使其均匀分散，以防产生不良的影响。

五、水

拌合砂浆用水与混凝土拌合水的要求相同，应符合《混凝土用水标准》（JGJ 63—2006）的规定。当水中含有有害物质时，将会影响水泥的正常凝结，并可能对钢筋产生锈蚀作用，故要求拌制砂浆的水，其水质需符合《混凝土用水标准》（JGJ 63—2006）的要求，采用无有害杂质的洁净水进行拌制。

第二节　建筑砂浆的基本性能

一、新拌砂浆的和易性

和易性是指新拌制砂浆的工作性，即在施工中易于操作而且能保证工程质量的性质，包括流动性和保水性两个方面。和易性好的砂浆，在运输和操作时，不会出现分层、泌水等现象，而且容易在粗糙的砖、石、砌块表面上铺成均匀的薄层，保证灰缝既饱满又密实，能够将砖、石、砌块很好地粘结成整体，而且可操作的时间较长，有利于施工操作。

1. 流动性

砂浆的流动性是指砂浆在自重或外力作用下流动的性能，又称稠度，用稠度值表示。试验室通常用砂浆稠度仪（见图 5-1）测定，即标准圆锥体在砂浆中的贯入深度，将其称为沉入度，单位用 mm 表示。沉入度大的砂浆表示其流动性好。砂浆流动性可按表 5-3 选用。

稠度测定试验步骤如下：先用少量润滑油轻擦滑杆，再将滑杆上多余的油用吸油纸擦净，使滑杆能自由滑动；用湿布擦净盛装容器和试锥表面，将砂浆拌合物一次装入容器，使砂浆表面低于容器口约 10 mm。用捣棒自容器中心向边缘均匀地插捣 25 次，然后轻轻地将容器摇动或敲击 5~6 下，使砂浆表面平整，然后将容器置于稠度测定仪的底座上；拧松制动螺钉，向下移动滑杆，当试锥尖端与砂浆表面刚接触时，拧紧制动螺钉，使齿条侧杆下端刚接触滑杆上端，读出刻度盘上的读数（精确至 1 mm）；拧松制

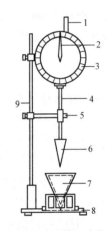

图 5-1　砂浆稠度仪

1—齿条测杆；2—摆针；3—刻度盘；
4—滑杆；5—制动螺钉；6—试锥；
7—盛装容器；8—底座；9—支架

动螺钉，同时计时间，10 s 时立即拧紧螺钉，将齿条测杆下端接触滑杆上端，从刻度盘上读出下沉深度（精确至 1 mm），二次读数的差值即砂浆稠度值；盛装容器内的砂浆，只允许测定一次稠度。重复测定时，应重新取样测定。稠度试验结果应取两次试验结果的算术平均值，精确至 1 mm，如两次试验值之差大于 10 mm，应重新取样测定。

表 5-3　砌筑砂浆的施工稠度（JGJ/T 98—2010）　　　　　mm

砌体种类	砂浆稠度
烧结普通砖砌体、粉煤灰砌体	70~90
混凝土砖砌体、灰砂砖砌体、普通混凝土小型空心砌块砌体	50~70
烧结多孔砖砌体、烧结空心砖砌体、轻集料混凝土小型空心砌块砌体、蒸压加气混凝土砌块砌体	60~80
石砌体	30~50

2. 保水性

保水性是指新拌砂浆保持水分的能力，它反映了砂浆中各项组成材料不易离析的性质。保水性良好的砂浆水分不易流失，易于摊铺成均匀密实的砂浆层；反之，保水性差的砂浆，易出现泌水、分层离析，同时由于水分易被砌体吸收，影响水泥的正常硬化，降低砂浆的粘结强度。

砂浆保水性用保水率来进行评定。砂浆保水率是用规定稠度的新拌砂浆，按规定的方法进行吸水处理，吸水处理后砂浆中保留水的质量，并用原始水量的质量百分数来表示。保水性试验步骤如下：称量不透水片与干燥试模质量 m_1 和 8 片中速定性滤纸质量 m_2；将砂浆拌合物一次性填入试模，并用抹刀插捣数次，当填充砂浆略高于试模边缘时，用抹刀以 45°角一次性将试模表面多余的砂浆刮去，然后用抹刀以较平的角度在试模表面反方向将砂浆刮平；抹掉试模边的砂浆，称量试模、下不透水片与砂浆总质量 m_3；用 2 片医用棉纱覆盖在砂浆表面，再在棉纱表面放上 8 片滤纸，用不透水片盖在滤纸表面，以 2 kg 的重物把不透水片压着；静置 2 min 后移走重物及不透水片，取出滤纸（不包括棉纱），迅速称量滤纸质量 m_4；从砂浆的配比及加水量计算砂浆的含水率，其公式如下：

$$W = \left[1 - \frac{m_4 - m_2}{\alpha \times (m_3 - m_1)} \right] \times 100\%$$

式中　W——保水性（%）；

　　　m_1——下不透水片与干燥试模质量（g）；

　　　m_2——8 片滤纸吸水前的质量（g）；

　　　m_3——试模、下不透水片与砂浆总质量（g）；

　　　m_4——8 片滤纸吸水后的质量（g）；

　　　α——砂浆含水率（%）。若无法计算，可称取 100 g 砂浆拌合物试样，放置于一干燥并已称重的盘中，在 105 ℃±5 ℃ 的烘箱中烘干至恒重，从而测定砂浆含水率，其计算式如下：

$$\alpha = \frac{m_5}{m_6} \times 100\%$$

式中　α——砂浆含水率（%），应精确至 0.1%；

　　　m_5——烘干后砂浆样本质量损失的质量（g）；

　　　m_6——砂浆样本的总质量（g）。

试验结果取两次试验值的平均值，如两个测定值中有 1 个超出平均值 5%，则此组试验结果无效。

砌筑砂浆的保水率要求见表 5-4。

表 5-4　砌筑砂浆的保水率（JGJ/T 98—2010）　　　　　　　　　　　　%

砌筑砂浆品种	水泥砂浆	水泥混合砂浆	预拌砌筑砂浆
保水率	≥80	≥84	≥88

二、硬化砂浆的力学性能

砂浆硬化应能与砌体材料结合，使砌体具有整体性和耐久性。因此，砂浆也应具有一定的抗压强度、耐久性及工程所要求的其他技术性质。

1. 立方体抗压强度和强度等级

砂浆强度等级是以边长为 70.7 mm×70.7 mm×70.7 mm 的立方体试块，在温度为 20 ℃ ± 5 ℃时静置（24±2）h，然后放入温度为 20 ℃±2 ℃，相对湿度为 90% 以上的标准养护室中进行养护，最后将养护后的试件进行压力试验从而测得的极限抗压强度。砌筑砂浆立方体抗压强度应按下式计算：

$$f_{m,cu} = \frac{N_u}{A}$$

式中 $f_{m,cu}$——砂浆立方体试件抗压强度（MPa），应精确至 0.1 MPa；

N_u——试件破坏荷载（N）；

A——试件承压面积（mm^2）。

砌筑砂浆按立方体抗压强度划分为若干强度等级。水泥混合砂浆的强度等级分为 M15、M10、M7.5、M5；水泥砂浆及预拌砂浆的强度等级分为 M30、M25、M20、M15、M10、M7.5、M5。

2. 砂浆抗压强度的影响因素

影响砂浆的抗压强度的主要因素是胶凝材料的强度和用量。另外，水胶比、集料状况、砌筑层（砖、石、砌块）吸水性、掺合材料的品种及用量、养护条件（温度和湿度）都会对砂浆的强度有影响。由于影响因素很多，很难用一个公式表达砂浆强度及其影响因素之间的关系，因此，在实际工程中，通常根据经验和试配，确定砂浆的配合比。

（1）用于砌筑不吸水底面的砂浆。用于粘结吸水性较小、密实的底面材料（如石材）的砂浆，其强度取决于水泥强度和水胶比，与混凝土类似，计算公式如下：

$$f_{m,0} = A \cdot f_{ce} \left(\frac{C}{W} - B \right)$$

式中 $f_{m,0}$——砂浆 28 d 试配抗压强度（MPa）；

f_{ce}——水泥 28 d 的实测抗压强度（MPa）；

$\frac{C}{W}$——胶水比；

A、B——经验系数，可根据试验资料统计确定。

（2）用于砌筑多孔吸水底面的砂浆。用于粘结吸水性较大的底面材料（如砖、砌块）的砂浆，即使用水量不同，经底层吸水后，留在砂浆中的水分大致相同，可视为常量。因此，砂浆的强度取决于水泥强度和水泥用量，而与水胶比基本无关。其计算公式如下：

$$f_{m,0} = A \cdot f_{ce} \cdot Q_C / 1\,000 + B$$

式中 $f_{m,0}$——砂浆 28 d 试配抗压强度（MPa）；

Q_C——每立方米砂浆的水泥用量（kg）；

f_{ce}——水泥 28 d 的实测抗压强度（MPa）；

A、B——经验系数，可根据试验资料统计确定。

3. 砂浆粘结力

砂浆将块体材料粘结而成砌体，故砂浆应具有一定的粘结力。砂浆的抗压强度越高，其粘结力也越大。此外,砂浆的粘结力与基底材料的粗糙状态、清洁程度、湿润情况以及施工养护条件等都有关系。

砌筑砂浆的粘结力,直接关系砌体的抗震性能和变形性能,可通过砌体抗剪强度试验测评。试验表明,水泥砂浆中掺入石灰膏等掺合料,虽然能改善和易性,但是会降低粘结强度。而掺入聚合物的水泥砂浆,其粘结强度有明显提高,所以砂浆外加剂中常含有聚合物组分。我国古代在石灰砂浆中掺入糯米汁、黄米汁,也是为了提高砂浆粘结力。

4. 砂浆的变形性能

砂浆在承受荷载,以及环境温度和湿度等发生变化时都会发生变形,若变形过大或变形不均匀就会引起结构开裂,因此,要求砂浆具有较小的变形性。

砂浆变形性的影响因素很多,有胶凝材料的种类和用量,用水量,细集料的种类、质量以及外部环境条件等。

(1)结构变形对砂浆变形的影响。砂浆属于脆性材料,墙体结构变形会引起砂浆产生裂缝。当地基不均匀沉降、横墙间距过大、砖墙转角应力集中处未加钢筋、门窗洞口过大、变形缝设置不当等原因而使墙体因强度、刚度、稳定性不足产生结构变形,超出砂浆允许变形值时,砂浆层开裂。

(2)温度变化对砂浆变形的影响。温度变化导致建筑材料膨胀或收缩,但不同材质有不同的温度系数和变形应力。热膨胀在界面产生温度应力,一旦温度应力大于砂浆抗拉强度,将使材料发生相对位移,导致砂浆产生裂缝。暴露在阳光下的外墙砂浆层的温度往往会超过气温,加上昼夜和寒暑温差的变化,产生较大的温度应力,砂浆层产生温度裂缝,虽然裂缝较为细小,但如此反复,裂纹会不断扩大。

(3)湿度变化对砂浆变形的影响。外墙抹面砂浆长期裸露在空气中,往往因湿度的变化而膨胀或收缩。砂浆的湿度变形与砂浆含水量和干缩率有关。由湿度引起的变形中,砂浆的干缩速率是一条逆降的曲线,初期干缩迅速,时间长会逐渐减缓。虽然湿度变化造成的收缩是一种干湿循环的可逆过程,但膨胀值是其收缩值的1/9。当收缩应力大于砂浆的抗拉强度时,砂浆必然产生裂缝。

5. 耐久性

砂浆应具有一定的耐久性,试验证明,砂浆的耐久性随抗压强度的增大而提高。防水砂浆或直接受水和冻融作用的砌体,对砂浆还应有抗渗性、抗侵蚀性和抗冻性要求。在砂浆配制中除控制水胶比外,常加入外加剂来改善抗渗和抗冻性能,如掺入减水剂、引气剂及防水剂等,并通过改进施工工艺,填塞砂浆的微孔和毛细孔,增加砂浆的密实度。砌筑砂浆的抗冻性要求见表5-5。

表5-5 砌筑砂浆的抗冻性 (JGJ/T 98—2010)

使用条件	抗冻指标	质量损失率/%	强度损失率/%
夏热冬暖地区	F15		
夏热冬冷地区	F25	≤5	≤25
寒冷地区	F35		
严寒地区	F50		

第三节 砌筑砂浆的配合比设计

砌筑砂浆是指将砖、石及砌块粘结而成砌体的砂浆。它起着粘结砌块、传递荷载及协调变形的作用，因此，砌筑砂浆是砌体结构的重要组成部分，应对其配合比进行设计。其设计步骤如下：

(1) 计算砂浆试配强度 $(f_{m,0})$；

(2) 计算每立方米砂浆中的水泥用量 (Q_c)；

(3) 计算每立方米砂浆中石灰膏用量 (Q_D)；

(4) 确定每立方米砂浆砂用量 (Q_s)；

(5) 按砂浆稠度选每立方米砂浆用水量 (Q_w)；

(6) 砂浆试配和调整。

一、砂浆的试配强度

砂浆的试配强度 $(f_{m,0})$ 应按下式计算：

$$f_{m,0} = kf_2$$

式中 $f_{m,0}$——砂浆的试配强度（MPa），应精确至 0.1 MPa；

f_2——砂浆强度等级值（MPa），应精确至 0.1 MPa；

k——系数，按表5-6取值。

表5-6 砂浆强度标准差 σ 及 k（JGJ/T 98—2010）

强度等级 施工水平	强度标准差 σ/MPa							k
	M5	M7.5	M10	M15	M20	M25	M30	
优良	1.00	1.50	2.00	3.00	4.00	5.00	6.00	1.15
一般	1.25	1.88	2.50	3.75	5.00	6.25	7.50	1.20
较差	1.50	2.25	3.00	4.50	6.00	7.50	9.00	1.25

砂浆现场强度标准差 σ 的确定应符合下列规定：

(1) 当有统计资料时，应按下式计算：

$$\sigma = \sqrt{\frac{\sum_{i=1}^{n} f_{m,i}^2 - n\mu_{f_m}^2}{n-1}}$$

式中 $f_{m,i}$——统计周期内同一品种砂浆第 i 组试件的强度（MPa）；

μ_{f_m}——统计周期内同一品种砂浆 n 组试件强度的平均值（MPa）；

n——统计周期内同一品种砂浆试件的总组数，$n \geqslant 25$。

(2) 当无统计资料时，砂浆强度标准差可按表5-6取值。

二、每立方米砂浆中的水泥用量

每立方米砂浆中的水泥用量（Q_c），应按下式计算：

$$Q_c = \frac{1\,000\,(f_{m,0} - \beta)}{\alpha \cdot f_{ce}}$$

式中　Q_c——每立方米砂浆的水泥用量（kg），应精确至 1 kg；

　　　α、β——砂浆的特征系数，其中 α 取 3.03，β 取 −15.09。各地区也可用本地区试验资料确定 α、β，统计用的试验组数不得少于 30 组；

　　　f_{ce}——水泥的实测强度（MPa），应精确至 0.1 MPa。在无法取得水泥的实测强度值时，可按下式计算：

$$f_{ce} = \gamma_c \cdot f_{ce,k}$$

式中　$f_{ce,k}$——水泥强度等级值（MPa）；

　　　γ_c——水泥强度等级值的富余系数，宜按实际统计资料确定；无统计资料时可取 1.0。

三、每立方米砂浆中石灰膏用量

每立方米砂浆中石灰膏用量（Q_D）应按下式计算：

$$Q_D = Q_A - Q_c$$

式中　Q_D——每立方米砂浆的石灰膏用量（kg），应精确至 1 kg，石灰膏使用时的稠度宜为 120 mm ± 5 mm；

　　　Q_A——每立方米砂浆中水泥和石灰膏总量，应精确至 1 kg，可为 350 kg。

　　　Q_c——每立方米砂浆的水泥用量（kg），应精确至 1 kg。

四、每立方米砂浆砂用量

每立方米砂浆中的砂用量（Q_s），应按干燥状态（含水率小于 0.5%）的堆积密度值作为计算值（kg）。

五、每立方米砂浆用水量

每立方米砂浆中的用水量（Q_w），可根据砂浆稠度等要求选用 210 ~ 310 kg。该用水量是砂浆稠度为 70 ~ 90 mm、中砂时的用水量参考范围。该用水量不包括石灰膏（电石膏）中的水：当采用细砂或粗砂时，用水量分别取上限或下限；稠度小于 70 mm 时，用水量可小于下限；施工现场气候炎热或干燥季节，可酌情增加用水量。

六、水泥砂浆的配合比选用

现场配制水泥砂浆的试配时，水泥砂浆的材料用量可按表5-7选用，水泥粉煤灰砂浆材料用量可按表5-8选用。

表 5-7　每立方米水泥砂浆材料用量（JGJ/T 98—2010）　　　　　kg/m³

强度等级	水泥	砂	用水量
M5	200～230		
M7.5	230～260		
M10	260～290		
M15	290～330	砂的堆积密度值	270～330
M20	340～400		
M25	360～410		
M30	430～480		

注：1. M15 及 M15 以下强度等级水泥砂浆，水泥强度等级为 32.5 级；M15 以上强度等级水泥砂浆，水泥强度等级为 42.5 级；

2. 当采用细砂或粗砂时，用水量分别取上限或下限；

3. 稠度小于 70 mm 时，用水量可小于下限；

4. 施工现场气候炎热或干燥季节，可酌量增加用水量；

5. 试配强度应按 $f_{m,0} = kf_2$ 计算

表 5-8　每立方米水泥粉煤灰砂浆材料用量（JGJ/T 98—2010）　　　　　kg/m³

强度等级	水泥和粉煤灰总量	粉煤灰	砂	用水量
M5	210～240			
M7.5	240～270	粉煤灰掺量可占	砂的堆积密度值	270～330
M10	270～300	胶凝材料总量的 15%～25%		
M15	300～330			

注：1. 表中水泥强度等级为 32.5 级；

2. 当采用细砂或粗砂时，用水量分别取上限或下限；

3. 稠度小于 70 mm 时，用水量可小于下限；

4. 施工现场气候炎热或干燥季节，可酌量增加用水量；

5. 试配强度应按 $f_{m,0} = kf_2$ 计算

七、水泥砂浆的试配和调整

按计算或查表所得配合比进行试拌时，应按《建筑砂浆基本性能试验方法标准》（JGJ/T 70—2009）测定砌筑砂浆拌合物的稠度和保水率。当稠度和保水率不能满足要求时，应调整材料用量，直到符合要求为止，然后确定为试配时的砂浆基准配合比。

试配时至少应采用三个不同的配合比，其中一个配合比应为按《砌筑砂浆配合比设计规程》（JGJ/T 98—2010）得出的基准配合比，其余两个配合比的水泥用量应按基准配合比分别增加及减少 10%。在保证稠度、保水率合格的条件下，可将用水量、石灰膏、保水增稠材料或粉煤灰等活性掺合料用量做相应调整。

砂浆试配时，稠度应满足施工要求，并应按《建筑砂浆基本性能试验方法标准》（JGJ/T 70—2009）分别测定不同配合比砂浆的表观密度及强度；并应选定符合试配强度及和易性

要求、水泥用量最低的配合比，作为砂浆的试配配合比。

砂浆试配配合比还应按下列步骤进行校正：

（1）应根据确定的砂浆配合比材料用量，按下式计算砂浆的理论表观密度值：

$$\rho_t = Q_c + Q_D + Q_s + Q_w$$

式中　ρ_t——砂浆的理论表观密度值（kg/m^3），应精确至 10 kg/m^3。

（2）根据砂浆的实测表观密度 ρ_c 计算砂浆配合比校正系数 δ：

$$\delta = \frac{\rho_c}{\rho_t}$$

式中　ρ_c——砂浆的实测表观密度值（kg/m^3），应精确至 10 kg/m^3。

（3）当砂浆的实测表观密度值与理论表观密度值之差的绝对值不超过理论值的 2% 时，可将按上述步骤计算所得的试配配合比确定为砂浆设计配合比；当超过 2% 时，应将试配配合比中每项材料用量均乘以校正系数（δ）后，确定为砂浆设计配合比。

【例 5-1】 某混凝土砖砌体工程使用水泥混合砂浆砌筑，砂浆的设计强度等级为 M10，稠度为 50~70 mm。所用原材料为：水泥采用 32.5 级矿渣硅酸盐水泥，强度富余系数为 1.1；砂采用中砂，堆积密度为 1 450 kg/m^3，含水率为 2%；掺合料采用石灰膏，稠度为 100 mm。施工企业施工水平一般。试计算砂浆的配合比。

解：（1）计算试配强度 $f_{m,0}$。

$$f_{m,0} = k f_2$$

式中　$f_2 = 10$ MPa；$k = 1.20$（查表 5-6），得：

$$f_{m,0} = 10 \times 1.20 = 12 \text{（MPa）}$$

（2）计算水泥用量 Q_c。

$$Q_c = \frac{1\,000\,(f_{m,0} - \beta)}{\alpha \cdot f_{ce}}$$

式中　$\alpha = 3.03$、$\beta = -15.09$；$f_{ce} = 32.5 \times 1.1 = 35.75$（MPa）；

$$Q_c = \frac{1\,000 \times (12 + 15.09)}{3.03 \times 35.75} = 250 \text{（kg）}$$

（3）计算石灰膏用量 Q_D。

$$Q_D = Q_A - Q_c$$

式中　$Q_A = 350$ kg，则 $Q_D = 350 - 250 = 100$（kg）

石灰膏稠度为 100 mm，查表 5-1，稠度换算系数为 0.97，$Q_D = 100 \times 0.97 = 97$（kg）

（4）计算砂子用量 Q_s。

$Q_s = 1\,450 \times (1 + 2\%) = 1\,479$（kg）

（5）确定用水量 Q_w。可选取 280 kg，扣除砂中所含水量，拌合用水量为

$Q_w = 280 - 1\,450 \times 2\% = 251$（kg）

（6）砂浆的配合比选用。砂浆试配时各材料的用量比例：

$Q_c : Q_D : Q_s : Q_w = 1 : 0.39 : 5.92 : 1.00$

经试配、调整，最后确定施工所用的砂浆配合比。

第四节　抹面砂浆

凡涂抹在建筑物或建筑构件表面的砂浆，统称为抹面砂浆。根据抹面砂浆功能的不同，可将抹面砂浆分为普通抹面砂浆、装饰砂浆和具有某些特殊功能的抹面砂浆（如防水砂浆、绝热砂浆、吸声砂浆和耐酸砂浆等）。对抹面砂浆要求具有良好的和易性，容易抹成均匀平整的薄层，便于施工。抹面砂浆还应有较高的粘结力，砂浆层应能与底面粘结牢固，长期不致开裂或脱落。处于潮湿环境或易受外力作用部位（如地面和墙裙等），还应具有较高的耐水性和强度。

抹面砂浆的组成材料与砌筑砂浆基本相同，但为了防止砂浆开裂，有时需加入一些纤维材料（如纸筋、麻刀、有机纤维等）；为强化某些功能，还需加入一些特殊集料（如陶砂、膨胀珍珠岩等）。

与砌筑砂浆相比，抹面砂浆具有以下特点：

（1）抹面层不承受荷载。

（2）抹面层与基底层要有足够的粘结强度，使其在施工中或长期自重和环境作用下不脱落、不开裂。

（3）抹面层多为薄层，并分层涂抹，面层要求平整、光洁、细致、美观。

（4）多用于干燥环境，大面积暴露在空气中。

一、普通抹面砂浆

普通抹面砂浆是建筑工程中用量最大的抹面砂浆。其功能主要是保护墙体、地面不受风雨及有害杂质的侵蚀，提高防潮、防腐蚀、抗风化性能，增加耐久性；同时，可使建筑达到表面平整、清洁和美观的效果。

抹面砂浆通常分为两层或三层进行施工。各层砂浆要求不同，因此，每层所选用的砂浆也不一样。一般底层砂浆起粘结基层的作用，要求砂浆应具有良好的和易性和较高的粘结力，因此，底面砂浆的保水性要好，否则水分易被基层材料吸收而影响砂浆的粘结力。基层表面粗糙些有利于与砂浆的粘结。中层抹灰主要是为了找平，有时可省略去不用。面层抹灰主要为了平整、美观，因此选用细砂。

用于砖墙的底层抹灰，多用石灰砂浆；用于板条墙或板条顶棚的底层抹灰，多用混合砂浆或石灰砂浆；混凝土墙、梁、柱、顶板等底层抹灰，多用混合砂浆、麻刀石灰浆或纸筋石灰浆。

在容易碰撞或潮湿的地方，应采用水泥砂浆。如墙裙、踢脚板、地面、雨篷、窗台以及水池、水井等处，一般多用 1：2.5 的水泥砂浆。

二、装饰抹面砂浆

装饰抹面砂浆是用于室内外装饰，以增加建筑物美感为主要目的的砂浆，应具有特殊的表面形式及不同的色彩和质感。

装饰抹面砂浆常以白水泥、石灰、石膏、普通水泥等为胶结材料，以白色、浅色或彩色的天然砂、大理岩及花岗岩的石屑或特制的塑料色粒为集料。

1. 水磨石

水磨石是以大理石石碴、水泥和水，按比例拌合后抹于表层，经养护硬化后，在淋水的同时，用磨石机磨平、抛光而成。

2. 斩假石

斩假石又称剁斧石，多采用细石碴内掺3%的石屑，加水拌合后抹在已做好的底层上，压实、赶平，养护养硬化后用石斧斩毛，而得到的仿石料的表面。

3. 干粘石

干粘石是对水刷石做法的改进，一般采用小八厘石碴略掺石屑，早刚抹好的水泥砂浆面层上，用手工甩抛并及时拍入，而得到的石碴类饰面。

4. 水刷石

水刷石是用较小的大理石石碴、水泥和水拌和，抹在事先做好并硬化的底层上，压实、赶平，待水泥接近凝结前，用毛刷蘸水或用喷雾器喷水，使表面石碴外露而形成的饰面。水泥与石碴的比例，当采用小八厘石碴时为 1∶1.5；中八厘石碴时为 1∶1.25。

5. 拉毛与拉条

拉毛是在抹表层砂浆的同时，用抹刀粘拉起凹凸状的表面；拉条则是用特制的模具拉刮成各种立体的线条。两者一般用于内墙面。

三、防水砂浆

防水砂浆是在水泥砂浆中掺入防水剂配制而成的特种砂浆，是一种抗渗性高的砂浆。防水砂浆层又称刚性防水层，适用于不受振动和具有一定刚度的混凝土或砖石砌体的表面，对于变形较大或可能发生不均匀沉陷的建筑物，都不宜采用刚性防水层。

防水砂浆按其组成，可分为多层抹面水泥砂浆、掺防水剂防水砂浆、膨胀水泥防水砂浆和掺聚合物防水砂浆四类。

常用的防水剂有氯化物金属盐类防水剂、水玻璃类防水剂和金属皂类防水剂等。

防水砂浆的防渗效果在很大程度上取决于施工质量，因此，施工时要严格控制原材料质量和配合比。防水砂浆层一般分四层或五层施工，每层厚约 5 mm，每层在初凝前压实一遍，最后一层要进行压光。抹完后要加强养护，防止脱水过快造成干裂。总之，刚性防水必须保证砂浆的密实性，对施工操作要求高，否则难以获得理想的防水效果。

第五节　其他特种砂浆

一、保温砂浆

保温砂浆又称绝热砂浆，是以水泥为胶结料，以粒状轻质保温材料为集料，加水拌和而成。保温砂浆具有轻质、保温隔热、吸声等性能，其导热系数为 $0.07 \sim 0.10$ W/（m·K），常用于工程中的现浇保温层、隔热层。

保温砂浆宜采用普通硅酸盐水泥，水泥与轻细集料的体积比约为 1：12，水胶比为 0.58～0.65。做好的保温层平面，应以 1：3 水泥砂浆找平。

常用的保温砂浆有水泥膨胀珍珠砂浆、水泥膨胀蛭石砂浆和水泥石灰膨胀蛭石砂浆等。随着国内节能减排工作的推进，涌现出众多新型墙体保温材料，其中 EPS（聚苯乙烯）颗粒保温砂浆就是一种得到广泛应用的新型外保温砂浆，其采用分层抹灰的工艺，最大厚度可达 100 mm，此砂浆保温、隔热、阻燃、耐久。

二、吸声砂浆

一般绝热砂浆是由轻质多孔集料制成的，都具有吸声性能。另外，也可以用水泥、石膏、砂、锯末按体积比为 1：1：3：5 配制成吸声砂浆，或在石灰、石膏砂浆中掺入玻璃纤维和矿棉等松软纤维材料制成。吸声砂浆主要用于室内墙壁和平顶。

三、聚合物水泥砂浆

水泥砂浆在拌合物中加入聚合物乳液后，均称为聚合物水泥砂浆。目前，常采用的聚合物有 108 胶、聚醋酸乙烯乳液、不饱和聚酯（双酚 A 型）、环氧树脂等。

聚合物水泥砂浆，多用于提高装饰砂浆的粘结力、填补混凝土构件的裂缝、抹制耐磨耐蚀的面层。

复习思考题 \\\\

一、判断题

1. 在强度等级要求较低的砌体中，可以用黏土作为主要的砂浆胶结材料。 （ ）

2. 冬期施工采用热水搅拌时，水温不得超过 30 ℃。 （ ）

3. 砂浆拌合物保水性指标，以分层度表示。 （ ）

4. 当同一验收批只有一组试块时，该组试块抗压强度的平均值，必须大于或等于设计强度等级所对应的立方体抗压强度。 （ ）

5. 保温砂浆宜采用火山灰质水泥。 （ ）

6. 设计试件的质量损失率不大于 5%，抗压强度的损失率不大于 25%。 （ ）

二、单项选择题

1. 采用加热法拌和时，砂的温度不得超过（ ）℃。
   A. 40 B. 50 C. 60 D. 70

2. 砂浆的分层度不宜大于（ ）mm。
   A. 60 B. 50 C. 40 D. 30

3. 砂浆的粘结力与（ ）有关。
   A. 浆集比 B. 水胶比 C. 砂浆强度 D. 水泥用量

4. 砌筑砂浆的配合比，采用（ ）。
   A. 水胶比 B. 质量比 C. 浆集比 D. 体积比

5. 抹面砂浆的配合比，采用（ ），多为经验配合比。
   A. 体积比 B. 质量比 C. 水胶比 D. 浆集比

6. 抹面砂浆中中层砂浆的主要作用是（　　　）。

    A. 粘结   B. 保温   C. 防水   D. 找平

三、多项选择题

1. 按砂浆在建筑工程中的主要作用，可分为（　　　）。

    A. 普通砂浆   B. 高强度砂浆   C. 抹面砂浆   D. 砌筑砂浆

2. 确定砂浆配合比的原则，都是为了满足（　　　）。

    A. 防水性   B. 和易性   C. 强度耐久性   D. 经济的原则

3. 为保证抹灰层表面平整，避免开裂脱落，抹面砂浆通常以（　　　）分层抹实。

    A. 底层   B. 中层   C. 面层   D. 表层

4. 常用的防水剂分为（　　　）。

    A. 硅酸钠类   B. 磷酸盐类   C. 氯化物金属盐类   D. 金属皂类

5. 粘结力的大小，将影响砌体的（　　　）。

    A. 抗剪强度   B. 耐久性   C. 稳定性   D. 抗震能力

6. 聚合物水泥砂浆常采用的聚合物不包括（　　　）。

    A. 108 胶   B. 聚醋酸乙烯乳液

    C. 不饱和聚酯   D. 聚氯乙烯

四、简答题

1. 建筑砂浆具有哪些基本性质？

2. 砂浆的和易性包括什么？可以用什么方法进行检测？检测结果用什么指标表示？

3. 某工厂夏秋季需配制 M7.5 的水泥石混合砂浆砌筑砖墙，采用 42.5 级普通水泥，中砂（含水率小于 0.5%），砂的堆积密度为 1 450 kg/m³，请问砂浆的配合比是多少？

第六章

建筑钢材

钢材是应用最广泛的一种金属材料，也是最重要的建筑材料之一，在工程结构中有广泛应用，其主要用在钢结构和钢筋混凝土结构中。建筑钢材通常可分为钢结构用钢和钢筋混凝土结构用钢筋。

钢结构用钢主要有普通碳素结构钢和低合金结构钢。品种有型钢、钢管和钢筋。型钢中有角钢、工字钢和槽钢。

钢筋混凝土结构用钢筋，按加工方法可分为热轧钢筋、热处理钢筋、冷拉钢筋、冷拔低碳钢丝和钢绞线等；按表面形状可分为光面钢筋和带肋钢筋；按钢材品种可分为低碳钢、中碳钢、高碳钢和合金钢等。我国钢筋按强度，可分为 HPB300、HRB335、HRB400、RRB500 等级别。

与无机非金属材料相比，钢材具有许多显著优点：材质均匀、致密，各向强度均高，塑性与韧性都好，以及易于加工和牢固连接等。但钢材最大的缺点是易腐蚀和耐火性差，因此，在建筑工程应用中，必须采用各种有效的措施加以避免。

第一节　钢材的基本知识

一、钢材的生产

钢铁的基本生产过程，是首先获得铁矿石和焦煤等原料，然后把它们在炼铁高炉内炼制成生铁；下一步以生铁为原料，用不同的炼钢炉冶炼成钢；钢要铸成钢锭或铸坯形状，再送到轧钢机进行轧制加工，或者经过锻造，最终成为可用的各种形状钢材。

1. 铁矿石开采和加工

从地球诞生的那一天开始，铁元素凝聚成的矿藏非常不均衡地分布于世界各地。

铁元素是以化合物的状态存在于自然界中，尤其是以氧化物的状态存在量特别多。在理论上来说，凡是含有铁元素或铁化合物的矿石都可以叫作铁矿石。但是在工业上或者商业上来说，铁矿石不但是要含有铁的成分，而且必须有比较高的铁含量，才有利用的价值。

有较好冶炼性能和利用价值的，主要是赤铁矿和磁铁矿两种。呈暗红色或棕色的是赤铁矿，它的主要成分为三氧化二铁（Fe_2O_3），相对密度大约为 5.26，多数含铁在 70% 以下，含氧多于 30%，是最主要的铁矿石种类。呈黑灰色或夹杂金属光泽的是磁铁矿，它的主要成分为四氧化三铁（Fe_3O_4），相对密度大约为 5.15，理论最高含铁可达 72.4%，含氧最少 27.6%，具有磁性，也是主要的铁矿石种类。

有的铁矿石埋藏浅，采用露天开采，开采成本相对低一些。有些埋藏深的铁矿石只能用井下巷道开采，与采掘地下煤炭的方法相类似。但是世界上含铁达到 66% 以上的矿石不多，很多铁矿的"品位"（也就是含铁量）较低，可能也就是 30%～50%，原矿石里的杂质含量太高，是不能直接用于炼铁的。因此，为了提高矿石原料中的含铁量，要利用机械设备去除部分杂质，进一步富集含铁的成分，这就是要进行"破碎"和"选矿"，其中的选矿环节都要大量用水。

2. 采煤炼焦炭

现在世界上 95% 以上的钢铁生产，还在使用 300 年前英国人达比发明的焦炭炼铁方法，因此炼铁要有焦炭，主要是作燃料用，同时焦炭也是还原剂，没有它就不能从铁的氧化物里置换出铁。

焦炭不是矿物，而是要用特定的几种煤混合"炼制"出来，一般的配比是肥煤 25%～30%，焦煤 30%～35%，然后装入炼焦炉里炭化 12～24 h 后，形成坚硬多孔的焦炭。焦炭外观与煤还是有几分相像的，但是它的热值很高，比煤纯净，几乎就是纯碳，而且密度要比煤小一半以上，因为绝大部分杂质都被清除掉了。

3. 高炉炼铁

高炉炼铁是将铁矿石与燃料（主要为焦炭）、配料（石灰石等），在高炉中熔化，使它在高温状态下发生还原反应，还原出基本是以铁元素为主的、含部分碳的"生铁"，也就是铁水。铁水注入铁水包，运输去炼钢厂或送到铸铁机。如果铁水不直接送去炼钢，还可以铸造成生铁块，储存或到市场上销售。

4. 炼铁成钢

铁与钢性质上的根本区别，就是含碳量，含碳量低于 2% 才是真正的"钢"。通常所说的"炼钢"就是在高温冶炼过程中使生铁脱碳，把铁变成钢。常用的炼钢设备是转炉、电炉或平炉。转炉炼钢的原料包括 85% 左右的铁水、10%～15% 的废钢两类，再吹进氧气助燃，不用加任何燃料，依靠炽热铁水自身的物理热能很短时间内就把钢炼好。而电炉炼钢要依靠外部的能源（电能）加热熔化废钢和生铁块，它不用铁水炼钢。平炉炼钢指的是在配备蓄热室的火焰炉内，以废钢和生铁为原料冶炼和生产液态钢的炼钢方法。

在铸锭冷却过程中，由于钢内某些元素在铁的液相中的溶解度大于固相，这些元素便向凝固较迟的钢锭中心集中，导致化学成分在钢锭中分布不均匀，这种现象称为化学偏析，其中以硫、磷偏析最为严重。偏析会严重降低钢材质量。

在冶炼钢的过程中，由于氧化作用使部分铁被氧化成 FeO，使钢的质量降低，因而在炼钢后期精炼时，需在炉内或钢包中加入锰铁、硅铁或铝锭等脱氧剂进行脱氧，脱氧剂与 FeO 反应生成 MnO_2、SiO_2 或 Al_2O_3 等氧化物，它们成为钢渣而被除去。

二、钢材的组织结构

钢是由无数的微细晶粒组成的，铁和碳的结合方式不同，形成的晶体组织也不尽相同，从而钢材便显现出不同的性能。钢中碳原子和铁原子的基本结合方式有固溶体、化合物和机械混合物三种，以下是钢的几种基本晶体组织结构。

1. 铁素体（F）

铁素体是碳在 α 铁（$\alpha-Fe$）中的固溶体，呈体心立方晶格。溶碳能力很小，最大为 0.021 8%；硬度和强度很低，硬度为 80～120 HB，$\sigma_b=250$ MPa；而塑性和韧性很好，$\delta=50\%$，$\varphi=70\%～80\%$。因此，含铁素体多的钢材（软钢）可用来制作可压、挤、冲板与耐冲击振动的机件。这类钢有超低碳钢，如 0Cr13、1Cr13、硅钢片等。

2. 奥氏体（A）

奥氏体是碳在 γ 铁（$\gamma-Fe$）中的固溶体，呈面心立方晶格。最高溶碳量为 2.11%。在一般情况下，具有高的塑性，但强度和硬度低，硬度为 170～220 HB。奥氏体组织除了在高温转变时产生以外，在常温时也存在于不锈钢、高铬钢和高锰钢中，如奥氏体不锈钢等。

3. 渗碳体（C）

渗碳体是铁和碳的化合物（Fe_3C），呈复杂的八面体晶格。由于含碳量为 6.67%，硬度很高，70～75 HRC，耐磨，但脆性很大，所以渗碳体不能单独应用，总是与铁素体混合在一起。碳在铁中溶解度很小，因此，在常温下，钢铁组织内大部分的碳都是以渗碳体或其他碳化物形式出现。

4. 珠光体（P）

珠光体是铁素体片和渗碳体片交替排列的层状显微组织，是铁素体与渗碳体的机械混合物（共析体）。是过冷奥氏体进行共析反应的直接产物。其片层组织的粗细随奥氏体过冷程度不同，过冷程度越大，片层组织越细，性质也不同。奥氏体约在 600 ℃分解成的组织称为细珠光体（有的叫一次索氏体），在 500～600 ℃分解转变成用光学显微镜不能分辨的片层状的组织称为极细珠光体（有的称为一次屈氏体），它们的硬度较铁素体和奥氏体高。正火后的珠光体比退火后的珠光体组织细密，弥散度大，故其力学性能较好，但其片状渗碳体在钢材承受荷载时会引起应力集中，故不如索氏体。

5. 莱氏体（L）

莱氏体是奥氏体和渗碳体的共晶混合物，铁合金溶液含碳量在 2.11% 以上时，缓慢冷却到 1 130 ℃便凝固出高温莱氏体 L_d，由渗碳体与莱氏体组成。当温度到达共析温度，莱氏体中的奥氏体转变为珠光体，此时莱氏体称为低温莱氏体 L_d。因此，在 723 ℃以下莱氏体是珠光体与渗碳体的机械混合物（共晶混合物）。莱氏体硬（>700 HB）而脆，是一种较粗的组织，不能进行压力加工，如白口铁。在铸态含有莱氏体组织的钢有高速工具钢和 Cr12 型高合金工具钢等。这类钢一般具有较大的耐磨性和较好切削性。

6. 淬火马氏体（M）

淬火马氏体是碳在 $\alpha-Fe$ 中的过饱和固溶体，显微组织呈针叶状，淬火后得到的不稳定组织。具有很高的硬度，而且随含碳量增加而提高，但含碳量超过 0.6% 后硬度值基本不变，如含碳量为 0.8% 的马氏体，硬度约为 65 HRC，冲击韧性很低，脆性很大，断后伸长率和断面收缩率几乎等于零。奥氏体晶粒越大，马氏体针叶越粗大，则冲击韧性越低；淬火温度越低，奥氏体晶粒越细，得到的马氏体针叶非常细小，即无针状马氏体组织，其冲击韧性越高。

7. 回火马氏体

回火马氏体是与淬火马氏体硬度相近，而脆性略低的黑色针叶状组织。淬火钢重新加热至 150~250 ℃ 回火获得的组织。硬度一般只比淬火马氏体低 1~3 HRC，但其内应力比淬火马氏体小。

8. 索氏体 (S)

索氏体是铁素体和较细的粒状渗碳体组成的组织。淬火钢重新加热至 500~680 ℃ 回火后获得的组织。与细珠光体相比，在强度相同的情况下塑性及韧性都高，随回火温度提高，硬度和强度降低，冲击韧性提高。其硬度为 23~35 HRC。综合力学性能比较好。索氏体有的叫二次索氏体或回火索氏体。

9. 屈氏体 (T)

屈氏体是铁素体和更细的粒状渗碳体组成的组织。淬火钢重新加热至 350~450 ℃ 回火后获得的组织。它的硬度和强度虽然比马氏体低，但因其组织很致密，仍具有较高的硬度和强度，并有比马氏体好的韧性和塑性，硬度约为 35~45 HRC。屈氏体有的称为二次屈氏体和回火屈氏体。

10. 下贝氏体 (B)

下贝氏体的显微组织呈黑色针状形态，其中的铁素体呈针状，而碳化物呈极细小的质点以弥散状分布在针状铁素体内。它过冷奥氏体在 240~400 ℃ 等温转变后的产物，具有较高的硬度（为 40~55 HRC）、良好的塑性和很高的冲击韧性，其综合力学性能比索氏体更好，因此，在要求较大的塑性、韧性和高强度相配合时，其常以含有适当的合金元素的中碳结构钢等温淬火，获得贝氏体以改善钢的力学性能，并减少内应力和变形。

11. 低碳马氏体

低碳钢或低合金经淬火、低温回火获得板条状低碳马氏体组织。其具有高强与良好的塑性、韧性相结合的特点（$\sigma_b = 1\ 200 \sim 1\ 600$ MPa，$\sigma_{0.2} = 1\ 000 \sim 1\ 300$ MPa，$\delta_5 \geqslant 10\%$，$\psi \geqslant 40\%$，$\alpha_k \geqslant 60$ J/cm^2）；同时，还有低的冷脆转化温度（$\leqslant -60$ ℃）；在静荷载、疲劳及多次冲击荷载下，其缺口敏感性都较低。低碳马氏体状态的 20SiMn2MoVA 的综合力学性能，比中碳合金等温淬火获得的贝氏体更好，保持了低碳钢的工艺性能，但切削加工较难。

三、钢材的化学组成

钢材的主要组成成分是铁、碳，还有某些合金元素和杂质存在。钢材中主要元素及其对钢材性能的影响如下：

碳（C）：钢中含碳量增加，屈服点和抗拉强度升高，但塑性和冲击性降低，当含碳量超过 0.23% 时，钢的焊接性能变坏，因此用于焊接的低合金结构钢，含碳量一般不超过 0.20%。含碳量高还会降低钢的耐大气腐蚀能力，在露天料场的高碳钢就易锈蚀；此外，碳能增加钢的冷脆性和时效敏感性。

硅（Si）：在炼钢过程中加硅作为还原剂和脱氧剂，因此，镇静钢含有 0.15% ~ 0.30% 的硅。如果钢中含硅量超过 0.50%，硅则属于合金元素。硅能显著提高钢的弹性极限，屈服点和抗拉强度，故广泛用于作弹簧钢。在调质结构钢中加入 1.0% ~ 1.2% 的硅，强度可提高 15% ~ 20%。硅和钼、钨、铬等结合，有提高抗腐蚀性和抗氧化的作用，可制造耐热钢。含硅 1% ~ 4% 的低碳钢，具有极高的磁导率，用于电器工业做硅钢片。含硅量增加，会降低钢的焊接性能。

锰（Mn）：在炼钢过程中，锰是良好的脱氧剂和脱硫剂，一般钢中含锰量为 0.30% ~ 0.50%。在碳素钢中加入 0.70% 以上时就"锰钢"。含锰量高的钢不但有足够的韧性，且有较高的强度和硬度，提高钢的淬性，改善钢的热加工性能，如 16Mn 钢比 A3 钢屈服点高 40%。含锰量为 11% ~ 14% 的钢有极高的耐磨性，用于挖土机铲斗，球磨机衬板等。含锰量增高，减弱钢的抗腐蚀能力，降低了其焊接性能。

磷（P）：在一般情况下，磷是钢中有害元素，其含量增加钢的冷脆性变大，使焊接性能变坏，降低塑性，使冷弯性能变坏。因此，通常要求钢中含磷量小于 0.045%，优质钢要求更低些。

硫（S）：硫在通常情况下也是有害元素。因此，其含量增加使钢产生热脆性，降低钢的延展性和韧性，在锻造和轧制时造成裂纹。硫对钢的焊接性能也不利，降低耐腐蚀性。因此，通常要求硫含量小于 0.055%，优质钢要求小于 0.040%。在钢中加入 0.08% ~ 0.20% 的硫，可以改善其切削加工性，通常称易切削钢。

铬（Cr）：在结构钢和工具钢中，铬能显著提高钢的强度、硬度和耐磨性，但同时降低其塑性和韧性。铬又能提高钢的抗氧化性和耐腐蚀性，因而是不锈钢、耐热钢的重要合金元素。

镍（Ni）：镍能提高钢的强度，而又保持良好的塑性和韧性。镍对酸碱有较高的耐腐蚀能力，在高温下有防锈和耐热能力。但由于镍是较稀缺的资源，故应尽量采用其他合金元素代用。

钼（Mo）：钼能使钢的晶粒细化，提高淬透性和热强性能，在高温时保持足够的强度和抗蠕变能力（长期在高温下受到应力，发生变形，称为蠕变）。在结构钢中加入钼，能提高其机械性能，还可以抑制合金钢由于火而引起的脆性。

钛（Ti）：钛是钢中强脱氧剂。它能使钢的内部组织致密，细化晶粒力；降低时效敏感性和冷脆性。改善焊接性能。在 18Cr9Ni 奥氏体不锈钢中加入适当的钛，可避免晶间腐蚀。

钒（V）：钒是钢的优良脱氧剂。在钢中加 0.5% 的钒可细化组织晶粒，提高其强度和韧性。钒与碳形成的碳化物，在高温高压下可提高抗氢腐蚀能力。

钨（W）：钨熔点高，密度大，是贵重的合金元素。钨与碳形成碳化钨有很高的硬度和耐磨性。在工具钢加钨，可显著提高其红硬性和热强性，作切削工具及锻模具用。

铌（Nb）：铌能细化晶粒和降低钢的过热敏感性及回火脆性，提高强度，但塑性和韧性有所下降。在普通低合金钢中加铌，可提高抗大气腐蚀及高温下抗氢、氮、氨腐蚀能力。铌可改善焊接性能。在奥氏体不锈钢中加铌，可防止晶间腐蚀的现象。

钴（Co）：钴是稀有的贵重金属，多用于特殊钢和合金中，如热强钢和磁性材料。

铜（Cu）：铜能提高钢的强度和韧性，特别是大气腐蚀性能。其缺点是在热加工时容易产生热脆，铜含量超过0.5%时，其塑性显著降低。当铜含量小于0.50%时，对焊接性无影响。

铝（Al）：铝是钢中常用的脱氧剂。钢中加入少量的铝，可细化晶粒，提高冲击韧性。铝还具有抗氧化性和抗腐蚀性能，铝与铬、硅合用，可显著提高钢的高温不起皮性能和耐高温腐蚀的能力。铝的缺点是影响钢的热加工性能、焊接性能和切削加工性能。

硼（B）：钢中加入微量的硼就可改善钢的致密性和热轧性能，提高强度。

氮（N）：氮能提高钢的强度，低温韧性和焊接性，增加时效敏感性。

稀土（Xt）：稀土元素是指元素周期表中原子序数为57~71的15个镧系元素。这些元素都是金属，但它们的氧化物很像"土"，所以习惯上称稀土。钢中加入稀土元素，可以改变钢中夹杂物的组成、形态、分布和性质，从而改善了钢的各种性能，如韧性、焊接性、冷加工性能。在犁铧钢中加入稀土元素，可提高其耐磨性。

四、钢材的分类

1. 按化学成分分类

（1）碳素钢：低碳钢（含碳量<0.25%），中碳钢（含碳量0.25%~0.6%），高碳钢（含碳量>0.6%）。

（2）合金钢：低合金钢（合金元素含量<5%），中合金钢（合金元素含量5%~10%），高合金钢（合金元素含量>10%）。

2. 钢材按品质分类

（1）普通钢（P≤0.045%，S≤0.050%）。

（2）优质钢（P、S均≤0.035%）。

（3）高级优质钢（P≤0.035%，S≤0.030%）。

3. 钢材按脱氧程度分类

钢材按脱氧程度分类，可分为沸腾钢、镇静钢、特殊镇静钢。

4. 按用途分类

（1）建筑及工程用钢：普通碳素结构钢、低合金结构钢、钢筋钢。

（2）钢结构用钢：机械制造用钢、建筑用结构钢。

（3）工具钢：碳素工具钢、合金工具钢、高速工具钢。

（4）特殊性能钢：不锈耐酸钢、耐热钢、电热合金钢、耐磨钢、低温用钢、电工用钢等。

（5）专业用钢：桥梁用钢、船舶用钢、锅炉用钢、压力容器用钢、农机用钢等。

第二节 建筑钢材的主要技术性能

钢材的主要性能包括力学性能和工艺性能。其中，力学性能是钢材最重要的使用性能，包括拉伸性能、冲击性能、疲劳性能等。工艺性能表示钢材在各种加工过程中的行为，包括弯曲性能和焊接性能等。

一、抗拉性能

抗拉性能是建筑钢材最主要的技术性能。通过拉伸
试验可以测得钢材的屈服强度、抗拉强度和伸长率等技
术性能指标。建筑钢材的抗拉性能可用低碳钢受拉时的
应力-应变图（见图6-1）来表示。从图中可以看出，低
碳钢的拉伸分为四个阶段，并且可以由此确定其强度、
塑性等力学性能指标。

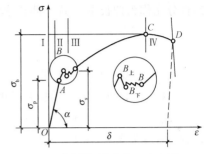

图6-1　低碳钢的应力－应变图

1. 弹性阶段

图6-1中 OA 段为弹性阶段。在 OA 段范围内，随着荷载的增加，应变随应力线性增加。
在该阶段任意一点卸去荷载，变形消失，试件将恢复原状，表现为弹性变形。与 A 点相对应
的应力为弹性极限，用 σ_p 表示。在这一范围内，应力与应变的比值为常数，称为弹性模量，
用 E 表示（$E = \sigma/\varepsilon$）。弹性模量能反映钢材的刚度，即钢材在外力作用下抵抗变形的能力，
是钢材在受力条件下计算结构变形的重要指标。常用低碳钢的弹性模量 E 为 $(2.0 \sim 2.1) \times$
10^5 MPa，弹性极限 σ_p 为 $180 \sim 200$ MPa。

2. 屈服阶段

图6-1中 AB 段为屈服阶段。在 AB 曲线范围内，应力与应变不成比例增加，开始产生塑
性变形。应变增加的速度大于应力增长速度，钢材抵抗外力的能力发生"屈服"了。图中，
$B_上$ 点是这一阶段应力最高点，称为屈服上限，$B_下$ 点为屈服下限。因 $B_下$ 比较稳定易测，故
一般以 $B_下$ 点对应的应力作为屈服点，用 σ_s 表示。常用低碳钢的 σ_s 为 $195 \sim 300$ MPa。钢材
受力达屈服点后，变形即迅速发展，尽管尚未破坏但已不能满足使用要求，故设计中一般以
屈服点作为强度取值依据。

3. 强化阶段

图6-1中 BC 段为强化阶段。过 B 点后，抵抗塑性变形的能力又重新提高，变形发展迅
速，随着应力的提高而增强。对应于最高点 C 的应力，称为抗拉强度，用 σ_b 表示。常用低
碳钢的 σ_b 为 $385 \sim 520$ MPa。抗拉强度不能直接利用，但屈服点与抗拉强度的比值（屈强比
σ_s/σ_b）能反映钢材的安全可靠程度和利用率。屈强比越小，表明材料的安全性和可靠性越
高，结构越安全。但屈强比过小，则钢材有效利用率太低，造成浪费。常用碳素钢的屈强比
为 $0.58 \sim 0.63$，合金钢为 $0.65 \sim 0.75$。

4. 颈缩阶段

图6-1中 CD 段为颈缩阶段。试件受力达到最高点后，材料变形迅速增大，而应力反而
下降。试件在拉断前，于薄弱处截面显著缩小，产
生"颈缩"现象，直至断裂。

将拉断后的试件拼接，如图6-2所示，可测得表
示钢材塑性的指标。塑性表示钢材在外力作用下发
生塑性变形而不破坏的能力，它是钢材的一个重要
性指标。钢材塑性用伸长率或断面收缩率表示。试
件拉断后标距的伸长量（$l_1 - l_0$）与原始标距（l_0）

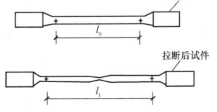

图6-2　试件拉伸前和拉断后标距长度

的百分比称为伸长率（δ）。伸长率的计算公式如下：

$$\delta = \frac{l_1 - l_0}{l_0} \times 100\%$$

式中　l_0——试件的原始标距（mm）；

　　　l_1——试件拉断后的标距长度（mm）。

　　伸长率是评价钢材塑性的指标，其值越大，说明钢材越软。在测定伸长率时，标距的大小对结果影响严重，因此规定长试件的标距为 10 倍直径，短试件为 5 倍直径。测得的伸长率，分别以 δ_{10} 和 δ_5 表示。线材的伸长率，多采用定标距为 100 mm，结果应以 δ_{100} 表示。

　　中碳钢与高碳钢（硬钢）拉伸时的应力-应变曲线与低碳钢不同，其抗拉强度高，无明显屈服现象，伸长率小，断裂时呈脆性破坏，其应力-应变曲线如图 6-3 所示。这类钢材由于不能直接测定其屈服点，因而以产生达到原始标距 0.2% 的残余变形时应力值作为名义屈服点，也称条件屈服点，用 $\sigma_{0.2}$ 表示。

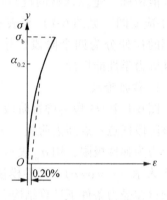

图 6-3　中碳钢、高碳钢的
应力-应变曲线

二、冲击韧性

　　钢材的冲击韧性，指钢材抵抗冲击荷载的能力，是以标准试件在弯曲冲击试验（见图 6-4）时，每平方厘米所吸收的冲击断裂功表示，其公式如下：

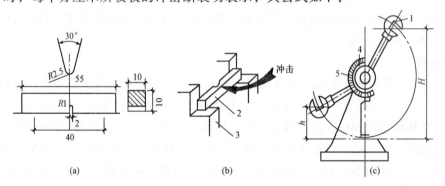

图 6-4　冲击韧性试验

（a）试件尺寸；（b）试验装置；（c）试验机

1—摆锤；2—试件；3—试验台；4—刻度盘；5—指针

H—摆锤扬起高度；h—摆锤向后摆动高度

$$\alpha_k = \frac{mg(H-h)}{A}$$

式中　α_k——冲击韧性（J/cm^2）；

　　　m——摆锤质量（m/s^2）；

　　　g——重力加速度，取 9.81 m/s^2；

A——试件槽口处断面面积（cm^2）。

α_k 越大，冲击韧性越好，即其抵抗冲击作用的能力越强，脆性破坏的危险性越小。一般把 α_k 低的材料称为脆性材料，α_k 高的材料称为韧性材料。

α_k 取决于材料及其状态，同时与试样的形状、尺寸有很大关系。α_k 对材料的内部结构缺陷、显微组织的变化很敏感，如夹杂物、偏析、气泡、内部裂纹、钢的回火脆性、晶粒粗化等都会使 α_k 明显降低；同种材料的试样，缺口越深、越尖锐，缺口处应力集中程度越大，越容易变形和断裂，冲击功越小，材料表现出来的脆性越高。因此，不同类型和尺寸的试样，其 α_k 不能直接比较。

试验表明，钢材的冲击韧性，会随温度的降低而明显减小，当降低至一定负温范围时，能呈现脆性，即所谓冷脆性，这时的温度称为脆性转变温度，脆性转变温度越低，钢材的低温冲击韧性越好，如图 6-5 所示。在负温下使用的钢材，不仅要保证常温下的冲击韧性，通常还要规定测 0 ℃、–20 ℃、–40 ℃的冲击韧性。

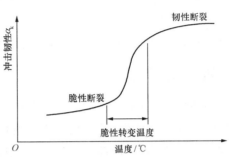

图 6-5　钢材冲击韧性和温度的关系

钢材随使用时间的延长，其强度和硬度提高，塑性和韧性下降的现象称为时效。时效的完成时间可持续数十年。钢材若经过受冷加工变形，或使用中经受振动或反复荷载作用，时效可迅速发展。因时效而导致钢材性能变化的程度称为时效敏感性。时效敏感性越大的钢材，经过时效作用以后，其冲击韧性和塑性下降越明显。因此，对于承受动荷载的结构物，例如，桥梁等，应选用时效敏感性较弱的钢材。

三、硬度

硬度一般理解为金属表面局部体积内抵抗更硬物体压入而引起塑性变形的抗力。硬度越高，即表明金属抵抗塑性变形能力越大，金属产生塑性变形越困难。实际工作中，常用的硬度测定方法有布氏法、洛氏法和维氏法三种，较常用的是布氏法。

布氏硬度试验（见图 6-6）是指用一定大小的荷载 P 把直径为 D 的淬火钢球压入被测金属材料表面，保持一段时间后卸除荷载。荷载 P 与压痕表面积 F 的比值即布氏硬度值，记作 HB，单位为 MPa。

$$HB = \frac{2P}{\pi D\left(D - \sqrt{D^2 - d^2}\right)}$$

式中　D——钢球直径（mm）；

　　　d——压痕直径（mm）；

　　　P——压入荷载（N）。

一般来说，布氏硬度值越小，材料越软，其压痕直径越大；布氏硬度值越大，材料越硬，其压痕直径越小。

在测定前应根据试件厚度和估计的试件硬度范围，按试验方法的规定选定钢球直径、所加荷载及荷载持续时间。布氏法适用于 HB < 450 的钢材，测定时所得压痕直径应在 $0.25D < d <$

0.6D 范围内，否则测定结果不准确。当被测材料硬度 HB > 450 时，钢球本身将发生较大变形甚至破坏，应采用洛氏法测定其硬度。布氏法测定结果比较准确，但压痕较大，不适宜用于成品检验，而洛氏法压痕小，它是以压头压入试件的深度来表示硬度值的，常用于判断钢材的热处理效果。

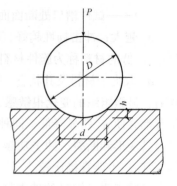

图 6-6　布氏硬度试验原理

材料的硬度是材料弹性、塑性、强度和韧性等性能的综合反映。试验证明，碳素钢的 HB 与其抗拉强度 σ_b 之间就有较好的相关关系。当 HB < 175 时，$\sigma_b \approx 3.6$HB；当 HB > 175 时，$\sigma_b \approx 3.5$HB。根据这些关系，可以在钢结构原位上测出钢材的 HB，来估算钢材的抗拉强度，而不破坏钢结构本身。

四、耐疲劳性

钢材在交变荷载（方向、大小循环变化的力）的反复作用下，往往在应力远小于其抗拉强度时就发生破坏，这种现象称为钢材的疲劳破坏。试验证明，钢材承受的交变应力 σ 越大，则钢材至断裂时经受的交变应力循环次数 N 越少；反之，越多。当交变应力降低至一定值时，钢材可经受交变应力循环达无限次而不发生疲劳破坏。通常，取交变应力循环次数为某一固定值（如 $N = 10^7$）时试件不发生破坏的最大应力值 σ_r 作为其疲劳极限，如图 6-7 所示。钢材的疲劳破坏一般是由拉应力引起的，首先在局部开始形成细小裂纹，随后由于微裂纹尖端的应力集中而使其逐渐扩大，直至突然发生瞬时疲劳断裂。从断口可以明显地区分出疲劳裂纹扩展区和瞬时断裂区。

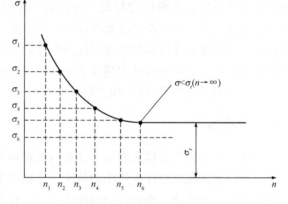

图 6-7　疲劳破坏曲线图

一般来说，钢材的抗拉强度高，其疲劳极限也较高。钢材的内部组织结构、成分偏析及其他缺陷是决定其疲劳性能的主要因素。同时，由于疲劳裂纹是在应力集中处形成和发展的，故钢材的截面变化、表面质量及内应力大小等可能造成应力集中的因素都与其疲劳极限有关。例如，钢筋焊接接头的卷边和表面微小的腐蚀缺陷，都可使疲劳极限显著降低。当疲劳条件与腐蚀环境同时出现时，可促使局部应力集中的出现，大大增加了疲劳破坏的危险性。

五、冷弯性

钢材的冷弯性能指标用试件在常温下能承受的弯曲程度表示。弯曲程度通过试件被弯曲的角度和弯心直径对试件的厚度的比值来区分，如图 6-8 所示。试件采用的弯曲角度越大，弯心直径对试件厚度的比值越小，表示对冷弯性能的要求越高。冷弯试验试件的弯曲处会产生不均匀塑性变形，能在一定程度上揭示钢材是否存在内部组织的不均匀、内应力、夹杂物、未熔合和微裂纹等缺陷。因此，冷弯性能能反映钢材的冶炼质量和焊接质量。试验表明，当检验试件弯曲处的外拱面和两侧面无裂纹、起层和断裂现象时，表明钢材冷弯性能合格。

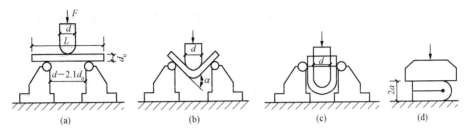

图6-8　钢材冷弯试验

（a）试件安装；（b）弯曲90°；（c）弯曲180°；（d）弯曲至两面重合

六、焊接性

焊接性是指材料在规定的施焊条件下，焊接成设计要求所规定的构件并满足预定使用要求的能力。焊接性好的金属，焊接接头不易产生裂纹、气孔和夹渣缺陷，而且有较高的力学性能。

焊接性受材料、焊接方法、构件类型及使用要求四个因素的影响。焊接性主要包括使用焊接性、工艺焊接性、冶金焊接性和热焊接性。通常，把材料在焊接时形成裂纹的倾向及焊接接头处性能变坏的倾向，作为评价材料焊接性能的主要指标。焊接性的好坏与材料的化学成分及采用的工艺有关。在常用钢材的焊接中，对焊接性影响最大的是碳，故常把钢中碳含量的多少作为判别钢材焊接性的主要标志，含碳量越高，其焊接性越差。一般来说，低碳钢的焊接性能优良，高碳钢的焊接性能较差；铸铁的焊接性能更差。合金元素对焊接性能也将产生一定的影响，所以合金钢的焊接性比非合金钢差。收缩率小的金属焊接性比较好。

分析焊接性的目的，在于了解一定的材料在指定的焊接工艺条件下可能出现的问题，以确定焊接工艺的合理性或材料的改进方向。因此，必须对焊接过程中的材料（母材、焊材）和焊接接头区（焊缝、熔合区和热影响区）的成分、组织和性能，包括工艺参数的影响和焊后接头区的使用性能等，进行系统的研究。

第三节　钢材的冷加工及热处理

一、钢材的冷加工

将钢材在常温下进行冷拉、冷拔或冷轧，使其产生塑性变形，从而提高强度，但钢材的塑性和韧性则有所降低，这个过程称为钢筋的冷加工强化处理。

冷拉是将热轧钢筋用冷拉设备进行张拉，拉伸至产生一定的塑性变形后，卸去荷载，如图6-9所示。冷拉参数的控制直接关系到冷拉效果和钢材质量。一般来说，钢筋冷拉仅控制冷拉率，称为单控。对用作预应力的钢筋，须采用双控，即既控制冷拉应力又控制冷拉率。冷拉时，当拉至控制应力时可以未达控制冷拉率；反之，钢筋则应降级使用。钢筋冷拉后，屈服强度可提高20%~30%，可节约钢材10%~20%，钢材经冷拉后屈服阶段缩短，伸长率降低，材质变硬。

冷拔是将光圆钢筋通过硬质合金拔丝模孔强行拉拔，如图6-10所示。每次拉拔断面缩小应在10%以内。钢筋在冷拔过程中，不仅受拉，同时还受到挤压作用，因而冷拔的作用比纯冷拉作用强烈。经过一次或多次冷拔后的钢筋，表面光滑，屈服强度可提高40%~60%，但塑性大大地降低，具有硬钢的性质。

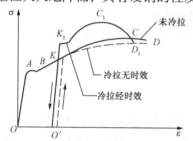

图6-9 钢筋冷拉时效后应力—应变曲线

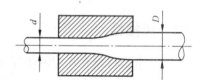

图6-10 钢筋冷拔示意图

二、钢材的时效处理

时效处理是指金属或合金工件（如低碳钢等）经固溶处理，从高温淬火或经过一定程度的冷加工变形后，在较高的温度或室温放置保持，其形状、尺寸、性能随时间而变化的热处理工艺。一般情况下，经过时效，硬度和强度有所增加，塑性、韧性和内应力则有所降低。含碳较高的钢，淬火后立即获得很高的硬度，但其塑性变得很低。而铝合金淬火后，强度或硬度并不立即达到峰值，其塑性非但未下降，反而有所上升。经过相当长时间（如4~6昼夜）的室温放置后，这种淬火合金的强度与硬度显著提高，而塑性则有所下降。这种淬火合金的强度和硬度随时间而发生显著变化的现象，叫作时效；在室温下进行的时效叫作自然时效；在一定温度下进行的时效叫作人工时效。时效处理是把材料有意识地在室温或较高温度存放较长时间，使之产生时效的工艺。

对钢材进行冷加工强化与时效处理的目的是提高钢材的屈服强度，以便节约钢材。

三、钢材的热处理

热处理是指钢材在固态下，通过加热、保温和冷却的手段，以获得预期组织和性能的一种金属热加工工艺。热处理方法有退火、正火、淬火和退火。建筑用钢材一般只在生产厂进行热处理并以热处理状态供应。在施工现场，有时也需对焊接件进行热处理。

退火是将工件加热到适当温度，根据材料和工件尺寸采用不同的保温时间，然后进行缓慢冷却。其目的是使金属内部组织达到或接近平衡状态，获得良好的工艺性能和使用性能，或者为进一步淬火做组织准备。

正火是将工件加热到适宜的温度后在空气中冷却，正火的效果与退火相似，只是得到的组织更细，常用于改善材料的切削性能，也有时用于对一些要求不高的零件进行最终热处理。

淬火是将工件加热保温后，在水、油或其他无机盐、有机水溶液等淬火介质中快速冷却。淬火后钢件变硬，但同时变脆，为了及时消除脆性，一般需要及时回火。

回火是为了降低钢件的脆性，将淬火后的钢件在高于室温而低于 650 ℃ 的某一适当温度进行长时间的保温，再进行冷却的工艺。

第四节　建筑钢材的品种和选用

一、建筑钢材的品种

我国建筑钢材主要采用碳素结构钢、低合金高强度钢和优质碳素钢制造而成。

1. 碳素结构钢

（1）碳素结构钢的牌号表示法。碳素结构钢的牌号，由代表屈服点的字母、屈服强度值、质量等级符号、脱氧程度符号（F、Z、TZ）四个部分按顺序组成（见表6-1）。

表 6-1　碳素结构钢牌号表示法

代表屈服点的字母	屈服点数值	质量等级符号	脱氧方法符号
Q："屈"字汉语拼音首位字母	195、215、235、275 取自 ≤16 mm 直径的钢材屈服极限值（MPa）	A、B、C、D 质量等级由 A 到 D 逐渐提高	F – 沸腾钢 Z – 镇静钢 TZ – 特殊镇静钢

（2）碳素结构钢的化学成分。碳素结构钢的化学成分应符合表6-2的规定。

表 6-2　碳素结构钢的化学成分（GB/T 700—2006）

牌号	等级	化学成分/% ≤					脱氧方法
		C	Mn	Si	S	P	
Q195	–	0.12	0.50	0.30	0.040	0.035	F、Z
Q215	A	0.15	1.20	0.35	0.050	0.045	F、Z
	B				0.045		
Q235	A	0.22	1.40	0.35	0.050	0.045	F、Z
	B	0.20			0.045		
	C	0.17			0.040	0.040	Z
	D				0.035	0.035	TZ
Q275	A	0.24	1.50	0.35	0.050	0.045	F、Z
	B	0.21			0.045	0.045	Z
	C	0.22			0.040	0.040	Z
	D	0.20			0.035	0.035	TZ

（3）钢材的力学性能。钢材的拉伸和冲击试验结果应符合表6-3的要求，弯曲试验结果应符合表6-4的要求。

表6-3 碳素结构钢的拉伸和冲击试验要求表（GB/T 700—2006）

牌号	质量等级	屈服强度 R_{eL}/（N·mm^{-2}）≥						抗拉强度 R_m/（N·mm^{-2}）	断后伸长率 A/% ≥					冲击试验（V形缺口）	
		厚度或直径/mm							厚度或直径/mm					温度/℃	冲击吸收功（纵向）/J≥
		≤16	>16~40	>40~60	>60~100	>100~150	>150~200		≤40	>40~60	>60~100	>100~150	>150~200		
Q195	—	195	185	—	—	—	—	315~430	33	—	—	—	—	—	—
Q215	A	215	205	195	185	175	165	335~450	31	30	29	27	26	—	
	B													+20	27
Q235	A	235	225	215	215	195	185	370~500	26	25	24	22	21	—	27
	B													+20	
	C													0	
	D													-20	
Q275	A	275	265	255	245	225	215	410~540	22	21	20	18	17	—	27
	B													+20	
	C													0	
	D													-20	

注：1. Q195的屈服强度值仅供参考，不做交货条件；

2. 厚度大于100 mm的钢材，抗拉强度下限允许降低20 N/mm^2。宽带钢（包括剪切钢板）抗拉强度上限不做交货条件；

3. 厚度小于25 mm的Q235B级钢材，如供货方能保证冲击吸收功值合格，经需方同意，可不做检验

表6-4 碳素结构钢的冷弯试验结果要求表（GB/T 700—2006）

牌号	试样方向	冷弯试验（180°，B=2a）	
		钢材厚度或直径/mm	
		≤60	>60~100
		弯心直径 d	
Q195	纵	0	—
	横	0.5a	
Q215	纵	0.5a	1.5a
	横	a	2a
Q235	纵	a	2a
	横	1.5a	2.5a
Q275	纵	1.5a	2.5a
	横	2a	3a

注：1. B为试样宽度，a为钢材厚度或直径；

2. 钢材厚度大于100 mm时，弯曲试验由双方协商确定

（4）碳素结构钢选用须知。碳素结构钢共有五个牌号，各牌号钢的质量等级及其用钢的脱氧方法有所不同。选用时，应熟悉以下内容：

①随牌号值的加大，钢中的含碳量增高，强度递增，塑性和韧性递减。

②牌号中的数字是屈服点的公称值，并非所有尺寸的该号钢材都保证屈服点不低于此值。厚度或直径越大的钢材，所保证的屈服点越低于这个公称值。

③牌号相同的钢，质量等级有 A、B、C、D 四级之别。若按这四级钢所保证的性能排队，是 A 级最普通、D 级最优质的次序。A 级钢不保证冲击试验，B 级、C 级和 D 级钢分别保证 20 ℃、0 ℃、−20 ℃下的冲击试验，其结果均要求大于等于 27 J。对钢中的磷、硫含量的限制，A 级宽松、B 级严些，而 C 级和 D 级的此项指标，已接近和达到优质碳素钢的水平。

④牌号、质量等级都相同的钢，还需要区别钢的脱氧方法，以判定其钢质的不同。

2. 优质碳素结构钢

优质碳素结构钢是碳素结构钢中纯净度相对高的钢种，也是整个优质钢材中应用最广的钢种。

（1）优质碳素结构钢的特点。优质碳素结构钢多以平炉或氧气吹顶转炉冶炼，有的也用电弧炉冶炼。其多为镇静钢，只有几个平均含碳量小于 0.25% 的钢料，采用沸腾钢。

优质碳素结构钢按冶炼质量等级分为优质钢、高级优质钢和特级优质钢三个质量等级，其最显著的分级指标，是限定磷、硫有害元素的含量的多少（%）；对于优质钢，硫、磷各为 0.035；对于高级优质钢，硫、磷各为 0.030；对于特级优质钢，磷为 0.025、硫为 0.020。各质量等级的优质碳素结构钢，按含锰量的不同，分为普通含锰量（0.35% ~ 0.80%）和较高含锰量（0.7% ~ 1.20%）两类。

（2）优质碳素结构钢的牌号表示法。优质碳素结构钢的牌号，是以两位阿拉伯数字表示，为该号钢中平均含碳量的万分数。但若属于下列情况时，要在牌号后边以规定的符号标明。

①脱氧方法。镇静钢不标代号，沸腾钢以 F 标明，如 08、08F 等。

②含锰量。普通含锰量钢不标代号，较高含锰量钢以元素符号 Mn 标明，如 45、45Mn 等。

③质量等级。优质钢不标代号，高级优质钢标 A，特级优质钢标 E，如 75、75A、75E 等。

（3）优质碳素结构钢的性能。优质碳素结构钢的性能主要取决于含碳量，含碳量高则强度高，但塑性和韧性降低。

优质碳素结构钢生产成本高，主要用于重要结构的钢铸件及高强度螺栓等，常用 30 ~ 45 号钢。在预应力钢筋混凝土中用 45 号钢作锚具，生产预应力钢筋混凝土用的碳素钢丝、刻痕钢丝和钢绞线原料为 65 ~ 80 号钢。优质碳素结构钢一般经热处理后再使用，也称热处理钢。

3. 低合金高强度结构钢

低合金高强度结构钢，是在碳素结构钢（$W_c = 0.16\% ~ 0.2\%$）的基础上加入少量合金元素而制成的，具有良好的焊接性能、塑性、韧性和加工工艺性，以及较好的耐蚀性、较高的强度和较低的冷脆临界转换温度。

（1）低合金高强度结构钢的牌号。低合金高强度结构钢的牌号，依次由代表屈服点的汉字拼音字母（Q）、屈服强度值（三位阿拉伯数字）、质量等级符号（A、B、C、D、E）三个部分组成，有 Q345、Q390、Q420、Q460、Q500、Q550、Q620、Q690 共 8 个牌号。

（2）低合金高强度结构钢的技术性质。其化学成分应符号表 6-5 的要求，表中只列出了 Q345 的数据，其力学性能应满足表 6-6 的要求，表中仅列出了部分牌号和部分公称直径钢材的技术指标。

表 6-5　低合金高强度结构钢的化学成分（GB/T 1591—2008）

牌号	质量等级	化学成分/T														
		C	Si	Mn	P	S	Nb	V	Ti	Cr	Ni	Cu	N	Mo	B	Al
		≤					≤									≥
Q345	A	0.20	0.50	1.70	0.035	0.035	0.07	0.15	0.20	0.30	0.50	0.30	0.012	0.10	—	—
	B				0.035	0.035										
	C				0.030	0.030										
	D	0.18			0.030	0.025										0.015
	E				0.025	0.020										

（3）低合金高强度结构钢的冷弯性能，各牌号钢均保证 180°的弯曲试验合格，规定的弯心直径：当钢材的厚度或直径小于等于 16 mm 时，为试样厚度（直径）的 2 倍；当钢材的厚度或直径大于 16 mm 或 100 mm 时，为试样厚度（直径）的 3 倍（见表 6-6）。

（4）低合金高强度结构钢的选用。

①低合金高强度钢以屈服点数值所标示的强度等级，最高为 Q690，规定其抗拉强度为 730～940 MPa，钢名中的"高强度"是因相对碳素结构钢而言给出的称谓。

②低合金高强度钢虽属合金结构钢系统，但不再用"含碳量数字、合金元素符号及其含量数字"表示其牌号，而是改用碳素结构钢的牌号表示原则。因此，要弄清这两种钢牌号的许多具体不同，以防混淆。

③低合金高强度结构钢的牌号自 Q345 起逐级增大，而碳素结构钢的牌号最高为 Q275。

④低合金高强度结构钢牌号中的屈服点数值是个公称值，只有厚度、直径或边长不大于 16 mm 的钢材能以该值为低限。当钢材的厚度、直径或边长越大时，对屈服点所规定的限值，比该公称值越低。特别是低合金高强度结构钢对伸长率指标的逐级划一，而不是碳素结构钢随钢材的尺度加大而调低。

⑤低合金高强度结构钢的质量等级划分有 A、B、C、D、E，除多了 E 级外，所用英文字母，以及字母越后表示钢质越优，这虽然与碳素结构钢的牌号表示原则一致，但对各质量等级规定的项目和指标都比碳素钢严格得多。

二、钢结构用钢

钢结构用钢主要有热轧型钢、冷弯薄壁型钢、钢板和钢管等。

表 6-6　低合金高强度结构钢的力学性能（GB/T 1591—2008）

牌号	质量等级	屈服强度 R_{eL}/MPa ≥ 公称厚度（直径、边长）/mm				抗拉强度 R_m/MPa ≥ 公称厚度（直径、边长）/mm				断后伸长率 A/% ≥ 公称厚度（直径、边长）/mm			冲击吸收能量（纵向）/J ≥				180°冷弯试验 弯心直径 d/试样厚度（直径）a 钢材厚度（直径、边长）/mm	
		≤16	>16~40	>40~63	>63~80	≤40	>40~63	>63~80	>80~100	≤40	>40~63	>63~100	试验温度/℃	12~150	>150~250	>250~400	≤16	>16~100
Q345	A	345	335	325	315	470~630				21	20	20	—	—	—	—	d=2a	d=3a
	B												20	34	27	27		
	C												0	34	27	27		
	D												-20	34	27	27		
	E												-40	27	27	27		
Q390	A	390	370	350	330	490~650				20	19	19	—	—	—	—		
	B												20	34	—	—		
	C												0	34	—	—		
	D												-20	34	—	—		
	E												-40	27	—	—		
Q420	A	420	400	380	360	520~680				19	18	18	—	—	—	—		
	B												20	34	—	—		
	C												0	34	—	—		
	D												-20	34	—	—		
	E												-40	27	—	—		

1. 热轧型钢

建筑用热轧型钢，目前主要采用普通碳素钢（含碳量 0.14% ~ 0.22%），其特点是冶炼容易，成本低，强度适中，塑性和可焊性较好，适合建筑工程使用。与普通工字钢相比，H 型钢具有截面模数大、重量小、钢材省，便于同其他构件组合和连接等优点。

热轧型钢已成为各项基本建设中使用最为广泛的材料之一，机械、化工、造船、矿山、石油和铁道等部门都大量使用各类热轧型钢。在建筑工程中，热轧型钢主要用于工业和民用房屋、桥梁的承重骨架（梁、柱、桁架等）、塔桅结构、高压输电线支架等。

普通热轧型钢根据型钢截面形式的不同可分为角钢、槽钢、工字钢、H 型钢、L 型钢和 T 型钢，如图 6-11 所示。

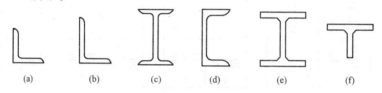

图 6-11　热轧型钢
（a）等边角钢；（b）不等边角钢；（c）工字钢；（d）槽钢；（e）H 型钢；（f）T 型钢

（1）角钢。角钢是两边互相垂直成角形的长条钢材，有等边角钢和不等边角钢之分。等边角钢的两个边宽相等，其规格以边宽×边宽×边厚的毫米数表示。如"∟30×30×3"或"∟30×3"，即表示边宽为 30 mm、边厚为 3 mm 的等边角钢。不等边角钢的两个边宽不同，其规格以长边宽×短边宽×边厚的毫米数表示。如"∟100×80×8"，即表示长边宽为 100 mm、短边宽为 80 mm、边厚为 8 mm 的不等边角钢。角钢可按结构的不同需要组成各种不同的受力构件，也可作构件之间的连接件，广泛用于各种建筑结构和工程结构，如房梁、桥梁、输电塔、起重运输机械、船舶、工业炉、反应塔、容器架以及仓库。

（2）工字钢。工字钢是截面为 I 形状的长条钢材，分普通工字钢和轻型工字钢。其规格以高×腿厚×腰厚表示，也可用号数表示规格的主要尺寸，如 18 号工字钢，表示高为 18 cm 的工字钢。若高度相同的工字钢，则可在号数后面加注角码 a 或 b 或 c 予以表示，如 36a、36b、36c 等。

不论是普通型还是轻型的工字钢，由于截面尺寸均相对较高、较窄，故对截面两个主轴的惯性矩相差较大，故仅能直接用于在其腹板平面内受弯的构件或将其组成格构式受力构件。对于轴心受压构件或在垂直于腹板平面还有弯曲的构件均不宜采用，这就使其在应用范围上有着很大的局限。在结构设计中，选用工字钢应依据其力学性能、化学性能、可焊性能、结构尺寸等进行。

（3）槽钢。槽钢是截面为凹槽形的长条钢材，属建造用和机械用碳素结构钢，是复杂断面的型钢。槽钢分普通槽钢和轻型槽钢。热轧普通槽钢的规格为 5 ~ 40 号。槽钢的规格主要用高度（h）、腿宽（b）、腰厚度（d）等尺寸来表示，国产槽钢规格为 5 ~ 40 号，即相应的高度为 5 ~ 40 cm。在相同的高度下，轻型槽钢比普通槽钢的腿窄、腰薄、重量小。18 ~ 40 号为大型槽钢，5 ~ 16 号槽钢为中型槽钢。槽钢主要用于建筑结构、车辆制造、其他工业结构和固定盘柜等，槽钢还常常和工字钢配合使用。

（4）H型钢。H型钢是一种截面面积分配更加优化、强重比更加合理的经济断面高效型材，因其断面与英文字母"H"相同而得名，其横断面通常包括腹板和翼缘两部分。其按翼缘宽度分为宽翼缘、中翼缘和窄翼缘H型钢。宽翼缘和中翼缘H型钢的翼缘宽度B大于或等于腹板高度H；窄翼缘H型钢的翼缘宽度B约等于腹板高度H的$1/2$。由于H型钢的各个部位均以直角排布，因此，H型钢在各个方向上都具有抗弯能力强、施工简单、节约成本和结构重量小等优点，已得到广泛应用。

（5）T型钢。T型钢是一种铸造成T形的钢材，因其断面与英文字母"T"相同而得名。T型钢分两种：一是用H型钢直接剖分而成T型钢，使用标准和H型钢相同，是替代双角钢焊接的理想材料，具有抗弯能力强、施工简单、节约成本和结构质量小等优点；二是热轧一次成型的T型钢，主要使用在机械、小五金行业。

2. 冷弯薄壁型钢

冷弯薄壁型钢通常用2～6 mm薄钢板冷弯或模压而成，有角钢、槽钢等开口薄壁型钢及方形、矩形等空心薄壁型钢，也包括由钢板经辊压或冷弯制成的截面呈U形、梯形或类似形状的波纹，并可才有镀锌、有机涂层等表面保护层的压型钢板，如图6-12所示。

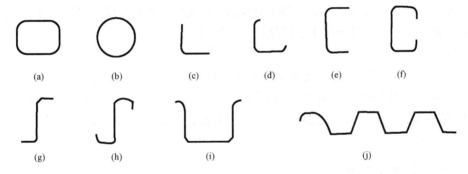

图6-12　冷弯薄壁型钢的截面形式

（a）～（i）冷弯薄壁型钢；（j）压型钢板

冷弯型钢作为承重结构、围护结构、配件等在轻钢房屋中也有大量应用。在房屋建筑中，冷弯型钢可用作钢架、桁架、梁、柱等主要承重构件，也被用作屋面檩条、墙架梁柱、龙骨、门窗、屋面板、墙面板、楼板等次要构件和围护结构。另外，利用冷弯型钢与钢筋混凝土形成组合梁、板、柱的冷弯型钢—混凝土组合结构也成为工程领域一个新的研究方向。

3. 钢板

钢板是用轧制方法生产的，宽厚比很大的矩形板状钢材。按工艺不同，钢板有热轧和冷轧两大类，通常又多按钢板的公称厚度划分，厚度为0.1～4 mm的称为薄板；4～20 mm的为中板；20～60 mm的为厚板；大于60 mm的为特厚板。常用的钢板有热轧钢板、花纹钢板、冷轧钢板、钢带和钢管等。

（1）热轧钢板。热轧钢板按边缘状态分为切边和不切边两类；按精度又有普通精度和较高精度之分。热轧钢板的厚度为0.35～200 mm，宽度不小于600 mm，按不同的厚度和宽度，规定了定尺的长度。钢板也可供应宽度为10 mm至50 mm倍数的任何尺寸、长度为100 mm或50 mm倍数的任何尺寸。但厚度小于等于4 mm的钢板，最小长度不得小于 1.2 m；厚度大于 4 mm 的钢板，最小长度不得小于 2 m。热轧钢板按所用的钢种，通常有碳素结构钢、优质碳素结构钢和低合金高强度结构钢三类，热轧合金结构钢钢板也有多种产品供应。

（2）花纹钢板。花纹钢板是采用碳素结构钢或其他合金的钢种，经热轧、矫直和切边而成的有凸纹的板。花纹钢板不含纹高的基本厚度，有 2.5 mm、3.0 mm、3.5 mm、4.0 mm、4.5 mm、5.5 mm、6.0 mm、7.0 mm 和 8.0 mm 几种。随基本厚度的增加，规定的纹高加大有 1.0 mm、1.5 mm 和 2.0 mm 三种；也有几种厚度的纹高均为 2.5 mm 的品种。花纹钢板的宽度为 600 ~ 1 800 mm，按 50 mm 进级；长度为 600 ~ 1 200 mm，按 100 mm进级。

（3）冷轧钢板。冷轧钢板是以热轧钢板或钢带为原料，在常温下经冷轧机轧制而成。冷轧钢板的公称厚度，一般为 0.2 ~ 5 mm，宽度不小于 600 mm。冷轧钢板按边缘状态，分为切边和不切边冷轧钢板；按轧制精度，又有普通精度和较高精度之别。冷轧钢板所用的钢种，除碳素结构钢和低合金高强度结构钢之外，还有硅钢、不锈钢等。

（4）钢带。是指以碳钢制成的输送带作为带式输送机的牵引和运载构件，也可用于捆扎货物；是各类轧钢企业为了适应不同工业部门工业化生产各类金属或机械产品的需要而生产的一种窄而长的钢板，其产量大、用途广、品种多。

4. 钢管

钢管按制造方法不同，分为无缝钢管和焊接钢管两大类。焊接钢管，是以带钢经过弯曲成型、连续焊接和精整三个基本工序制成，在工程中用量最大，分为单、双直缝焊钢管和螺旋焊钢管；无缝钢管，是将管胚加热、穿孔、轧薄、均整、定径等工序制成，其规格以外径 × 壁厚表示。

三、钢筋混凝土用钢

钢筋包括钢筋混凝土用钢筋和预应力混凝土用钢筋，是建筑工程中用量最大的钢材品种。钢筋按所用的钢种，可分为碳素结构钢钢筋和低合金结构钢钢筋；按生产工艺，可分为热轧钢筋、冷加工钢筋、热处理钢筋、余热处理钢筋、钢丝及钢绞线等。

1. 热轧钢筋

经热轧成型并自然冷却的成品钢筋，称为热轧钢筋。从表面形状来分，热轧钢筋有光圆和带肋两大类。

（1）热轧光圆钢筋。热轧光圆钢筋是经热轧成型、横截面为圆形，表面光滑的成品钢筋。其钢筋牌号有 HPB300。由于其强度低，但塑性好，伸长率大，便于焊接和弯折成形，因此可用作中小型钢筋混凝土结构的主要受力钢筋、构件箍筋及钢、木结构的拉杆等，也可作为冷轧带肋钢筋的原材料，盘条可作为冷拔低碳钢丝的原材料。

（2）热轧带肋钢筋。热轧带肋钢筋是指横截面通常为圆形，且表面通常带有两条纵肋和沿长度方向均匀分布着横肋的钢筋。其分为 HRB400、HRB500、HRB600 和 HRBF400、HRBF500 五个牌号。该钢筋公称直径范围为 6 ~ 50 mm，推荐的公称直径为 6 mm、8 mm、10 mm、12 mm、14 mm、16 mm、18 mm、20 mm、25 mm、28 mm、32 mm、36 mm、40 mm和 50 mm。其力学和工艺性能见表 6-7。

表 6-7 热轧带肋钢筋的力学性能和工艺性能（GB/T 1499.2—2018）

牌号	公称直径 d/mm	下屈服强度 R_{eL}/MPa	抗拉强度 R_m/MPa	断后伸长率 $A/\%$	最大力总伸长率 $A_{gt}/\%$	R_m^a/R_{eL}^a	R_{eL}^a/F	弯曲压头直径
				不小于			不大于	
HRB400 HRBF400	6~25 28~50 >40~50	400	540	16	7.5	—	—	4d 5d 6d
HRB400E HRBF400E				—	9.0	1.25	1.30	
HRB500 HRBF500	6~25 28~40 >40~50	500	630	15	7.5	—	—	6d 7d 8d
HRB500E HRBF500E				—	9.0	1.25	1.30	
HRB600	6~25 28~40 >40~50	600	730	14	7.5			6d 7d 8d

注：R_m^a 为钢筋实测抗拉强度；R_{eL}^a 为钢筋实测下屈服强度

公称直径 28~40 mm 各牌号钢筋的断后伸长率 A 可降低 1%；公称直径大于 40 mm 各牌号钢筋的断后伸长率 A 可降低 2%。有较高要求的抗震结构，其牌号在表 6-7 中已有牌号后加 E（如 HRB400E）的钢筋。

2. 冷轧带肋钢筋

冷轧带肋钢筋是用热轧盘条经多道冷轧减径，一道压肋并经消除内应力后形成的一种带有二面或三面月牙形的钢筋。冷轧带肋钢筋牌号由 CRB 和钢筋的抗拉强度最小值构成，分为 CRB550、CRB650、CRB800、CRB600H、CRB680H、CRB800H 六个牌号。CRB550、CRB600H 为普通钢筋混凝土用钢筋；CRB650、CRB800、CRB800H 为预应力混凝土钢筋；CRB680H 既可作为普通钢筋混凝土用钢筋，又可作为预应力混凝土钢筋用钢。冷轧带肋钢筋具有钢材强度高，可节约建筑钢材和降低工程造价、与混凝土之间的粘结锚固性能良好和伸长率较同类的冷加工钢材大等优点。其力学和工艺性能见表 6-8。

3. 预应力混凝土用钢丝

预应力混凝土用钢丝是用优质高碳钢盘条经酸洗、磷化后冷拔或再经稳定化处理等而成的钢丝总称，强度可为 1 470~1 770 MPa。预应力混凝土用钢丝根据生产工艺不同，可分为冷拉钢丝（WCD）和消除应力钢丝（WLR）两类；按表面状态不同，可分为光圆钢丝（P）、刻痕钢丝（I）和螺旋肋钢丝（H）等。其牌号表示为"预应力钢丝、公称直径、抗拉强度等级、加工状态代号、外形代号、标准号"。例如，直径为 7.00 mm，抗拉强度级别为 1 570 MPa 的螺旋肋钢丝，其标记为：预应力钢丝 7.00-1 570-WLR-H-GB/T 5223-2014。冷拉钢丝是经冷拔后直接用于预应力混凝土的钢丝。这种钢丝存在残余应力，屈强比低，伸长率小，主要用于压力水管；刻痕钢丝是用冷轧或冷拔方法使钢丝表面产生周期变化的凹痕或凸纹的钢丝，钢丝表面凹痕或凸纹可增加与混凝土的握裹力，可用于先张法预应力混凝土构件。其力学性能应符合《预应力混凝土用钢丝》（GB/T 5223—2014）的规定。

表6-8　冷轧带肋钢筋力学性能及工艺性能（GB/T 13788—2017）

分类	牌号	规定塑性延伸强度 $R_{P0.2}$/MPa ≥	抗拉强度 R_m（σ_b）/MPa ≥	R_m（σ_b）/$R_{P0.2}$ ≥	断后伸长率/% ≥		最大总延伸率/% ≥	弯曲试验 180°	反复弯曲次数	应力松弛初始应力相当于公称抗拉强度的70%
					A	A_{100}（δ_{100}）	A_0			1 000 h,% ≤
普通混凝土钢筋用	CRB500	500	550	1.05	11.0	—	2.5	$D=3d$		
	CRB600H	540	600		14.0	—	5.0	$D=3d$		
	CRB680H*	600	680		14.0	—	5.0	$D=3d$	4	5
预应力混凝土用	CRB650	685	650			4.0	2.5	—	3	8
	CRB800	720	800			4.0	2.5	—	3	8
	CRB800H	720	800			7.0	4.0	—	4	5

注：1. D 为弯心直径，d 为钢筋公称直径；
　　2. *表示当该牌号钢筋作为普通混凝土钢筋使用时，对反复弯曲和应力松弛不做要求；当该牌号钢筋作为预应力混凝土钢筋使用时，应进行反复弯曲试验代替180°弯曲试验并检测松弛率

4. 预应力混凝土用钢绞线

预应力混凝土钢绞线是用盘条应为索氏体化盘条，经冷拉捻制后，再进行稳定化处理而成。捻制刻痕钢绞线的钢丝应符合《预应力混凝土用钢丝》（GB/T 5223—2014）中相应的规定。捻制绞线所用钢丝根数，有两根、三根和七根之别，钢绞线划分为三种结构，其代号依次为：1×2、1×3、1×7。依照这种结构和代号的表示原则，尚有用三根刻痕钢丝捻制的钢绞线，代号为1×3 I；用七根钢丝捻制、再经模拔的钢绞线，则以（1×7）C表示。其交货的产品标记，应以"预应力钢绞线、结构代号、公称直径、强度级别、标准号"表示。例如公称直径为15.20 mm，强度级别为1 860 MPa的七根钢丝捻制的标准型钢绞线，其标记为：1×7—15.20—1 860—GB/T 5224—2014。该钢绞线力学性能应符合《预应力混凝土用钢绞线》（GB/T 5224—2014）的规定。

第五节　建筑钢材的腐蚀与防腐措施

一、钢材的腐蚀类型

钢材受腐蚀的原因很多，可根据其与环境介质的作用分为化学腐蚀和电化学腐蚀两类。

1. 化学腐蚀

化学腐蚀，也称干腐蚀，属纯化学腐蚀，是指钢材在常温和高温时发生的氧化或硫化作用。氧化作用的原因是钢铁与氧化性介质接触产生化学反应。氧化性气体有空气、氧、水蒸气、二氧化碳、二氧化硫和氯等，反应后生成疏松氧化物。其反应速度随温度、湿度提高而加快。钢材在干湿交替环境下腐蚀更为厉害，在干燥环境下腐蚀速度缓慢。

2. 电化学腐蚀

电化学腐蚀也称湿腐蚀，是由于电化学现象在钢材表面产生局部电池作用的腐蚀。例如，在水溶液中的腐蚀；在大气，土壤中的腐蚀等。钢材在潮湿的空气中，由于吸附的作用，在其表面覆盖一层极薄的水膜，由于表面成分或者受力变形等的不均匀，使邻近的局部产生电极电位的差别，形成了许多微电池。在阳极区，铁被氧化成 Fe^{2+} 离子进入水膜。因为水中溶有来自空气中的氧，在阴极区氧被还原为 OH^- 离子，两者结合成不溶于水的 $Fe(OH)_2$，并进一步氧化成疏松易剥落的红棕色铁锈。在工业大气的条件下，钢材较容易锈蚀。

钢材在大气中的腐蚀，实际上是化学腐蚀和电化学腐蚀同时作用所致，但以电化学腐蚀为主。

二、钢材的防腐措施

钢材的腐蚀有材质的原因，也有使用环境和接触介质等原因，因此防腐蚀的方法也有所侧重。目前，所采用的防腐蚀方法有以下几种。

1. 合金化

在碳素钢中加入能提高抗腐蚀能力的合金元素，如铬、镍、锡、钛和铜等，制成不同的合金钢，能有效地提高钢材的抗腐蚀能力。

2. 金属覆盖

用耐腐蚀性能好的金属，以电镀或喷镀的方法覆盖在钢材的表面，提高钢材的耐腐蚀能力，如镀锌、镀铬、镀铜和镀镍等。

3. 非金属覆盖

在钢材表面用非金属材料作为保护膜，与环境介质隔离，以避免或减缓腐蚀，如喷涂涂料、搪瓷和塑料等。

4. 混凝土配筋的防腐蚀

保证混凝土的密实度，保证钢筋保护层的厚度和限制氯盐外加剂的掺量或使用防锈剂等。预应力混凝土用钢筋由于易被腐蚀，故应禁止使用氯盐类外加剂。

5. 钢结构用钢的防腐蚀

常用的方法是表面油漆。常用底漆有红丹防锈底漆、环氧富锌漆和铁红环氧底漆等。底漆要求有比较好的附着力和防锈蚀能力。常用面漆有灰铅漆、醇酸磁漆和酚醛磁漆等。面漆是为了防止底漆老化，而且有较好的外观色彩。因此，面漆要求有比较好的耐候性、耐湿性和耐热性，而且化学稳定性要好，光敏感性要弱，不易粉化和龟裂。

复习思考题

一、判断题

1. 钢材最大的缺点是易腐蚀和耐火性差，因此在建筑应用中，必须采用各种有效措施。
（　　）

2. 含碳量小于2.0%的铁碳合金为生铁。　　　　　　　　　　　　　　　　　（　　）

3. 在钢材交货时，必须对所用炉种以规定的代号做出标志。　　　　　　　　（　　）

4. 钢材的冲击韧性，是以标准试件在弯曲冲击试验时，每平方厘米所吸收的冲击断裂功表示。
（　　）

5. 优质碳素结构钢分为优质、高级优质和特级优质三个质量等级。　　　　　（　　）

6. 钢的牌号加大，屈服点和抗拉强度都随之提高，伸长率仅有少量减少。　　（　　）

7. 所验收的钢材，必须标志、证明书和实物完全一致，并与订货合同的内容相符。
（　　）

8. 无缝钢管，采用将管胚加热、穿孔、轧薄、均整、定径等工序制成。　　　（　　）

二、单项选择题

1. 含碳量大于（　　）的铁碳合金为生铁。
    A. 0.01%　　　　　　B. 0.1%　　　　　　C. 0.2%　　　　　　D. 2.0%

2. 炼钢的主要任务，是把生铁中（　　）降到2.0%以下的需要范围。
    A. 含碳量　　　　　B. 含硫量　　　　　C. 含磷量　　　　　D. 含锰量

3. 在拉伸试验之前，把试件的受拉区内，量好规定的长度做记号，称为（　　）。
    A. 间距　　　　　　B. 标距　　　　　　C. 距离　　　　　　D. 标志

4. （　　）是评价钢材塑性的指标，其值越高，说明钢材越软。
    A. 抗拉强度　　　　B. 冲击韧性　　　　C. 伸长率　　　　　D. 冷弯性能

5. 钢材的冲击韧性，会随温度的降低而（　　）。
    A. 明显减小　　　　B. 明显增大　　　　C. 无明显变化　　　D. 两者没有联系

6. 对于含碳量低于0.8%的钢，含碳量越多，（　　）性能会越高。
    A. 强度　　　　　　B. 冲击韧性　　　　C、塑性　　　　　　D. 耐腐蚀稳定性

7. 钢绞线划分为（　　）种结构。
    A. 二　　　　　　　B. 三　　　　　　　C. 四　　　　　　　D. 五

8. 捻制后，钢绞线应进行连续的（　　）处理。
    A. 稳定化　　　　　B. 淬火　　　　　　C. 回火　　　　　　D. 油冷

三、多项选择题

1. 与无机非金属材料相比，钢材具有（　　）的优点。

    A. 耐火性好　　　　　　　　　　　　B. 材质均匀致密

    C、各向强度均高　　　　　　　　　　D、塑性与韧性都好

2. 炼钢的炉种一般分为（　　）。

    A. 平炉　　　　　　B. 转炉　　　　　　C. 旋炉　　　　　　D. 电炉

3. 在负温下使用的钢材，不仅要保证常温下的冲击韧性，通常还要规定测（　　）的冲击韧性。

    A. 0 ℃　　　　　　B. −10 ℃　　　　　C. −20 ℃　　　　　D. −40 ℃

4. 碳素钢结构的牌号，由（　　）按顺序组成。

    A. 代表屈服点的字母　　　　　　　　B. 屈服点数值

    C. 质量等级符号　　　　　　　　　　D. 脱氧方法符号

5. 牌号相同的碳素结构钢，质量等级有（　　）之别。

    A. A　　　　　　　B. B　　　　　　　C. C　　　　　　　D. D

6. 各牌号钢的力学性能，包括（　　）。

    A. 抗拉强度、冲击吸收功　　　　　　B. 屈服点、断面收缩率

    C. 伸长率　　　　　　　　　　　　　D. 布氏硬度

7. 钢筋包括（　　），是建筑工程中用量最大的钢材品种。

    A. 普通钢筋　　　　　　　　　　　　B. 特优钢筋

    C. 混凝土用钢筋　　　　　　　　　　D. 预应力混凝土用钢筋

8. 热轧带肋钢筋的牌号分为（　　）。

    A. HRB335　　　　　B. HRB400　　　　　C. HRB500　　　　　D. HRB600

9. 钢管按制造方法不同，分为（　　）。

    A. 热轧钢管　　　　B. 无缝钢管　　　　C. 焊接钢管　　　　D. 冷轧钢管

四、简答题

1. 钢材的化学成分对其有何影响？

2. 钢材的主要技术性能有哪些？

第七章

砌筑和屋面材料

第一节　砌筑用砖

一、烧结砖

烧结砖以页岩、煤矸石、粉煤灰、建筑渣土、淤泥（江河淤泥）、污泥为原料，经高温焙烧而制成，主要用于建筑物承重部位。

1. 烧结普通砖

实心或孔洞率小于 25% 的烧结砖，称为烧结普通砖，公称尺寸为 240 mm × 115 mm × 53 mm。烧结普通砖按所用主要原料，分为页岩砖（Y）、煤矸石砖（M）、粉煤灰砖（F）、建筑渣土砖（Z）、淤泥砖（U）、污泥砖（W）、固体废弃物砖（G）。其中，采用两种原材料，掺配比质量大于 50% 以上的为主要原材料；采用三种或三种以上原材料，掺配比质量最大者为主要原材料。污泥掺量达到 30% 以上的可称为污泥砖。其产品标记按产品名称、类别、强度等级、质量等级和标准编号顺序编写。

（1）烧结普通砖的技术性能指标。

①强度。根据抗压强度分为 MU30、MU25、MU20、MU15、MU10 五个强度等级，并应符合表 7-1 和表 7-2 的要求。强度标准值 f_k 按下式计算：

$$f_k = \bar{f} - 1.83s$$

式中　f_k——抗压强度标准值（MPa），精确至 0.1 MPa；

　　　$\bar{f}$——10 块试样的抗压强度平均值（MPa），精确至 0.01 MPa；

　　　s——10 块试样的抗压强度标准差（MPa），精确至 0.01 MPa。

强度标准差 s 按下式计算：

$$s = \sqrt{\frac{1}{9} \sum_{i=1}^{10} (f_i - \bar{f})^2}$$

式中　f_i——单块试样抗压强度值（MPa），精确至 0.01 MPa。

表7-1　烧结普通砖强度等级（GB/T 5101—2017）　　　　　　　　　MPa

强度等级	抗压强度平均值 $\bar{f}$ ≥	强度标准值 f_k ≥
MU30	30.0	22.0
MU25	25.0	18.0
MU20	20.0	14.0
MU15	15.0	10.0
MU10	10.0	6.5

表7-2　烧结普通砖抗风化性能（GB/T 5101—2017）

砖种类	严重风化区				非严重风化区			
	5 h 沸煮吸水率/% ≤		饱和系数 ≤		5 h 沸煮吸水率/% ≤		饱和系数 ≤	
	平均值	单块最大值	平均值	单块最大值	平均值	单块最大值	平均值	单块最大值
建筑渣土砖	18	20	0.85	0.87	19	20	0.88	0.90
粉煤灰砖	21	23			23	25		
页岩砖	16	18	0.74	0.77	18	20	0.78	0.80
煤矸石砖								

②泛霜。泛霜是指黏土原料中的可溶性盐类，随着砖内水分蒸发而在砖表面产生的盐析现象，一般为白色粉末，常在砖表面形成絮团状斑点。泛霜的砖用于建筑中的潮湿部位时，由于大量盐类的溶出和结晶膨胀会造成砖砌体表面粉化及剥落，内部孔隙率增大，抗冻性显著下降。标准规定，每块砖不允许出现严重泛霜。

③石灰爆裂。石灰爆裂是指砖体内的生石灰（CaO）受潮水化，引起体积膨胀而对产品造成的一种破坏现象。当制砖原料中含有较多的石灰石（$CaCO_3$），且破碎后原料颗粒较大时，焙烧过程中在砖体内形成尺寸较大的生石灰颗粒。生石灰颗粒不断吸收空气中的水分，逐步水化成消石灰 [$Ca(OH)_2$]。其过程是一个体积膨胀的过程。随着 CaO 不断水化成 $Ca(OH)_2$，砖体内 CaO 聚集物体积不断增大，砖体承受 CaO 聚集物膨胀所产生的拉应力也越来越大，当该压力大于砖体的抗拉强度时，即会对砖体形成破坏。

《烧结普通砖》（GB/T 5101—2017）规定，烧结普通砖的石灰爆裂时，破坏尺寸大于 2 mm 且小于或等于 15 mm 的爆裂区域，每组砖不得多于 15 处。其中大于 10 mm 的不得多于 7 处。不允许出现最大破坏尺寸大于 15 mm 的爆裂区域。试验后抗压强度损失不得大于 5 MPa。

④抗风化性能。抗风化性能是指砖在干湿交替、温度变化、冻融循环等物理因素作用下不破坏并长期保持原有性能的能力，是材料耐久性的指标之一。显然，抗风化性能随地域不同而不同，风化指数不小于 12 700 为严重风化区；风化指数小于 12 700 为非严重风化区。全国风化区的划分见表7-3。

表 7-3 全国风化区的划分（GB/T 5101—2017）

严重风化区		非严重风化区		
1. 黑龙江省	8. 青海省	1. 山东省	8. 四川省	15. 海南省
2. 吉林省	9. 陕西省	2. 河南省	9. 贵州省	16. 云南省
3. 辽宁省	10. 山西省	3. 安徽省	10. 湖南省	17. 上海市
4. 内蒙古自治区	11. 河北省	4. 江苏省	11. 福建省	18. 重庆市
5. 新疆维吾尔自治区	12. 北京市	5. 湖北省	12. 台湾地区	19. 香港特区
6. 宁夏回族自治区	13. 天津市	6. 江西省	13. 广东省	20. 澳门特区
7. 甘肃省	14. 西藏自治区	7. 浙江省	14. 广西壮族自治区	

严重风化区中的 1、2、3、4、5 地区的砖必须进行冻融试验，其他地区砖的抗风化性能符合表 7-2 规定时可不做冻融试验，否则，应进行冻融试验。15 次冻融试验后，每块砖样不准许出现分层、掉皮、缺棱、掉角等冻坏现象。

烧结普通砖产品中不允许出现欠火砖、酥砖、螺旋纹砖。欠火砖的特征是声哑、土心、抗风化性能和耐久性差。酥砖的特征是强度低、声音哑，抗风化性能差和耐久性能差。螺旋纹砖的特征是强度低、声音哑、抗风化性能差；受冻后会层层脱皮，耐久性能差。

（2）烧结普通砖的特点及应用。烧结普通砖既有一定的强度，又有较好的隔热、隔声性能。冬季室内墙面不会出现结露现象，而且价格低。虽然不断出现各种新的墙体材料，但烧结普通砖在今后一段时间内，仍会作为一种主要材料用于砌筑工程。

烧结普通砖可用于建筑维护结构，砌筑柱、拱、烟囱、窑身、沟道及基础等，可与轻集料混凝土、加气混凝土、岩棉等隔热材料配套使用，砌成两面为砖、中间填以轻质材料的轻体墙，也可在砌体中配置适当的钢筋或钢筋网成为配筋砌筑体，代替钢筋混凝土柱、过梁等。

2. 烧结多孔砖和多孔砌块

烧结多孔砌块旧称承重空心砖，是以页岩、煤矸石、粉煤灰为主要原料，经焙烧制成的孔洞率不小于 33%、孔的尺寸小而数量多的砌块，主要用于承重部位。

烧结多孔砖按所用主要原料，分为页岩砖和页岩砌块（Y）、煤矸石砖和煤矸石砌块（M）、粉煤灰砖和粉煤灰砌块（F）、淤泥砖和淤泥砌块（U）、固体废弃物砖和固体废弃物砌块（G）六类。

砖和砌块的产品标记按产品名称、品种、规格、强度等级、密度等级和标准编号顺序编写。

（1）规格。烧结多孔砖和多孔砌块一般为直角六面体，在与砂浆的接合面上应设有增加结合力的粉刷槽和砌筑砂浆槽。标准规定对于粉刷槽，混水墙用砖和砌块，应在条面和顶面上设有均匀分布的粉刷槽或类似结构，深度不小于 2 mm；对于砌筑砂浆槽，砌块至少应在一个条面或顶面上设立砌筑砂浆槽。两个条面或顶面都有砌筑砂浆槽时，砌筑砂浆槽深应大于 15 mm 且小于 25 mm；只有一个条面或顶面有砌筑砂浆槽时，砌筑砂浆槽深应大于 30 mm 且小于 40 mm。砌筑砂浆槽宽应超过砂浆槽所在砌块面宽度的 50%。

砖规格尺寸（mm）：290、240、190、180、140、115、90；砌块规格尺寸（mm）：490、440、340、290、240、190、180、140、115、90。

（2）烧结多孔砖和多孔砌块的技术性能指标。

①强度等级。烧结多孔砖和多孔砌块根据抗压强度分为五个强度等级,即 MU30、MU25、MU20、MU15、MU10。其强度等级符合表7-4 的要求。

表7-4 烧结多孔砖和多孔砌块的强度等级（GB 13544—2011） MPa

强度等级	抗压强度平均值 $\bar{f}$ ≥	强度标准值 f_k ≥
MU30	30.0	22.0
MU25	25.0	18.0
MU20	20.0	14.0
MU15	15.0	10.0
MU10	10.0	6.5

②孔型孔结构及孔洞率。烧结多孔砖和多孔砌块的孔型孔结构及孔洞率应符合表7-5 的规定。

表7-5 烧结多孔砖和多孔砌块的孔型孔结构及孔洞率（GB 13544—2011）

孔型	孔洞尺寸/mm		最小外壁厚 /mm	最小肋厚 /mm	孔洞率/%		孔洞排列
	孔宽度尺寸 b	孔长度尺寸 L			砖	砌块	
矩形条孔或矩形孔	≤13	≤40	≥12	≥5	≥28	≥33	1. 所有孔宽应相等。孔采用单向或双向交错排列; 2. 孔洞排列上下、左右应对称,分布均匀,手抓孔的长度方向尺寸必须平行于砖的条面

注：1. 矩形孔的孔长 L、孔宽 b 满足式 $L \geq 3b$ 时,为矩形条孔;

2. 孔四个角应做成过渡圆角,不得做成直尖角;

3. 如设有砌筑砂浆槽,则砌筑砂浆槽不计算在孔洞率内;

4. 规格大的砖和砌块应设置手抓孔,手抓孔尺寸为（30～40）mm×（75～85）mm。

③抗风化性能。严重风化区中的 1、2、3、4、5 地区的砖、砌块和其他地区以淤泥、固体废弃物为主要原料生产的砖和砌块必须进行冻融试验;其他地区以黏土、粉煤灰、页岩、煤矸石为主要原料生产的砖和砌块的抗风化性能应符合表7-6 的规定,否则必须进行冻融试验。

表7-6 烧结多孔砖和多孔砌块的抗风化性能（GB 13544—2011）

砖种类	严重风化区				非严重风化区			
	5 h 沸煮吸水率/% ≤		饱和系数 ≤		5 h 沸煮吸水率/% ≤		饱和系数 ≤	
	平均值	单块最大值	平均值	单块最大值	平均值	单块最大值	平均值	单块最大值
黏土砖和砌块	21	23	0.85	0.87	23	25	0.88	0.90
粉煤灰砖和砌块	23	25			30	32		

续表

砖种类	严重风化区				非严重风化区			
	5 h 沸煮吸水率/% ≤		饱和系数 ≤		5 h 沸煮吸水率/% ≤		饱和系数 ≤	
	平均值	单块最大值	平均值	单块最大值	平均值	单块最大值	平均值	单块最大值
页岩砖和砌块	16	18	0.74	0.77	18	20	0.78	0.80
煤矸石砖和砌块	19	21			21	23		

注：粉煤灰掺入量（质量比）小于30%时，按黏土砖和砌块规定判定

④泛霜。每块砖或砌块不允许出现严重泛霜。

⑤石灰爆裂。破坏尺寸大于 2 mm 且不大于 15 mm 的爆裂区域，每组砖和砌块不得多于 15 处，其中大于 10 mm 的不得多于 7 处。不允许出现破坏尺寸大于 15 mm 的爆裂区域。

（3）烧结多孔砖及多孔砌块的特点及应用。烧结多孔砖的孔洞多与承压面垂直，它的单孔尺寸小，孔洞分布合理，非孔洞部分砖体较密实，具有较高的强度。

烧结普通砖有自重大、体积小、生产能耗高、施工效率低等缺点，用烧结多孔砖和多孔砌块代替烧结普通砖，可使建筑物自重减轻 30% 左右，节约黏土 20%～30%，节省燃料 10%～20%，墙体施工工效提高 40%，并改善砖的隔热隔声性能。通常，在相同的热工性能要求下，用多孔砖砌筑的墙体厚度比用实心砖砌筑的墙体减薄半砖左右，因此，推广使用多孔砖和多孔砌块是加快我国墙体材料改革，促进墙体材料工业技术进步的重要措施之一。

烧结多孔砖和多孔砌块的生产工艺与烧结普通砖相同，但由于坯体有孔洞，增加了成型的难度，因而对原料的可塑性要求很高。

3. 烧结空心砖和空心砌块

烧结空心砖和空心砌块是指以页岩、煤矸石或粉煤灰淤泥（江、河、湖等淤泥）、建筑渣土及其他固体废弃物为主要原料，经焙烧而成的具有竖向孔洞（孔洞率不小于 40%，孔的尺寸大而数量少）的砖。烧结空心砖和空心砌块由两两相对的顶面、大面及条面组成直角六面体，在中部开设有至少两个均匀排列的条孔，条孔之间由肋相隔，条孔与大面、条面平行，其间为外壁，条孔的两开口分别位于两顶面上，在所述的条孔与条面之间分别开设有若干孔径较小的边排孔，边排孔与其相邻的边排孔或相邻的条孔之间为肋。按制砖的主要原料不同，烧结空心砖分为页岩空心砖和空心砌块（Y）、煤矸石空心砖和空心砌块（M）、粉煤灰空心砖和空心砌块（F）、淤泥空心砖和空心砌块（U）、建筑渣土空心砖和空心砌块（Z）、其他固体废弃物空心砖和空心砌块（G）七类。

空心砖和空心砌块产品标记按产品名称、类别、规格（长度×宽度×高度）、密度等级、强度等级和标准编号顺序编写。例如：规格尺寸 290 mm×190 mm×90 mm、密度等级 800、强度等级 MU7.5 的页岩空心砖，其标记为烧结空心砖 Y（290×190×90）—800—MU7.5—GB/T 13545—2014。

（1）规格。烧结空心砖和空心砌块的外形为直角六面体，混水墙用空心砖和空心砌块，应在大面和条面上设有均匀分布的粉刷槽或类似结构，深度不小于 2 mm。

空心砖和空心砌块长度规格尺寸（mm）：390、290、240、190、180（175）、140；宽度规格尺寸（mm）：190、180（175）、140、115；高度规格尺寸（mm）：180（175）、140、115、90。

（2）烧结空心砖和空心砌块的技术性能指标

①强度等级。按抗压强度分为 MU10.0、MU7.5、MU5.0、MU3.5。其强度等级应符合表7-7 的要求。

表7-7 烧结空心砖和空心砌块强度等级（GB/T 13545—2014） MPa

强度等级	抗压强度平均值 $\bar{f} \geq$	变异系数 $\delta \leq 0.21$	变异系数 $\delta > 0.21$
		强度标准值 f_k $\geq$	单块最小抗压强度值 f_{min} $\geq$
MU10.0	10.0	7.0	8.0
MU7.5	7.5	5.0	5.8
MU5.0	5.0	3.5	4.0
MU3.5	3.5	2.5	2.8

②孔洞排列及其结构。在空心砖和空心砌块的外壁内侧宜设置有序排列的宽度或直径不大于 10 mm 的壁孔，壁孔的孔型可为圆孔或矩形孔。孔洞排列及其结构应符合表7-8 的要求。

表7-8 烧结空心砖和空心砌块的孔洞排列及其结构要求（GB/T 13545—2014）

孔洞排列	孔洞排数/排		孔洞率/%	孔型
	宽度方向	高度方向		
有序或交错排列	$b \geq 200$ mm ≥4 $b < 200$ mm ≥3	≥2	≥40	矩形孔

③抗风化性能。严重风化区中的 1、2、3、4、5 地区的空心砖和空心砌块应进行冻融试验，其他地区空心砖和空心砌块的抗风化性能应符合表7-9 的规定，否则应进行冻融试验。

表7-9 烧结多孔砖和多孔砌块的抗风化性能（GB/T 13545—2014）

砖种类	严重风化区				非严重风化区			
	5 h 沸煮吸水率/% ≤		饱和系数 ≤		5 h 沸煮吸水率/% ≤		饱和系数 ≤	
	平均值	单块最大值	平均值	单块最大值	平均值	单块最大值	平均值	单块最大值
粉煤灰砖和砌块	23	25	0.85	0.87	30	32	0.88	0.90
页岩砖和砌块	16	18	0.74	0.77	18	20	0.78	0.80
煤矸石砖和砌块	19	21			21	23		

注：淤泥、建筑渣土及其他固体废弃物掺入量（质量分数）小于30%时按相应产品类别规定判定

④泛霜。每块空心砖和空心砌块不允许出现严重泛霜。

⑤石灰爆裂。最大破坏尺寸大于2 mm且不大于15 mm的爆裂区域，每组砖和砌块不得多于15处，其中大于10 mm的不得多于5处。不允许出现破坏尺寸大于15 mm的爆裂区域。

（3）烧结空心砖及空心砌块的特点及应用。烧结空心砖和空心砌块的自重较小、强度较低，多用作建筑物的非承重部位的墙体，如多层建筑内隔墙或框架结构的填充墙等，各种类型的砖在使用时均要注意耐久性。

二、非烧结砖

不经过焙烧制成的砖，都属于非烧结砖。这类砖是以含钙材料（石灰、电石渣等）和含硅材料（砂质、粉煤灰、煤矸石灰渣、炉渣等）与水拌和，经压制成型，在自然条件下或人工水热合成条件（蒸养或蒸压）下，反应生成以水化硅酸钙、水化铝酸钙为主要胶结料的硅酸盐建筑制品。主要品种有蒸压灰砂砖、蒸压粉煤灰砖、炉渣砖等。

1. 蒸压灰砂砖（LSB）

蒸压灰砂砖是以石灰、砂子为原料（也可加入着色剂或掺和剂），经配料、拌和、压制成型和蒸压养护（175～191 ℃，0.8～1.2 MPa的饱和蒸汽）而制成的。用料中石灰占10%～20%。灰砂砖所用天然粉砂的有效成分是石英，靠高温水热的介质条件，与石灰起反应，生成水化硅酸钙，硬结后产生强度。这种反应只在砂粒表面进行，因而砂子又起着填充和集料的作用。

蒸压灰砂砖的尺寸规格与烧结普通砖相同，规格尺寸为240 mm×115 mm×53 mm。其体积密度为1 800～1 900 kg/m^3，导热系数约为0.61 W/（m·K）。根据产品的尺寸偏差和外观分为优等品（A）、一等品（B）、合格品（C）三个等级。

灰砂砖根据浸水后24 h的抗压和抗折强度分为MU25、MU20、MU15、MU10四个强度等级，各项强度指标见表7-10。

表7-10　蒸压灰砂砖的强度指标（GB 11945—1999）　　　　　MPa

强度级别	抗压强度≥		抗折强度≥	
	平均值	单块值	平均值	单块值
MU25	25.0	20.0	5.0	4.0
MU20	20.0	16.0	4.0	3.2
MU15	15.0	12.0	3.3	2.6
MU10	10.0	8.0	2.5	2.0

蒸压灰砂砖抗冻指标是在规定的15次冻融循环试验后，单块砖样的干质量损失不得大于2.0%；同时要求冻后砖样的抗压强度平均值：MU25级砖不小于20.0 MPa，MU20级砖不小于16.0 MPa，MU15级砖不小于12.0 MPa，MU10级砖不小于8.0 MPa。

灰砂砖有彩色（Co）和本色（N）两类。蒸压灰砂砖产品采用产品名称（LSB）、颜色、强度等级、标准编号的顺序标记。例如，MU20，优等品的彩色灰砂砖，其产品标记为LSB　Co　20A　GB 11945。

蒸压灰砂砖的缺点是表观密度大、吸湿性强，对于碳化稳定性、抗冻性及耐腐蚀性等，均有待进一步改进。MU15、MU20、MU25的砖可用于基础及其他建筑；MU10的砖仅可用于防潮层以上的建筑。灰砂砖不得用于长期受热（200 ℃以上）、受急冷急热和有酸性介质侵蚀的建筑部位，也不宜用于有流水冲刷的部位。

2. 蒸压粉煤灰砖（AFB）

蒸压粉煤灰砖是利用电厂废料粉煤灰为主要原料，掺入适量的石灰和石膏或再加入部分炉渣等，经配料、拌和、压制成型而成的实心砖。其外形尺寸同普通砖，即长 240 mm、宽 115 mm、高 53 mm，呈深灰色，体积密度约为 1 500 kg/m³。粉煤灰砖，按抗压强度和抗折强度指标，划分为 30、25、20、15、10 五个等级，其强度等级要求见表 7-11。

表 7-11　蒸压粉煤灰砖强度指标（JC/T 239—2014）　　　　　MPa

强度级别	抗压强度 ≥		抗折强度 ≥	
	平均值	单块值	平均值	单块值
MU30	30.0	24.0	4.8	3.8
MU25	25.0	20.0	4.5	3.6
MU20	20.0	16.0	4.0	3.2
MU15	15.0	12.0	3.7	3.0
MU10	10.0	8.0	2.5	2.0

蒸压粉煤灰砖的抗冻性应符合表 7-12 所示。

表 7-12　蒸压粉煤灰的抗冻性

使用地区	抗冻指标	质量损失率	抗压强度损失率
夏热冬暖地区	D15		
夏热冬冷地区	D25	≤5%	≤25%
寒冷地区	D35		
严寒地区	D50		

蒸压粉煤灰砖可用于工业与民用建筑的墙体和基础，蒸压粉煤灰砖不得用于长期受热（200 ℃以上）、受急冷急热和有酸性介质侵蚀的建筑部位。为避免或减少收缩裂缝的产生，用蒸压粉煤灰砖砌筑的建筑物，应适当增设圈梁及伸缩缝。

3. 炉渣砖（LZ）

炉渣砖是以煤燃烧后的炉渣为主要原料，加入适量（水泥、电石渣）石灰、石膏等材料，经混合、压制成型、蒸养或蒸压养护等而制成的实心砖。其尺寸规格与普通砖相同，呈黑灰色，体积密度为 1 500 ~ 2 000 kg/m³，吸水率为 6% ~ 19%。

炉渣砖的公称尺寸为 240 mm × 115 mm × 53 mm，按其抗压强度和抗折强度分为 MU25、MU20、MU15 三个强度等级，各级别的强度指标应满足表 7-13 的规定。

表 7-13　炉渣砖的强度等级（JC/T 525—2007）　　　　　MPa

强度等级	抗压强度平均值 $\bar{f}$ ≥	变异系数 δ≤0.21	变异系数 δ>0.21
		强度标准值 f_k ≥	单块最小抗压强度值 f_{min} ≥
MU25	25.0	19.0	20.0

强度等级	抗压强度平均值 $\bar{f}$ ≥	变异系数 $\delta \leqslant 0.21$	变异系数 $\delta > 0.21$
		强度标准值 f_k ≥	单块最小抗压强度值 f_{min} ≥
MU20	20.0	14.0	16.0
MU15	15.0	10.0	12.0

炉渣砖可用于工业建筑与民用建筑的墙体和基础，但用于基础或用于易受冻融合干湿交替作用的建筑部位必须使用 MU15 及其以上的炉渣砖。炉渣砖不得用于长期受热 200 ℃ 以上、受急冷急热和有酸性介质侵蚀的建筑部位。

三、混凝土路面砖

混凝土路面砖是以水泥和集料为主要原材料，经搅拌、成型、养护等工艺在工厂生产的，未配置钢筋的，主要用于铺设城市道路人行道、城市广场等的混凝土路面及地面工程。混凝土路面砖按形状不同可分为普形混凝土路面砖（N）和异形混凝土路面砖（I）；按成型材料组成不同可分为带面层混凝土路面砖（C）和通体混凝土路面砖（F）。混凝土路面砖的产品标记按产品形状、成型材料组成、厚度、强度等级和标准编号顺序编写，例如：厚度为 60 mm，抗压强度等级为 C40 的异形通体的混凝土路面砖标记为：IF60 C_c40 GB 28635—2012。

1. 混凝土路面砖的物理性能

混凝土路面砖的物理性能包括耐磨性、抗冻性、吸水率、防滑性、抗盐冻性等，应符合表 7-14 的规定。

表 7-14　混凝土路面砖的物理性能指标（GB 28635—2012）

序号	项目		指标
1	耐磨性	磨坑长度/mm ≤	32.0
		耐磨度 ≥	1.9
2	抗冻性 严寒地区 D50 寒冷地区 D35 其他地区 D25	外观质量	冻后外观无明显变化，且符合外观质量的规定
		强度损失率/% ≤	20.0
3	吸水率/% ≤		6.5
4	防滑性/BPN ≥		60
5	抗盐冻性（剥落量）/ $(g \cdot m^{-2})$		平均值≤1 000，且最大值<1 500

注：1. 磨坑长度与耐磨度任选一项做耐磨性试验；
　　2. 不与融雪剂接触的混凝土路面砖不要求此项性能

2. 混凝土路面砖的强度等级

根据混凝土路面砖公称长度与公称厚度的比值确定进行抗压强度或抗折强度试验。公称长度与公称厚度的比值不大于 4 的，应进行抗压强度试验；公称长度与公称厚度的比值大于

4 的，应进行抗折强度试验。混凝土路面砖抗压强度（MPa）分为 C_c40、C_c50、C_c60 三个等级；抗折强度（MPa）分为 $C_f4.0$、$C_f5.0$、$C_f6.0$ 三个等级。各级抗压、抗折强度等级应符合表 7-15 的规定。

表7-15　混凝土路面砖强度指标（GB 28635—2012）　　　　　　MPa

抗压强度			抗折强度		
抗压强度等级	平均值　≥	单块最小值≥	抗折强度等级	平均值　　≥	单块最小值　≥
C_c40	40.0	35.0	$C_f4.0$	4.00	3.20
C_c50	50.0	42.0	$C_f5.0$	5.00	4.20
C_c60	60.0	50.0	$C_f6.0$	6.00	5.00

<h1 align="center">第二节　砌　块</h1>

砌块是利用混凝土、工业废料（炉渣、粉煤灰等）或地方材料制成的人造块材，外形尺寸比砖大，具有设备简单，砌筑速度快的优点。

砌块分类方式很多，按尺寸和质量的大小不同分为小型砌块（高度为 115～380 mm）、中型砌块（高度为 380～980 mm）和大型砌块（高度＞980 mm）；按外观形状可以分为实心砌块（空心率＜25%或无孔洞）和空心砌块（空心率≥25%），空心砌块有单排方孔、单排圆孔和多排扁孔三种形式，其中多排扁孔对保温较有利；按砌块在组砌中的位置与作用可以分为主砌块和辅助砌块；根据材料不同可分为普通混凝土小型砌块（NHB）、轻集料混凝土小型空心砌块（LB）、粉煤灰小型空心砌块（FHB）、蒸压加气混凝土砌块（ACB）、免蒸加气混凝土砌块（又称环保轻质混凝土砌块）、泡沫混凝土砌块（FCB）、自保温混凝土复合砌块（SIB）和石膏砌块等。

一、普通混凝土小型砌块

普通混凝土小型砌块是以水泥、矿物掺和料、砂、石、水等为原材料，经搅拌、振动成型、养护等工艺制成的小型砌块，包括空心砌块（空心率≥25%，代号为 H）和实心砌块（空心率＜25%，代号为 S）。砌块按使用时砌筑墙体的结构和受力情况，分为承重结构用砌块（L）和非承重结构用砌块（N）。常用的辅助砌块代号为：半块—50，七分头块—70，圈梁块—U，清扫孔块—W。其主规格尺寸为 390 mm×190 mm×190 mm，其他规格尺寸由供需双方协商确定。砌块标记按砌块种类、规格尺寸、强度等级（MU）、标准代号的顺序进行编写。例如，规格尺寸为 390 mm×190 mm×190 mm，强度等级为 MU15.0，承重结构用实心砌块，其标记为 LS 390×190×190 MU15.0 GB/T 8239—2014。

普通混凝土小型砌块其强度分级见表 7-16，各强度等级要求见表 7-17。

表 7-16　普通混凝土小型砌块强度等级划分（GB/T 8239—2014）　　　　MPa

砌块种类	承重砌块（L）	非承重砌块（N）
空心砌块（H）	7.5、10.0、15.0、20.0、25.0	5.0、7.5、10.0
实心砌块（S）	15.0、20.0、25.0、30.0、35.0、40.0	10.0、15.0、20.0

表 7-17　普通混凝土小型砌块强度等级要求（GB/T 8239—2014）　　　　MPa

强度等级	抗压强度	≥
	平均值	单块最小值
MU5.0	5.0	4.0
MU7.5	7.5	6.0
MU10	10.0	8.0
MU15	15.0	12.0
MU20	20.0	16.0
MU25	25.0	20.0
MU30	30.0	24.0
MU35	35.0	28.0
MU40	40.0	32.0

普通混凝土小型砌块自重小，热工性能好，抗震性能好，砌筑方便，墙面平整度好，施工效率高。不仅可以用于非承重墙，较高强度等级的砌块也可用于多层建筑的承重墙。可充分利用我国各种丰富的天然轻集料资源和一些工业废渣为原料，对降低砌块生产成本和减少环境污染具有良好的社会和经济双重效益。但是块体密度较大、易产生收缩变形、易破损、不便砍削加工等，处理不当，砌体易出现开裂、漏水、人工性能降低等质量问题。这类砌块主要适用于建筑地震设计烈度为 8 度及 8 度以下地区的各种建筑墙体，包括高层与大跨度的建筑，也可以用于围墙、挡土墙、桥梁和花坛等市政工程设施。

二、蒸压加气混凝土砌块

蒸压加气混凝土砌块是以粉煤灰、石灰、水泥、石膏、矿渣等为主要原料，加入适量发气剂、调节剂、气泡稳定剂，经配料搅拌、浇筑、静停、切割和高压蒸养等工艺过程而制成的一种多孔混凝土制品。

砌块一般规格的公称尺寸（mm）：长度为 600，高度为 200、240、250、300，宽度为100、120、125、150、180、200、240、250、300。其他规格可由购货单位与生产厂协商确定。

砌块按名称、干密度、质量等级、规格尺寸、标准编号顺序进行标记。例如，强度级别是为 A3.5、干密度级别为 B05、优等品，规格尺寸为 600 mm × 200 mm × 250 mm 的蒸压加气混凝土砌块，其标记为：ACB A3.5 B05 600 × 200 × 250A GB 11968。

1. 强度等级和密度等级划分

蒸压加气混凝土砌块其抗压强度等级可划分为 A1.0、A2.0、A2.5、A3.5、A5.0、A7.5、A10.0 共七个等级，其立方体抗压强度标准须符合表 7-18 的要求；按砌块表观密度不同，其密度等级可划分为 B03、B04、B05、B06、B07、B08 共六个等级。另外，按砌块尺寸偏差与外观质量、干密度、抗压强度和抗冻性分为优等品（A）和合格品（B）两个质量等级。

表 7-18　蒸压加气混凝土砌块抗压强度指标（GB 11968—2006）　　　　MPa

强度级别	立方体抗压强度 ≥	
	平均值	单组最小值
A1.0	1.0	0.8
A2.0	2.0	1.6
A2.5	2.5	2.0
A3.5	3.5	2.8
A5.0	5.0	4.0
A7.5	7.5	6.0
A10.0	10.0	8.0

2. 技术性能

蒸压加气混凝土砌块的抗冻性、收缩性和导热性应符合表 7-19 的相关要求。

表 7-19　蒸压加气混凝土砌块的技术性能要求（GB 11968—2006）

干密度等级			B03	B04	B05	B06	B07	B08
强度级别	优等品（A）		A1.0	A2.0	A3.5	A5.0	A7.5	A10.0
	合格品（B）				A2.5	A3.5	A5.0	A7.5
干燥收缩值	标准法/（mm·m^{-1}） ≤		0.5					
	快速法/（mm·m^{-1}） ≤		0.8					
抗冻性	质量损失/%		≤5.0%					
	冻后强度	优等品（A）/MPa ≥	0.8	1.6	2.8	4.0	6.0	8.0
		合格品（B）/MPa ≥			2.0	2.8	4.0	6.0
导热系数（干态）/［W·（m·K）$^{-1}$］≤			0.10	0.12	0.14	0.16	0.18	0.20

3. 工程应用

蒸压加气混凝土砌块具有体积密度小（单位体积质量是黏土砖的 1/3）、保温性能好（黏土砖的 3~4 倍）、隔声性能好（黏土砖的 2 倍）、抗渗性能好（黏土砖的 1 倍以上）、耐火性能好（钢筋混凝土的 6~8 倍）、砌体强度高，约为砌块自身强度的 80%（黏土砖为30%）等特点，主要用于建筑物的外填充墙和非承重内隔墙，也可与其他材料组合成为具有保温隔热功能的复合墙体，但不宜用于最外层。蒸压加气混凝土砌块如无有效措施，不得用于下列部位：建筑物标高 ±0.000 m 以下；长期浸水、经常受干湿交替或经常受冻融循环的部位；受酸碱化学物质侵蚀的部位以及制品表面温度高于 80 ℃ 的部位。对于厕浴间、露台、外阳台以及设置在外墙面的空调机承托板与砌体接触部位等经常受干湿交替作用的墙体根部，宜浇筑宽度同墙厚、高度不小于 0.2 m 的 C20 素混凝土墙垫；对于其他墙体，宜用蒸压灰砂砖在其根部砌筑高度不小于 0.2 m 的墙垫。

三、粉煤灰混凝土小型空心砌块

粉煤灰混凝土小型空心砌块是以粉煤灰、水泥、集料、水为主要组分（也可加入外加剂等）制成的混凝土小型空心砌块。按砌块孔的排数分为单排孔（1）、双排孔（2）、多排孔（D）三类。其主规格尺寸为 390 mm×190 mm×190 mm，其他规格尺寸可由供需双方商定。其产品标记按代号（FHB）、分类、规格尺寸、密度等级、强度等级、标准编号顺序编写，例如：规格尺寸为 390 mm×190 mm×190 mm，密度等级为 800 级，强度等级为 MU5 的双排孔砌块标记为：FHB2　390×190×190　800　MU5　JC/T 862—2008。

砌块按砌块抗压强度分为 UM3.5、MU5、MU7.5、MU10、MU15、MU20 六个强度等级，各级强度等应需符合表 7-20 的规定；按砌块密度等级划分为 600、700、800、900、1 000、1 200 和 1 400 七个密度等级。

表 7-20　粉煤灰混凝土小型空心砌块抗压强度指标（JC/T 862—2008）　　　　MPa

强度级别	抗压强度	≥
	平均值	单块最小值
MU3.5	3.5	2.8
MU5	5.0	4.0
MU7.5	7.5	6.0
MU10	10.0	8.0
MU15	15.0	12.0
MU20	20.0	16.0

粉煤灰混凝土小型空心砌块适用于一般民用与工业建筑的墙体和基础，但不宜长期用于高温或者潮湿环境，尤其是承重墙，也不宜用于处于酸性环境中的建筑结构。

四、轻集料混凝土小型空心砌块

轻集料混凝土小型空心砌块是用轻粗集料、轻砂（或普通砂）、水泥和水等原材料配制而成的干表观密度不大于 1 950 kg/m³ 的混凝土制成的小型空心砌块。按砌块孔的排数分为单排孔、双排孔、三排孔和四排孔等。砌块主规格尺寸为 390 mm×190 mm×190 mm。轻集料混凝土小型空心砌块按代号、类别（孔的排数）、密度等级、强度等级、标准编号的顺序进行标记，例如：符合 GB/T 15229—2011，双排孔，密度等级 800，MU3.5 的轻集料混凝土小型空心砌块标记为：LB　2　800　MU3.5　GB/T 15229—2011。

砌块强度等级分为 MU2.5、MU3.5、MU5.0、MU7.5、MU10.0 五级。各级强度等级指标要求见表 7-21；其密度等级分为 700、800、900、1 000、1 100、1 200、1 300、1 400 共八级。

表7-21　轻集料混凝土小型空心砌块抗压强度指标，MPa（GB/T 15229—2011）

强度级别	抗压强度/MPa ≥		密度等级范围 /（kg·m⁻³）≤
	平均值	单块最小值	
MU2.5	2.5	2.0	800
MU3.5	3.5	2.8	1 000
MU5.0	5.0	4.0	1 200
MU7.5	7.5	6.0	1 200ᵃ 1 300ᵇ
MU10.0	10.0	8.0	1 200ᵃ 1 400ᵇ

注：ᵃ 除自然煤矸石掺量不小于砌块质量35%时的其他砌块；

　　ᵇ 自然煤矸石掺量不小于砌块质量35%的砌块。

　　当砌块的抗压强度同时满足2个强度等级或2个以上强度等级要求时，应以满足要求的最高强度等级为准

　　轻集料混凝土小型空心砌块具有自重小，保温性能好，抗震性强，施工简便等特点，在许多工程结构上得到了广泛的应用。

五、泡沫混凝土砌块

　　泡沫混凝土砌块又称发泡混凝土砌块，是用物理方法将泡沫剂水溶液制备成泡沫，再将泡沫加入由水泥基胶凝材料、集料、掺和料、外加剂和水等制成的料浆，经混合搅拌、浇筑成型、自然或蒸汽养护而成的轻质多孔混凝土砌块。由于混凝土内部形成了封闭的泡沫孔，从而使混凝土轻质化（干密度为 $320 \sim 1\,200$ kg/m³，是普通混凝土或砌块的 $1/8 \sim 1/5$）和保温隔热化性能显著［导热系数为 $0.06 \sim 0.16$ W/（m·k）］。该砌块外观质量、内部气孔结构、使用性能等均与蒸压加气混凝土砌块基本相同。

　　泡沫混凝土砌块规格尺寸见表7-22，其产品按代号、强度等级、密度等级、规格尺寸、质量等级、标准编号的顺序进行标记。例如：强度等级为 A3.5，密度等级为 B08，规格尺寸为 600 mm×250 mm×200 mm，质量等级为一等品的泡沫混凝土砌块，其标记为 FCB A3.5　B08　600×250×200 B　JC/T 1062—2007。

表7-22　泡沫混凝土砌块的规格尺寸（JC/T 1062—2007）　　　　　　mm

长度	宽度	高度
400、600	100、150、200、250	200、300

　　泡沫混凝土砌块按砌块尺寸偏差和外观质量分为一等品（B）和合格品（C）两个等级；按砌块干表观密度分为 B03、B04、B05、B06、B07、B08、B09、B10 共八个等级；按砌块立方体抗压强度分为 A0.5、A1.0、A1.5、A2.5、A3.5、A5.0、A7.5 共七个等级，其强度等级应符合表7-23 的要求。

表 7-23　泡沫混凝土砌块抗压强度指标（JC/T 1062—2007）　　　　MPa

强度级别	立方体抗压强度≥	
	平均值	单组最小值
A0.5	0.5	0.4
A1.0	1.0	0.8
A1.5	1.5	1.2
A2.5	2.5	2.0
A3.5	3.5	2.8
A5.0	5.0	4.0
A7.5	7.5	6.0

泡沫混凝土砌块具备轻质高强、隔热、隔声性能良好、抗压性能好、抗震性好、抗水性能好、不开裂、使用寿命长等特点，其主要用在有保温隔热要求的建筑物。

六、自保温混凝土复合砌块

自保温混凝土复合砌块是指通过在集料中加入轻质集料和（或）在实心混凝土块孔洞中填插保温材料等工艺生产的，其所砌筑墙体具有保温功能的混凝土小型空心砌块，简称自保温砌块。自保温砌块按复合类型可分为 I（在集料中加入轻质集料制成的）、II（在孔洞中填插保温材料制成的）、III（在集料中加入轻质集料且在孔洞中填插保温材料制成的）三类；按砌块孔的排数分为单排孔（1）、双排孔（2）、三排孔（3）三类；按强度等级分为 MU3.5、MU5.0、MU7.5、MU10.0、MU15.0 五个等级；按密度等级划分为 500、600、700、800、900、1 000、1 100、1 200、1 300 共九级；按当量导热系数等级分为 EC10、EC15、EC20、EC25、EC30、EC35、EC40 共七级；按当量蓄热系数等级分为 ES1、ES2、ES3、ES4、ES5、ES6、ES7 共七级。自保温砌块的标记由自保温混凝土复合砌块产品代号、复合类型、孔排数、密度等级、强度等级、当量导热系数等级、当量蓄热系数等级和标准编号按顺序进行，例如，复合类型为 II 类，双排孔，密度等级为 1 000，强度等级为 MU5.0，当量导热系数等级为 EC20，当量蓄热系数等级为 ES4 的自保温砌块，标记为：SIB　II　（2）　1 000　MU5.0　EC20　ES4　JG/T 407—2013。

自保温混凝土复合砌块建造的建筑物，既能达到规定的建筑节能标准，还可克服外墙外保温存在的外墙开裂、外保温层脱落、保温层耐久性差等缺陷。它既适合我国北方地区的冬季保温，也适用于我国南方地区的夏季隔热，具有广泛的地区适应性，已被用于底层建筑、多层混凝土小砌块建筑和配筋小砌块建筑。

七、石膏砌块

石膏砌块是以建筑石膏为主要原料，经加水搅拌、浇筑成型和干燥制成的建筑石膏制品。其外形为长方体，纵横边缘分别设有榫头和榫槽。在生产中允许加入纤维增强材料或其他集料，也可加入发泡剂、憎水剂。石膏砌块按结构分为空心石膏砌块（带有水平或垂直方向预制孔洞的砌块，代号为 K）和实心石膏砌块（无预制孔洞的砌块，代号 S）两类；按防潮性能分为普通石膏砌块（成型过程中未做防潮处理的砌块，代号为 P）和防潮石膏砌块（在成型过程中经防潮处理，具防潮功能的砌块，代号为 F）两类。石膏砌块规格尺寸为长度为 600 mm、666 mm，高度为 500 mm，厚度为 80 mm、100 mm、120 mm、150 mm。石膏砌块按产品名称、类别代号、长度、高度、厚度、本标准编号进行标记。例如，尺寸为 666 mm×500 mm×100 mm 的空心防潮石膏砌块，其标记为：石膏砌块　KF　666×500×100　JC/T 698—2010。

石膏砌块具有隔声、防火、施工便捷等多项优点，是一种低碳环保、健康的新型墙体材料。

八、砌块的选用

砌块属于新型的墙体材料，可充分利用地方资源和工业废渣，节省黏土用量和改善环境。其具有生产工艺简单，原料来源广泛，适应性强，可改善墙体功能等特点，因此，砌块发展前景广阔，应根据工程环境要求综合选定。

第三节　砌筑用石材

石材是土木工程和建筑装饰工程中常见的材料之一，可分为天然石材和人造石材两大类。天然石材具有抗压强度高、耐久性好、装饰性好、可就地取材等特点。其中，致密的块体石材常用于砌筑基础、墙体、护坡、挡土墙、沟渠与隧道衬砌等；散粒碎石、卵石、砂则用作水泥混凝土和沥青混凝土的粗集料；坚固耐久、色泽美观的石材常用作墙面、地面等装饰材料。人造石材是由无机或有机胶结料、矿物质原料及各种外加剂配制而成，如大理石、花岗石等。由于人造石材可以人为控制其性能、形状、花色图案等，因此，人造石材也得到了广泛地应用。

一、岩石的分类

岩石是天然产出的具稳定外形的矿物或玻璃集合体，按照一定的方式结合而成，是构成地壳和上地幔的物质基础。其按成因主要分为岩浆岩、沉积岩和变质岩三类。

1. 沉积岩

沉积岩，又称为水成岩，是组成地球岩石圈的主要岩石之一（另外两种是岩浆岩和变质岩）。它是地壳发展演化过程中，在地表或接近地表的常温常压条件下，任何先成岩遭受风化剥蚀作用的破坏产物，以及生物作用与火山作用的产物在原地或经过外力的搬运所形成的沉积层，又经成岩作用而成的岩石。在地球地表，有 70% 的岩石是沉积岩，但从地球表面到 16 kg 深的整个岩石圈，沉积岩只占 5%。沉积岩种类很多，其中最常见的是页岩、砂岩和石灰岩，它们占沉积岩总量的 95%，这三种岩石的分配比例随沉积区的地质构造和古地理位置不同而异。总之，页岩最多，其次是砂岩，石灰岩数量最少。沉积岩的生成条件可分为三类：

（1）机械沉积。机械沉积是岩石经自然风化而松散破碎后，经风力、水流和冰川等搬运、沉积、重新压实而成岩石的过程，如砂岩和页岩等都是机械沉积岩。

（2）化学沉积。化学沉积是岩石中易溶于水的矿物，经聚集沉积而成岩石的过程，如石膏、白云岩和菱镁石等都是化学沉积岩。

（3）生物沉积。生物沉积是各种生物死亡后的残骸沉积而成岩石的过程，如白垩和硅藻土等都是生物沉积岩。

2. 岩浆岩

岩浆岩又称火成岩，是由岩浆喷出地表或侵入地壳冷却凝固所形成的岩石，有明显的矿物晶体颗粒或气孔，约占地壳总质量的95%。岩浆是在地壳深处或上地幔产生的高温炽热、黏稠、含有挥发分子的硅酸盐熔融体，是形成各种岩浆岩和岩浆矿床的母体。岩浆的发生、运移、聚集、变化及冷凝成岩的全部过程，称为岩浆作用。

岩浆岩分侵入岩和喷出岩两种。前者由于在地下深处冷凝，故结晶好，矿物成分一般肉眼即可辨认，通常为块状构造，按其侵入部位深度的不同，分深成岩和浅成岩（喷出岩和火山岩）；后者为岩浆突然喷出地表，在温度、压力突变的条件下形成，矿物不易结晶，常具隐晶质或玻璃质结构，一般矿物肉眼较难辨认，常见的岩浆岩有花岗岩、花岗斑石、流纹岩、正长石、闪长石、安山石、辉长岩和玄武岩等。

3. 变质岩

变质岩是由地壳中先形成的岩浆岩或沉积岩，在环境条件改变的影响下，其矿物成分、化学成分以及结构构造发生变化而形成的。它的岩性特征，既受原岩的控制，具有一定的继承性，又因经受了不同的变质作用，在矿物成分和结构构造上又具有新生性（如含有变质矿物和定向构造等）。通常，由岩浆岩经变质作用形成的变质岩称为"正变质岩"，由沉积岩经变质作用形成的变质岩称为"负变质岩"。根据变质形成条件，变质岩可分为热接触变质岩、区域变质岩和动力变质岩。常用的变质岩有大理岩、石英岩和片麻岩。其中，大理岩由石灰岩和白云岩变质而成，常作为建筑饰面材料，石英岩由砂岩变质而成，是陶瓷和玻璃的主要原料。

二、石材的技术性质

1. 物理性质

（1）表观密度。石材的表观密度与其矿物组成和孔隙率有关，可间接地反映出石材的致密程度、孔隙率、抗压强度、吸水率和耐久性等性能。致密的石材（如花岗岩、大理石等），其表观密度接近于其密度，为 $2\,500 \sim 3\,100$ kg/m³；而孔隙率较大的石材（如火山凝灰岩、浮石等），其表观密度为 $500 \sim 1\,700$ kg/m³。

石材按表观密度大小可分为重石（表观密度大于 $1\,800$ kg/m³）和轻石（表观密度小于 $1\,800$ kg/m³）两类。重石可用于建筑物的基础、贴面、地面、房屋外墙、桥梁及水工构筑物等；轻石主要用作墙体材料。石材具有表观密度越大，孔隙率越小，抗压强度越高，吸水率越小，耐久性越好的优点。

（2）导热性。导热性主要与其表观密度和结构状态有关。重质石材导热系数为 $2.91 \sim 3.49$ W/（m·K），轻质石材的导热系数则为 $0.23 \sim 0.70$ W/（m·K）相同成分的石材，玻璃态比结晶态的导热系数小，封闭孔隙的导热性差。

（3）吸水性。岩石在一定的试验条件下吸收水分的能力，称为岩石的吸水性，主要与石材的孔隙率和孔隙特征有关。孔隙特征相同的石材，孔隙率越大其吸水性也越高。石材的吸水性常用吸水率、饱和吸水率或饱水系数等指标表示。吸水率低于1.5%的岩石称为低吸水性岩石；吸水率介于1.5%～3.0%的岩石称为中吸水性岩石；吸水率高于3.0%的岩石称为高吸水性岩石。石材吸水后强度降低，抗冻性变差，导热性增加，耐水性和耐久性下降。

（4）耐水性。岩石浸水饱和后强度降低的性质，称为软化性，用软化系数（K_R）表示。按软化系数分为高、中、低三等，$K_R > 0.90$为高耐水性石材；$K_R = 0.75 \sim 0.90$为中耐水性石材；$K_R = 0.60 \sim 0.75$为低耐水性石材。经常与水接触的石材，其软化系数应大于0.80。

（5）抗冻性。岩石在饱水状态下，能经受多次冻结和融化作用（冻融循环）而不破坏，同时也不显著降低强度的性质称为抗冻性。通常，采用 -15 ℃以下的温度冻结4 h后，再在20 ℃±5 ℃的水中融化4 h，称为一次冻融循环。岩石经多次冻融交替作用后，表面将出现剥落、裂缝、分层及质量损失、强度降低。因岩石孔隙内的水结冰时体积膨胀引起材料破坏。石材的抗冻性还与其矿物组成、晶粒大小及分布均匀性、天然胶结物的胶结性质、孔隙构造及吸水性有关，吸水率小于0.5%的石材抗冻性较好。一般要求室外工程表面石材的抗冻融次数大于25。大、中桥梁，水利工程的结构物表面石材要求抗冻融次数大于50次。

（6）耐热性。岩石的耐热性与其化学成分及矿物组成有关。含有石膏的岩石，在100 ℃以上时就开始破坏；含有碳酸镁的岩石，温度高于725 ℃会发生破坏；含有碳酸钙的岩石，温度达827 ℃时开始破坏。由石英与其他矿物所组成的结晶石材如花岗岩等，当温度达到700 ℃以上时，由于石英受热发生膨胀，石材强度迅速地下降。

2. 力学性质

（1）抗压强度。抗压强度是划分强度等级的依据。天然岩石的抗拉强度比抗压强度小得多，为抗压强度的1/20～1/10，是典型的脆性材料。这是石材不同于金属材料和木材的重要特征，也是限制其使用范围的重要原因。

根据《砌体结构设计规范》（GB 50003—2011）规定，砌筑用石材的抗压强度是以边长为70 mm的立方体抗压强度值（MPa）表示，根据抗压强度值大小，石材的强度等级分为MU100、MU80、MU60、MU50、MU40、MU30和MU20共七个强度等级。

（2）冲击韧性。石材是典型的脆性材料，其抗拉强度比抗压强度低，因此冲击韧性较低。但含暗色矿物较多的辉长岩及辉绿岩等具有较大的韧性。晶体结构的岩石较非晶体结构的岩石韧性要高。

（3）耐磨性。耐磨性是指石材在使用条件下抵抗摩擦、边缘剪切及冲击等复杂作用的性质，常用磨耗率表示。石材耐磨性与其组成矿物的硬度、结构、构造特征及石材的抗压强度和冲击韧性等有关。石材组成矿物越坚硬、构造越致密及石材的抗压强度和冲击韧性越高，则石材的耐磨性越好。

在可能遭受磨损作用的地方，如台阶、地面、人行道、楼梯踏步等，应选用耐磨性高的石材。

3. 工艺性质

（1）加工性。加工性是指对岩石进行锯解、切割、凿琢、磨光等加工工艺的难易程度。影响石材加工性的主要因素有强度和硬度、矿物组成及岩石的结构构造。强度、硬度、韧性较高的石材，不易加工；石英和长石含量越高，越难加工；性脆而粗糙、有颗粒交错结构、含有层状或片状构造以及已经风化的岩石，都难以满足加工要求。

（2）磨光性。磨光性是指石材能否磨成光滑表面的性质。致密、均匀、细粒的岩石，一般都有良好的磨光性，可以磨成光滑整洁的表面；疏松多孔、有鳞片状构造的岩石，磨光性均不好。

（3）抗钻性。抗钻性是指石材钻孔时的难易程度。石材的抗钻性与岩石的强度、硬度等性质有关。石材的强度越高，硬度越大，抗钻性越大。

4. 放射性

天然岩石和地球上其他含有放射性的物质一样存在放射性元素，主要是铀、钍、镭、钾等长寿命放射性同位素。这些长寿命的放射性核素放射产生的 γ 射线和氡气，对室内的人体造成外照射危害和内照射危害。研究表明，一般红色品种的花岗岩放射性指标都偏高，颜色越红紫，放射性指标越高，而大理石放射性水平较低。

因此，在选用天然石材进行室内装修时，应有放射性检验合格证明或检测鉴定。根据《建筑材料放射性核素限量》（GB 6566—2010）规定，装修材料（包括石材、建筑陶瓷、石膏制品、吊顶材料及其他新型饰面材料等）按放射性水平大小划分为 A、B、C 三类，同时明确了每个级别石材产品的应用范围。

（1）A 类。在装修材料中，天然放射性核素的放射性比活度同时满足 I_{Ra}（内照指数）≤ 1.0 和 I_r（外照指数）≤1.3，其产销与使用范围不受限制。

（2）B 类。不满足 A 类材料要求但同时满足 I_{Ra} ≤1.3 和 I_r ≤1.9 要求的为 B 类装修材料。B 类装修材料不可用于Ⅰ类民用建筑的内饰面，但可用于Ⅱ类民用建筑、工业建筑内饰面及其他一切建筑物的外饰面。其中，Ⅰ类民用建筑规定为住宅、医院、幼儿园、老年公寓和学校。其他民用建筑为Ⅱ类民用建筑。

（3）C 类。不满足 A、B 类装修材料要求但满足 I_r ≤2.8 要求的为 C 类装修材料。C 类装修材料只可用于建筑物的外饰面及室外其他用途。

三、石材的应用

1. 毛石

毛石是在采石场爆破后直接得到的形状不规则的石块，按其表面的平整程度分为乱毛石和平毛石。乱毛石形状不规则，一般要求石块中部厚度不小于 150 mm，长度为 300~400 mm；其强度不宜小于 10 MPa，软化系数不应小于 0.8，主要用于砌筑基础、勒角、墙身、堤坝、挡土墙等；平毛石是乱毛石经粗略加工而成的，形状较乱毛石整齐，其形状基本上有六个面，但表面粗糙，中部厚度不小于 200 mm，主要用于砌筑基础、墙身、勒角、桥墩、涵洞等。

2. 料石

料石是用毛料加工成较为规则、具有一定规格的六面体石材。料石按表面加工和平整程度分为毛料石、粗料石、半细料石和细料石。

（1）毛料石。外观大致方正，一般不加工或者稍加调整。料石的宽度和厚度不宜小于 200 mm，长度不宜大于厚度的 4 倍。叠砌面和接砌面的表面凹入深度不大于 25 mm，抗压强度不低于 30 MPa。

（2）粗料石。规格尺寸同上，叠砌面和接砌面的表面凹入深度不大于 20 mm；外露面及相接周边的表面凹入深度不大于 20 mm。

（3）细料石。细料石通过细加工，规格尺寸同上，叠砌面和接砌面的表面凹入深度不大于 10 mm，外露面及相接周边的表面凹入深度不大于 2 mm。

粗料石主要应用于建筑物的基础、勒脚、墙体部位；半细料石和细料石主要用作镶面的材料。

3. 石板

石板是用结构致密的岩石经凿平或锯解而成的、厚度一般为 20 mm 的板状石材。常作为饰面用材，饰面板材要求耐磨、耐久、无裂缝或水纹，色彩丰富且外表美观。在土工工程上常采用大理石板材和花岗岩板材两种。装饰板材按表面加工程度可分为表面平整、粗糙的粗面板材；表面平整、光滑的细面板材；表面平整、具有镜面光泽的镜面板材。细面花岗石板材（表面光滑无光）主要用于建筑物外墙面、柱面、台阶及勒脚等部位；镜面板材主要用于室内外墙面、柱面；大理石板经研磨抛光成镜面，主要用于室内装饰。

四、石材的选用

选用石材时，应根据建筑物的类型、使用要求和环境条件等，综合考虑适用性、经济和美观等方面的要求。

（1）适用性。根据石材在建筑物中的用途和部位及所处环境，选定其主要技术性质能满足要求的岩石。例如，对于承重构件，如基础、勒脚、墙、柱等首要考虑抗压强度能否满足设计要求；对于围护结构构件要考虑是否具有优秀的绝热性能；用作地面、台阶、踏步等的构件要求坚韧耐磨；对于装饰部件，如饰面板、栏杆、扶手、纪念碑等，还需要考虑石材的雕琢、磨光性以及石材的花纹、色彩等；对于处在特殊环境，如高温、高湿、水中、严寒、腐蚀等条件下的构件，还要分别考虑石材的耐火性、耐水性、抗冻性以及耐化学腐蚀性等。

（2）经济性。天然石材的密度大、运输不便、运费高，应综合考虑当地资源，尽可能做到就地取材，以缩短运距、减轻劳动强度、降低成本。难于开采和加工的石料，必定使成本提高，选材时应充分考虑。

（3）安全性。天然石材是构成地壳的基本物质，可能存在镭等放射性元素。在选用石材作为装饰材料时，应做放射性检测，其检测结果应符合《建筑材料放射性核素限量》（GB 6566—2010）的相关规定。

第四节 屋面材料

随着材料技术的不断发展和建筑物形式多样化而带来的多功能需求，屋面材料已由过去单一的烧结瓦向多材质的大型水泥类瓦材发展。屋面材料在建筑结构中主要起着防水、防渗漏和隔热保温的作用。

一、屋面瓦材

1. 烧结类瓦材

（1）黏土瓦。它是以杂质少、塑性好的黏土为主要原料，经成型、干燥、焙烧而成的瓦。黏土瓦按颜色分为红瓦和青瓦；按形状分为平瓦、脊瓦、三曲瓦、鱼鳞瓦、牛舌瓦、板瓦、筒瓦、滴水瓦、沟头瓦、J形瓦、S形瓦和其他异形瓦及其配件等；根据表面状态可分为有釉和无釉两类。

黏土瓦是我国使用历史长且用量较大的屋面瓦材之一，主要用于民用建筑和农村建筑坡形屋面防水。但由于其生产中须消耗土地，能耗大，制造和施工的生产率均不高，因此，已渐为其他品种瓦材取代。

（2）琉璃瓦。琉璃瓦是用难熔黏土制胚，经干燥、上釉后焙烧而成的。这种瓦表面光滑、质地坚密、色彩美丽，常用的有黄、绿、黑、蓝、青、紫、翡翠等色。其造型多样，主要有板瓦、筒瓦、滴水瓦、勾头瓦等，有时还制成飞禽、走兽、龙飞凤舞等形象作为檐头和屋脊的装饰，是一种富有我国传统民族特色的高级屋面防水与装饰材料。琉璃瓦耐久性好，但成本较高，一般只限于在古建筑修复、纪念性建筑及园林建筑中的亭台楼阁上使用。

2. 水泥类屋面瓦材

（1）混凝土瓦。混凝土瓦的标准尺寸有400 mm×240 mm和385 mm×235 mm两种。根据《混凝土瓦》（JC/T 746—2007）规定，单片瓦的抗折荷重不得低于600 N，其抗渗性、抗冻性均应符合有关规范的要求。混凝土瓦成本低、耐久性好，但自重大于黏土瓦，在配料中加入耐碱配料，可制成彩色瓦。其应用范围同黏土瓦。

（2）纤维增强水泥。以增强纤维和水泥为主要原料，经配料、打浆、成型、养护而成。目前，市售的主要有石棉水泥瓦等，分大波、中波、小波三种类型。纤维增强水泥瓦具有防水、防潮、防腐、绝缘等性能。但是许多国家已经禁止使用，我国也开始采用其他增强纤维逐渐代替石棉。

（3）钢丝网水泥大波瓦。钢丝网水泥大波瓦是用普通硅酸盐水泥、砂子，按一定配比，中间加一层低碳冷拔钢丝网加工而成。大波瓦的规格有两种：一种尺寸为1 700 mm×830 mm×14 mm，波高80 mm，每张瓦质量约50 kg；另一种尺寸为1 700 mm×830 mm×12 mm，波高68 mm，每张质量为39～49 kg。要求瓦的初裂荷载每块2 200 N。在100 mm的静水压力下，24 h后瓦背面无严重泅水现象。此种瓦适用于工厂散热车间、仓库或临时性的屋面及围护结构等处。

3. 高分子类复合瓦材

（1）纤维增强塑料波形瓦。纤维增强塑料波形瓦也称玻璃钢波形瓦，是采用不饱和聚酯树脂和玻璃纤维为原料，经人工糊制而成。其尺寸为（1 800～3 000）mm×（700～800）mm×（0.5～1.5）mm。特点是密度小、强度高、耐冲击、耐腐蚀、透光率高、制作简单等，是一种良好的建筑材料。它适用于各种建筑的遮阳及车站站台、售货亭、凉棚等的屋面。

（2）聚氯乙烯波形瓦。聚氯乙烯波形瓦亦称塑料瓦楞板，是以聚氯乙烯树脂为主体加入其他配合剂，经塑化、挤压或压延、压波等而制成的一种新型建筑瓦材。其尺寸为2 100 mm×

（1 100 ~ 1 300）mm × （1.5 ~ 2）mm。它具有密度小、高强、防水、耐化学腐蚀、透光率高、色彩鲜艳等特点，适用于凉棚、果棚、遮阳板和简易建筑的屋面等处。

（3）木质纤维波形瓦。该瓦是利用废木料制成的木纤维与适量的酚醛树脂防水剂配制后，经高温高压成型、养护而成。其尺寸为 1 700 mm × 750 mm × 5.5 mm，波高为 40 mm，每张质量为 7 ~ 9 kg。该种瓦的横向跨度集中破坏荷载为 2 000 ~ 4 000 N，冲击性能应满足用 1 N 的重锤在 2 mm 高同一部位连续自由下落 7 次才被破坏的要求，吸水率不应大于 20%。导热系数为 0.09 ~ 0.16 W/（m·K），在无水耐热及耐寒试验中，经 25 次循环无翘曲、分层、裂纹现象，主要适用于极轻结构房屋屋面及车间、仓库、料棚或临时设施等的屋面。

（4）玻璃纤维沥青瓦。玻璃纤维沥青瓦是以玻璃纤维薄毡为胎料，以改性沥青涂敷而成的片状屋面瓦材。其表面可撒各种彩色的矿物粒料，形成彩色沥青瓦。玻璃纤维沥青瓦密度小，互相粘结的能力强，抗风化能力好，施工方便，适用于一般民用建筑的坡形屋面。

二、轻型屋面板

在大跨度结构中，长期习惯使用的钢筋混凝土大板屋盖自重为 300 kg/m² 以上，且不保温，须另设防水层。随着彩色涂层钢板、超细玻璃纤维、自熄性泡沫塑料的出现，轻型保温的大跨度屋盖得以迅速发展。例如，轻型屋面板有 EPS 轻型板、硬质聚氨酯夹芯板等。

1. EPS 轻型板

EPS 轻型板是以 0.5 ~ 0.75 mm 厚的彩色涂层钢板为表面材，自熄聚苯乙烯为芯材，用热固化胶在连续成型机内加热加压复合而成的超轻型建筑板材。其质量为混凝土屋面的 1/30 ~ 1/20，保温隔热性好，导热系数为 0.034 W/（m·K），施工简便（无湿作业，不需二次装修），是集承重、保温、防水、装修于一体的新型维护结构材料。它可制成平面型或曲面形板材，适合多种屋面形式，主要可用于大跨度屋面结构，如体育馆、展览厅、冷库等。

2. 硬质聚氨酯夹芯板

硬质聚氨酯夹芯板有镀锌彩色压型钢板（面层）与硬质聚氨酯泡沫（芯材）复合而成。压型钢板厚度为 0.5 mm、0.75 mm、1.0 mm. 彩色涂层为聚酯型、硅钙性聚酯型、氟氯乙烯塑料型，这些涂层均具有极强的耐气候性。

复合板材的导热系数约为 0.022 W/（m·K），体积密度为 40 kg/m³，当厚度为 40 mm 时，其平均隔声量为 25 dB，具有密度小、强度高、保温、隔声效果好、色彩丰富、施工简便的特点，是承重、保温、防水三合一的屋面板材，可用于大型工业厂房、仓库、公共设施等大跨度建筑和高层建筑的屋面结构。

三、其他类型屋面

1. 植被屋面

植被屋面是在具有防水层的钢筋混凝土上增设 50 ~ 100 mm 厚的水渣或细炉渣层，该层上面再加 100 ~ 200 mm 厚蛭石或蛭石粉，然后铺 100 ~ 150 mm 厚的种植土，即可种植花草类植物。该类屋面有利于增强屋顶的隔热、保温性能，如在高温季节，室内温度能大幅度降低，使居住者无烘烤感，另外，有利于美化和改善环境，但增加了屋面荷载。其可用于大型高层性建筑或与公共建筑相连的多层停车场结构的屋面（做成空间花园以增加高层建筑中人们的活动空间）等。

4. 刚性蓄水屋面

刚性蓄水屋面是直接利用水泥混凝土作为防水层（刚性自防水）的蓄水屋面。水池底部与池壁一次浇成，振捣密实，初凝后即逐步加水养护。蓄水深度 h 应按当地降雨量和蒸发量综合考虑，以 400~600 mm 为宜，若养殖，则深度按实际情况决定。该类屋面能充分发挥水硬性胶凝材料的特点，防水抗渗性强，热工性能好，可避免混凝土的碳化风化，耐久性好，但屋面结构的自重增大。

复习思考题

一、填空题

1. 欠火砖即使外观合格，也不宜用于潮湿部位的墙体中，主要因为其＿＿＿＿＿＿较差。

2. 砌墙砖按有无孔洞和孔洞率大小分为＿＿＿＿＿、＿＿＿＿＿和＿＿＿＿＿三种。

3. 烧结普通砖的耐久性包括＿＿＿＿＿、＿＿＿＿＿、＿＿＿＿＿和＿＿＿＿＿等性能。

4. 岩石由于形成条件不同，分为＿＿＿＿＿、＿＿＿＿＿和＿＿＿＿＿三类。

二、单项选择题

1. 与烧结砖相比，非烧结砖具有（　　）优点。

    A. 强度高　　　　　B. 耐久性好　　　　C. 节能环保　　　　D. 轻质

2. 强度等级为 MU15 及以上的灰砂砖可用于（　　）。

    A. 基础　　　　　　B. 防潮层以上　　　C. 一层以上　　　　D. 任何部位

3. 高层建筑安全通道的墙体应优先选用（　　）。

    A. 烧结普通砖　　　B. 石膏空心条板　　C. 加气混凝土砌块　D. 水泥聚苯板

三、简答题

1. 岩石在建筑工程中的用途有哪些？

2. 烧结多孔砖和空心砖强度等级划分的依据是什么？各有哪些用途？

3. 如何根据工程特点，合理选用墙体材料？

4. 为什么多数大理石不宜用于室外？哪些大理石可以用于室外？

第八章

沥青和沥青混合料

沥青是由不同分子量的碳氢化合物及其非金属衍生物组成的黑褐色复杂混合物，表面呈黑色，是一种防水、防潮和防腐的有机胶凝材料。沥青按产源不同可分为地沥青和焦油沥青。地沥青包括天然沥青和石油沥青，焦油沥青包括煤沥青和页岩沥青。其中，天然沥青是石油在自然条件下，长时间经受地球物理因素作用形成的产物；石油沥青是石油经各种炼制工艺加工后而得的沥青产品；煤沥青是煤经过干馏所得的煤焦油，再加工后得到煤沥青；页岩沥青是页岩炼油工业的副产品。沥青广泛地用于路面、屋面、防水、耐腐蚀等工程材料中。

第一节　石油沥青

石油沥青是石油经蒸馏提炼出各种轻质油品（汽油、煤油等）及润滑油以后的残留物，根据提炼程度的不同，在常温下呈液体、半固体或固体。石油沥青略有松香味，能溶于多种有机溶剂，如三氯甲烷、四氯化碳，可氧化成固体或用柴油等溶剂稀释成液态。

一、石油沥青的组成与结构

1. 石油沥青的组成

因为沥青的化学组成复杂，对组成进行分析很困难，且其化学组成也不能反映出沥青性质的差异，所以一般不做沥青的化学分析。通常，从使用角度出发，将沥青中按化学成分和物理力学性质相近的成分划分为若干个组，这些组称为"组分"。沥青中各组分含量的多少直接关系沥青的技术性质。石油沥青按三组分分析法其组成成分为油分、树脂和地沥青质三类。

（1）油分。油分为淡黄色至红褐色的油状液体，其密度为 $0.71 \sim 1.00 \text{ g/cm}^3$，平均分子量为 200 ~ 700，碳氢比为 0.5 ~ 0.7，能溶于大多数有机溶剂，但不溶于酒精。在石油沥青中，油分的含量为 40% ~ 60%，油分赋予沥青的流动性。油分含量多时流动性大，而沥青黏性小，温度稳定性差。

（2）树脂。树脂是半固体的黄褐色或红褐色的黏稠状物质，密度为 1.0 ~ 1.1 g/cm^3，平均分子量为 800 ~ 3 000，碳氢比为 0.7 ~ 0.8，在石油沥青中含量为 15% ~ 30%。在一定条件下可以由低分子化合物转变为高分子化合物，以至成为沥青质和炭沥青。树脂赋予沥青塑性和黏性。树脂含量增加，石油沥青黏聚性和塑性增大，温度敏感性增大。

（3）地沥青质。地沥青质为深褐色至黑色固态无定性的超细颗粒固体粉末，密度大于 1.0 g/cm^3，平均分子量为 1 000 ~ 5 000，碳氢比为 0.8 ~ 1.0，在石油沥青中，地沥青质含量为 5% ~ 30%。沥青质不溶于汽油，但能溶于二硫化碳和四氯化碳中。地沥青质是决定石油沥青温度敏感性和黏性的重要组分。其含量越多，则石油沥青软化点越高，温度稳定性越好，黏性越大，但塑性降低，脆性增大。

若石油沥青按四组分分析法，则将沥青分离为饱和分、芳香分、胶质和沥青质，各组分的性状见表 8-1。

表 8-1　石油沥青四组分分析法所得各组分性状表

性状 组分	外观特征	平均相对密度	平均分子量	主要化学结构
饱和分	无色液体	0.89	625	烷烃、环烷烃
芳香分	黄色至红色液体	0.99	730	芳香烃、含 S 衍生物
胶质	棕色黏稠液体	1.09	970	多环结构，含 S、O、N 衍生物
沥青质	深棕色至黑色固态	1.15	3 400	缩合环结构，含 S、O、N 衍生物

另外，石油沥青中还含有蜡，它会降低石油沥青的粘结性和塑性，其在沥青组分总含量越高沥青脆性越大，同时温度敏感性越大。

石油沥青中各组分含量不是一成不变的。在长期环境作用下，油分、树脂会逐渐减少，地沥青质含量相对增加，导致沥青变硬、变脆、松散，失去防水、防腐能力，即产生老化变质。

2. 石油沥青的结构

在石油沥青中，油分与树脂互溶，树脂浸润地沥青质。因此，石油沥青的结构是以地沥青质为核心，周围吸附部分树脂和油分，构成胶团，无数胶团分散在油分中而形成胶体结构。

（1）溶胶型结构。当地沥青质含量相对较少时，油分和树脂含量相对较高，胶团外膜较厚，胶团之间相对运动较自由，这时沥青形成的胶体结构叫溶胶型结构，如图 8-1 （a）所示。具有溶胶结构的石油沥青黏性小，流动性大，开裂后自行愈合能力较强，但对温度的敏感性强，温度过高时易发生流淌。大部分直馏沥青都属于溶胶型沥青。

（2）溶-凝胶型结构。当地沥青质含量适当，并有较多的树脂作为保护膜层时，胶团之间保持一定的吸引力，这时沥青形成的胶体结构叫溶-凝胶型结构，如图 8-1 （b）所示。溶-凝胶型石油沥青的性质介于溶胶型和凝胶型两者之间。

（3）凝胶型结构。当地沥青质含量较多而油分和树脂较少时，胶团外膜较薄，胶团靠近聚集，移动比较困难，这时沥青形成的胶体结构叫凝胶型结构，如图8-1（c）所示。具有凝胶结构的石油沥青弹性和粘结性较高，温度稳定性较好，但塑性较差。

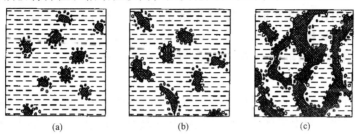

图8-1 沥青胶体结构示意图
（a）溶胶型结构；（b）溶-凝胶型结构；（c）凝胶型结构

二、石油沥青的技术性质

1. 黏滞性

黏滞性是指沥青材料在外力作用下沥青粒子产生相互位移时抵抗变形的性质，是反映沥青材料内部阻碍其相对流动的一种特性，还能反映沥青的稠稀、软硬程度。黏滞性与其组分及环境温度有关。当沥青质含量高又有适量的胶质且油分含量较少时，黏滞性较大；在一定温度范围内，温度升高，黏滞性降低。

液态石油沥青的黏滞性用黏度表示，是指液体沥青在一定温度下，经规定直径（3.5 mm或10 mm）的孔洞漏下50 mL所需要的时间（s）。在相同温度和相同流孔条件下流出时间越长，黏度越大。固体或半固体沥青的黏滞性用针入度表示，是指在25 ℃条件下，100 g质量的标准针，经5 s沉入沥青中的深度（每0.1 mm为1度）。针入度值越大，固态、半固态沥青的黏滞性越小。

2. 塑性

塑性是指沥青在外力作用下产生变形而不破坏，除去外力后仍保持变形后形状的性质。石油沥青的塑性用延伸度表示，是指将标准试件在规定温度（25 ℃）和拉伸速度（50 mm/min）条件下在延伸仪上进行拉伸，以试件拉断时的伸长值（mm）表示，石油沥青的延伸度越大，则塑性越好。

石油沥青的塑性与组分有关。石油沥青中树脂含量较多，且其他组分含量适当时，则塑性较大。影响沥青塑性的因素还有温度和沥青膜层厚度，温度升高，塑性增大；膜层越厚，塑性越高。

在常温下，塑性较好的沥青在产生裂缝时，也可能由于特有的黏塑性而自行愈合。故塑性还反映了沥青开裂后的自愈能力。沥青之所以能用来制造性能良好的柔性防水材料，很大程度上取决于沥青的塑性。沥青的塑性对冲击振动有一定的吸收能力，能减少摩擦时的噪声，因此，沥青也是一种优良的地面材料。

3. 温度敏感性

温度敏感性是指石油沥青的黏滞性和塑性随温度升降而变化的性质。温度敏感性较小的沥青，其黏滞性、塑性随温度升降变化较小。

温度敏感性用软化点来表示，即沥青受热时由固态转变为具有一定流动性的膏体时的温度。软化点越高，表明沥青的温度敏感性越小。石油沥青的软化点可通过"环球法"测定。环球法是把试样在内径为15.9 mm，厚为2.38 mm，深5.35 mm的金属环中成型，将此环放在流体加热浴中的金属板上，再将直径为9.55 mm，质量为3.5 g的钢球放在试样中心，以5 ℃/min的速度升温，当沥青软化下垂至规定距离（25.4 mm）时的温度即为软化点（℃）。

另外，石油沥青的脆化点也是反映沥青温度敏感性的另一个指标。它是指沥青的状态随着温度从高到低变化，而由高弹状态向玻璃体状态转变的温度，反映沥青的低温变形能力。在实际应用中希望得到高软化点和低脆化点的沥青，以提高它的耐热性和耐寒性。

石油沥青中沥青质含量较多时，在一定程度上能够减少其温度敏感性（即提高温度稳定性），沥青中含蜡量较多时，则会增大温度敏感性。在建筑工程中要求选用温度敏感性较小的沥青材料，因而在工程使用时往往加入滑石粉、石灰石粉或其他矿物填料来减小其温度敏感性。

4. 大气稳定性

大气稳定性是指石油沥青在大气综合因素（热、阳光、氧气和潮湿等）长期作用下抵抗老化的性能。在阳光、空气和热等的综合作用下，沥青各组分会不断地递变，低分子化合物将逐步转变成高分子物质，即油分和树脂逐渐减少，而沥青质逐渐增多，从而使沥青流动性和塑性逐渐减小，硬脆性逐渐增大，直至脆裂，这个过程称为石油沥青的老化。大气稳定性好的石油沥青可以在长期使用中保持其原有性质。

石油沥青的大气稳定性以沥青试样在160 ℃下加热蒸发5 h后质量蒸发损失百分率和蒸发后的针入度比表示。蒸发损失百分率越小，蒸发后针入度比值越大，则表示沥青的大气稳定性越好，即老化越慢。

另外，为评定沥青的品质和保证施工安全，还应该了解沥青的溶解度、闪点和燃点。

（1）溶解度。溶解度是指石油沥青在三氯乙烯、四氯化碳或苯中溶解的百分率，以表示石油沥青中有效物质的含量，即纯净程度。那些不溶解的物质会降低沥青的性能，应将这些物质视为有害物质而加以限制。

（2）闪点。也称闪火点，是指加热沥青至挥发出的可燃性气体和空气的混合物，在规定条件下与火焰接触，初次闪火（有蓝色闪光）时的沥青温度。

（3）燃点。也称着火点，是指加热沥青产生的气体和空气的混合物，与火焰接触能持续燃烧5 s以上时沥青的温度。燃点温度比闪点温度约高10 ℃。地沥青质组分多的沥青相差较大，液体沥青由于轻质成分较多，闪点和燃点的温度相差很小。

闪点和燃点的高低表明沥青引起火灾或爆炸的可能性大小。关系到沥青运输、储存和加热使用等方面的安全问题。

三、石油沥青的技术标准与选用

石油沥青按用途不同分为道路石油沥青、建筑石油沥青和普通石油沥青，由于其应用范围和要求不同，分别制定了不同的技术标准，以利于工程控制。在土木工程中，使用最多的是道路石油沥青和建筑石油沥青。

1. 建筑石油沥青的技术标准与选用

建筑石油沥青，按沥青针入度值划分为 40 号、30 号和 10 号。建筑石油沥青针入度较小、软化点较高，但延度较小。建筑石油沥青主要用于屋面及地下防水、沟槽防水与防腐、管道防腐蚀等工程，还可用于制作油毡、油纸、防水涂料和沥青玛瑞脂等建筑材料。建筑石油沥青在使用时制成的沥青胶膜较厚，增大了对温度的敏感性，同时沥青表面又是较强的吸热体。一般同一地区的沥青屋面的表面温度比当地最高气温高 25 ~ 30 ℃。为避免夏季流淌，用于屋面的沥青材料的软化点应比本地区屋面最高温度高 20 ℃ 以上。软化点偏低时，沥青在夏季高温易流淌；而软化点过高时，沥青在冬季低温易开裂。因此，建筑石油沥青应根据气候条件、工程环境及技术要求选用。对于屋面防水工程，主要应考虑沥青的高温稳定性，选用软化点较低的沥青，如 10 号沥青或 10 号与 30 号的混合沥青；对于地下室防水工程，主要应考虑沥青的耐老化性，选用软化点较高的沥青，如 40 号沥青。建筑石油沥青的技术性能应符合表 8-2 的规定。

表 8-2　建筑石油沥青的技术性质（GB/T 494—2010）

项目		质量指标		
		10 号	30 号	40 号
针入度（25 ℃，100 g，5 s）/0.1 mm		10 ~ 25	26 ~ 35	36 ~ 50
针入度（46 ℃，100 g，5 s）/0.1 mm		报告	报告	报告
针入度（0 ℃，200 g，5 s）/0.1 mm	≥	3	6	6
延度（25 ℃，5 cm/min）/cm	≥	1.5	2.5	3.5
软化点（环球法）/℃	≥	95	75	60
溶解度（三氯乙烯）/%	≥	99.0		
蒸发后质量变化（163 ℃，5 h）/%	≤	1		
蒸发后 25 ℃ 针入度比/%	≥	65		
闪点（开口杯法）/℃	≥	260		

注：1. 报告应为实测值；
　　2. 测定蒸发损失后样品的 25 ℃ 针入度与原 25 ℃ 针入度之比乘以 100 后，所得的百分比，称为蒸发后针入度比

2. 道路石油沥青的技术标准与选用

道路石油沥青等级划分除了根据针入度的大小以外，还要以沥青路面使用的气候条件为依据，在同一气候分区内根据道路等级和交通特点将沥青划分为 1 ~ 3 个不同的针入度等级；同时，按照技术指标将沥青分为三个等级：A、B、C，分别适用于不同范围工程，由 A 至 C，质量级别降低。道路石油沥青的技术性质应符合表 8-3 的规定。经建设单位同意，沥青的 PI、60 ℃ 动力黏度、10 ℃ 延度可作为选择性指标。

沥青路面采用的沥青强度等级，宜按照公路等级、气候条件、交通条件、路面类型及在结构层中的层位及受力特点、施工方法等，结合当地的使用经验，经技术论证后确定。

对于高速公路、一级公路，夏季温度高、高温持续时间长、重载交通、山区及丘陵区上坡路段、服务区、停车场等行车速度慢的路段，尤其是汽车荷载剪应力大的层次，宜采用稠

度大、60 ℃动力黏度大的沥青，也可提高高温气候分区的温度水平选用沥青等级；对于冬季寒冷的地区或交通量小的公路、旅游公路宜选用稠度小、低温延度大的沥青；对于温度日温差、年温差大的地区宜选用针入度指数大的沥青。当高温要求与低温要求发生矛盾时，应优先考虑满足高温性能的要求。

表 8-3 道路石油沥青的技术要求

项 目	质量指标				
	200 号	180 号	140 号	100 号	60 号
针入度 (25 ℃, 100g, 5s) / (10 mm)$^{-1}$	200 ~ 300	150 ~ 200	110 ~ 150	80 ~ 110	50 ~ 80
延度 (25 ℃) /cm ≥	20	100	100	90	70
软化点/℃	30 ~ 48	35 ~ 48	38 ~ 51	42 ~ 55	45 ~ 58
溶解度/% ≥	99.0				
闪点（开口）/℃ 不低于	180	200	230		
密度 (25 ℃) / (g·cm^{-3})	报告				
蜡含量/% ≤	4.5				
薄膜烘箱试验 (163 ℃, 5 h)					
质量变化/%	1.3	1.3	1.3	1.2	1.0
针入度比/%	报告				
延度 (25℃) /cm	报告				

注：如25℃延度达不到，15℃延度达到时，也认为是合格的，指标要求与25℃延度一致

第二节 其他沥青

一、煤沥青

煤焦油加工过程中，经过蒸馏去除液体馏分以后的残余物称为煤沥青。煤沥青是煤焦油的主要成分，占总量的50% ~ 60%。一般认为其主要成分是多环、稠环芳烃及其衍生物，具体化合物组成十分复杂，且原煤煤种和加工工艺的不同也会导致成分的差异，现行的方法主要是根据其表现出的软化温度进行区分的。

室温下，煤沥青为黑色脆性块状物，有光泽；臭味，熔融时易燃烧，并且有毒。在煤沥青中有一定的表面活性物质，其中酸性表面活性物质有苯酚，相当于石油沥青中的沥青酸和酸酐，其中酚有毒而且能够溶于水。碱性表面活性物质主要有吡啶、喹啉等。正是因为这些物质，使得煤沥青拥有较差的大气稳定性和塑性以及温度稳定性，但是也有较强的与矿料粘

结的能力，以及较好的防腐性。

煤沥青中含有游离碳等不溶物，并且还含有氧、氮和硫等结构复杂的大分子有机物，若是这些物质的含量过多，就会降低煤沥青的粘结性，因此，必须要加以限制，若是在煤沥青的加工过程中含有过量的水分，则煤沥青在施工中不易加热，甚至还会导致材料质量的恶化和火灾的发生。

由于煤沥青和石油沥青在化学组分上有一定的差异，因此，在使用过程中具有不同的特性。例如，煤沥青加热温度一般应低于石油沥青，加热时间宜短不宜长。一般情况下，煤沥青不能和石油沥青混用，否则会因两者在物理化学性质上的差异而导致絮凝结块现象，并且在储存和加工时，也要将两种沥青严格区分开来。

二、乳化沥青

乳化沥青是指把沥青加热熔融，在机械搅拌作用力下，以细小的微粒分散于含有乳化剂及其助剂的水溶液中形成的水包油型（O/W）乳液。乳化沥青根据所用乳化剂电性的不同，分为阳离子乳化沥青、阴离子乳化沥青、非离子乳化沥青等。

乳化沥青主要由沥青、乳化剂、稳定剂和水等成分组成。沥青是乳化沥青的主要成分，占 55%～70%，沥青的技术性质直接决定了乳化沥青的使用性质；乳化剂是乳化沥青形成的关键材料，它是"两亲性"分子，分子的一端具有亲水性，另一端具有亲油性，这两个基团具有使互不相溶的沥青与水连接起来的特殊性能，乳化沥青的性能很大程度上取决于乳化剂的性能；稳定剂主要采用无机盐类和高分子化合物，用于防止已经分散的沥青乳液在储存期彼此凝聚，以及保证在施工喷洒或拌和的机械作用下有良好的稳定性；水是乳化沥青的主要组成部分，在乳化沥青中起着润湿、溶解及化学反应的作用，要求水纯净不含杂质，水的用量一般为 30%～70%。

乳化沥青在使用时，可以在一定温度范围内直接与集料、水泥混合，铺在路面上（微表处）。待水挥发后乳化沥青中的沥青再次团聚，将集料包裹住，形成稳定的路面结构。相比普通的改性沥青，乳化沥青在使用施工中具有施工简便、节约时间的优点，但需要现用现配，储存条件也有一定的要求。

乳化沥青可以常温使用，也可以和冷、潮湿的石料一起使用。乳化沥青可用作屋面防水、地下防渗防漏以及管道防腐材料。

三、改性沥青

改性沥青是掺加橡胶、树脂、高分子聚合物、磨细的橡胶粉或其他填料等外掺剂（改性剂），或采取对沥青轻度氧化加工等措施，使沥青或沥青混合料的性能得以改善制成的沥青结合料。改性沥青其机理有两种：一是改变沥青化学组成；二是使改性剂均匀分布于沥青中形成一定的空间网络结构。一般按所用掺加剂不同将改性沥青分为以下几类：

（1）橡胶及热塑性弹性体改性沥青。包括天然橡胶改性沥青、SBS 改性沥青（使用最为广泛）、丁苯橡胶改性沥青、氯丁橡胶改性沥青、顺丁橡胶改性沥青、丁基橡胶改性沥青、废橡胶和再生橡胶改性沥青、其他橡胶类改性沥青（如乙丙橡胶、丁腈橡胶等）。

（2）塑料与合成树脂类改性沥青。包括聚乙烯改性沥青、乙烯–乙酸乙烯聚合物改性沥青、聚苯乙烯改性沥青、环氧树脂改性沥青、α-烯烃类无规聚合物改性沥青。

（3）共混型高分子聚合物改性沥青。用两种或两种以上聚合物同时加入沥青对沥青进行改性。这里所说的两种以上的聚合物可以是两种单独的高分子聚合物，也可以是事先经过共混形成高分子互穿网络的所谓高分子合金。

第三节　沥青混合料的组成与性质

沥青混合料是由矿料与沥青结合料拌和而成的混合料的总称。其按材料组成及结构分为连续级配、间断级配混合料；按矿料级配组成及空隙率大小分为密级配、半开级配、开级配混合料；按公称最大粒径的大小可分为特粗式（公称最大粒径大于 31.5 mm）、粗粒式（公称最大粒径等于或大于 26.5 mm）、中粒式（公称最大粒径 16 mm 或 19 mm）、细粒式（公称最大粒径 9.5 mm 或 13.2 mm）、砂粒式（公称最大粒径小于 9.5 mm）沥青混合料；按制造工艺分为热拌沥青混合料、冷拌沥青混合料、再生沥青混合料等。

工程上最常用的沥青混合料有两类：一是沥青混凝土混合料，是由适当比例的粗集料、细集料及填料组成的符合规定级配的矿料，与沥青结合料拌和、压实后剩余空隙率小于 10% 的混合料，简称沥青混凝土，以 AC 表示，采用圆孔筛时用 LH 表示。二是沥青碎石混合料，是由适当比例的粗集料、细集料及填料（或不加填料）与沥青拌和、压实后剩余空隙率在 10% 以上的混合料，简称沥青碎石混合料，以 AM 表示。

一、沥青混合料的组成结构

沥青混合料主要由矿质集料、沥青和空气三相组成，有时还含有水分，是典型的多相多组分体系。根据级配原则构成的沥青混合料，其结构组成可分为以下三类。

（1）悬浮密实结构。这种由次级集料填充前级集料（较次级集料粒径稍大）空隙的沥青混合料，如图 8-2（a）所示。该类结构具有很大的密度，但由于各级集料被次级集料和沥青胶浆所分隔，不能直接互相嵌锁形成骨架。因此，该结构具有较大的黏聚力 c，但内摩擦角 φ 较小，高温稳定性较差。但连续级配集料一般不会发生粗细粒料离析，便于施工，在道路工程中应用较多。

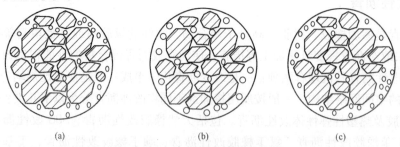

(a)　　　　　　　　　　(b)　　　　　　　　　　(c)

图 8-2　沥青混合料的组成结构

（a）悬浮密实结构；（b）骨架空隙结构；（c）骨架密实结构

（2）骨架空隙结构。此结构粗集料所占比例大，细集料很少甚至没有，粗集料可互相嵌锁形成骨架；但细集料过少容易在粗集料之间形成空隙，如图8-2（b）所示。这种结构内摩擦角 φ 较大，但黏聚力 c 也较低。

理论而言，骨架空隙结构中促进发挥了嵌挤作用，使集料间摩阻力增大，从而使得沥青混合料稳定性较好，且能够形成较高强度，是一种比连续级配更为理想的组成结构。但是由于间断级配的粗细集料容易分离，所以在工程上应用不多，当沥青路面采用这种结构的沥青混合料时，沥青面层下面必须做下封层。

（3）骨架密实结构。较多数量的粗集料形成空间骨架，相当数量的细集料填充骨架间的空隙形成连续级配，这种结构不仅内摩擦角 φ 较大，黏聚力 c 也较高，如图8-2（c）所示。这种结构的沥青混合料，其密实度、强度和稳定性都较好，但是目前应用较少。

二、沥青混合料的技术性质

沥青混合料在路面中，直接承受车辆荷载的作用，因此应具有一定力学强度。除了交通的作用外，还受到各种自然因素的影响，因此还必须具有抵抗自然因素作用的耐久性。现代交通的作用下，为保证行车安全、舒适，还需要具有特殊表面特性（即抗滑性）。为便利施工还应具有施工的工作性。

1. 高温稳定性

沥青混合料是一种典型的流变性材料。它的强度和劲度模量随着温度的升高而降低。高温条件下或长时间承受荷载作用，沥青混合料会产生显著的永久变形，从而使沥青路面产生车辙、波浪及鼓包等病害。在交通量大，重车比例高和经常变速路段的沥青路面上，车辙是最严重、最具危害的破坏形式之一。沥青混合料高温稳定性，是指沥青混合料在夏季高温（通常为60℃）条件下，经车辆荷载长期重复作用后，不产生车辙和波浪等病害的性能。《公路沥青路面施工技术规范》（JTG F40—2004）的规定，采用马歇尔稳定度试验（包括稳定度、流值、马歇尔模数）来评价沥青混合料高温稳定性；对于高速公路、一级公路、城市快速路、主干路用沥青混合料，还应通过动稳定度试验检验其抗车辙能力，其技术质量应符合表8-4的要求。

影响高温稳定性的主要因素有沥青的用量、沥青的黏度、矿料的级配、矿料的大小、形状等。提高高温稳定性的措施可采用提高沥青混合料的粘结力和内摩阻力的方法等。增加粗集料含量可提高沥青混合料的内摩阻力，适当提高沥青材料的黏度，控制沥青与矿料比值，严格控制沥青用量，均能改善沥青混合料的粘结力，这样就可以增强沥青混合料的高温稳定性。

表8-4　沥青混合料车辙试验动稳定度技术要求（JTG F40—2004）

气候条件与技术指标	相应于下列气候分区所要求的动稳定度/（次·min^{-1}）								
七月平均最高气温/℃ 及气候分区	>30				20~30				<20
	1. 夏炎热区				2. 夏热区				3. 夏凉区
	1-1	1-2	1-3	1-4	2-1	2-2	2-3	2-4	3-2
普通沥青混合料　≥	800		1 000		600		800		600

续表

气候条件与技术指标	相应于下列气候分区所要求的动稳定度/（次·min^{-1}）				
改性沥青混合料 ≥	2 400	2 800	2 000	2 400	1 800
SMA 混合料 非改性 ≥	1 500				
SMA 混合料 改性 ≥	3 000				
OGFC 混合料	1 500（一般交通路段），3 000（重交通路段）				

注：1. 如果其他月份的平均最高气温高于七月时，可使用该月平均最高气温；

2. 在特殊情况下，如钢桥面铺装、重载车特别多或纵坡较大的长距离上坡路段、厂矿专用道路，可酌情提高动稳定度要求；

3. 对因气候寒冷确需使用针入度很大的沥青（如大于100），动稳定度难以达到要求，或因采用石灰岩等不很坚硬的石料，改性沥青混合料的动稳定度难以达到要求等特殊情况，可酌情降低要求；

4. 为满足炎热地区及重载车要求，在配合比设计时采取减少最佳沥青用量的技术措施时，可适当提高试验温度或增加试验荷载进行试验，同时增加试件的碾压成型密度和施工压实度要求；

5. 车辙试验不得采用二次加热的混合料，试验必须检验其密度是否符合试验规程的要求；

6. 如需要对公称最大粒径等于和大于 26.5 mm 的混合料进行车辙试验，可适当增加试件的厚度，但不宜作为评定合格与否的依据

2. 低温抗裂性

沥青路面的面层直接暴露在大气作用下，当气温下降时，沥青路面相应要收缩，但由于路面结构内基层以及面层之间的摩阻力，并且沥青路面内不设伸缩缝使沥青面层内部产生温度应力。沥青混合料属于黏弹塑性材料，具有应力松弛特性，拉应力会随着时间的增长逐渐消解，但如果温度下降的速率快或者面层材料的松弛性能不好，面层内的温度应力来不及松弛，温度应力所做的功导致一定的能量累积，如果这些能量达到沥青混合料本身所容许的极限程度，即会产生低温开裂。沥青混合料抵抗低温收缩的能力便称为低温抗裂性。

沥青混合料的低温开裂形式有面层低温缩裂、温度疲劳裂缝、反射裂缝三种。沥青的性质、沥青混合料的组成、路面结构几何尺寸、环境温度等都会对沥青混合料的低温抗裂性产生不同程度的影响。为防止或减轻沥青路面的低温开裂，可选用橡胶类的改性沥青，或者黏度较低的沥青，与此同时增加沥青的相对用量，以提高沥青混合料的柔韧性。

3. 耐久性

沥青混合料的耐久性是指沥青混合料在使用中抵抗外界各种因素（如阳光、空气、水、车辆荷载等）的长期作用，保持原有的性质的能力，主要包括抗老化性和水稳定性等。沥青混合料路面长期暴露在空气中受到自然因素和重复车辆荷载的作用，为保证路面的正常使用，沥青混合料必须具备良好的耐久性。

影响沥青混合料路面耐久性的因素很多。例如，沥青的化学性质、矿料的矿物成分、沥青混合料的组成结构、沥青的用量、沥青混合料的压实度与空隙率等。为改善沥青混合料路面的耐久性，可从沥青混合料的选材、配合比设计、施工技术和养护等方面进行。

4. 抗滑性

随着现代车辆速度的不断提高，沥青路面的抗滑性显得尤为重要，关系行车安全。沥青混合料路面的抗滑性与矿质集料的表面性质、级配组成及沥青用量等因素有关。为提高路面

的抗滑性，必须提高路面的粗糙程度，面层集料应选用质地坚硬且具有棱角的碎石，如玄武岩。为节省造价，可采用玄武岩和石灰岩混合的办法，可以等路面使用一段时间以后，随着石灰岩被磨平，玄武岩突出，更能提高路面的抗滑性。另外，增大集料粒径、减少沥青用量、严格控制沥青蜡含量也能提高沥青路面的抗滑性。

5. 施工和易性

为了使得沥青混合料在施工过程中易于拌和、摊铺和碾压，沥青混合料必须具备良好的施工和易性。影响施工和易性的因素很多，如当地气温、施工条件及混合料性质等。单纯地从混合料材料性质而言，影响施工和易性的首先是混合料的级配情况，如沥青用量过少或矿粉用量过多，混合料容易产生疏松不易压实；反之，混合料易粘结成团块，不易摊铺。

第四节　沥青混合料的配合比设计

沥青混凝土配合比的设计过程分为三个阶段：目标配合比设计、生产配合比设计、生产配合比验证。各个阶段的工作内容虽有不同，但每个阶段最终要解决的问题都是相同的：一是确定矿料的级配比例；二是确定最佳沥青用量。这种设计方法的目的是使设计逐步深化，设计结果更加符合生产实际，真正将室内试验与施工生产联系在一起，充分做到指导施工的作用。

一、沥青混合料组成材料的技术要求

1. 粗集料

粗集料是指粒径大于 2.36 mm 的碎石、破碎砾石、筛选砾石和矿渣等。其通过颗粒间的嵌锁作用来为沥青混凝土提供较强的稳定性。

粗集料应具有干净、粗糙、耐磨等特点。粗集料的质量控制重点是视密度和吸水率，石料硬度大而密度高，吸水率低的粗集料具有耐磨、耐久等特点；但粗集料密度并不单单要求大，粗集料表面粗糙与否同样重要，而密度过大的粗集料大多表面光滑，缺乏表面的凹凸不平，以至于无法更好的吸附沥青结合料，这便无法形成较厚的沥青膜，进而对混合料的耐久性带来不良影响。而且粗集料与沥青的黏附性、磨光值和破碎面也应符合《公路沥青路面施工技术规范》（JTG F40—2004）的相关规定，因此，粗集料的多种性质需要均衡考虑。

2. 细集料

细集料是指粒径小于 2.36 mm 的天然砂、人工砂（包括机制砂）及石屑，它通过配合粗集料的使用增加沥青混凝土的稳定性。

细集料应具有干净、干燥、无杂质的特点。测定的方法有 0.075 mm 通过率、砂当量、亚甲蓝试验等。同时，选取细集料也与级配情况、沥青的粘结性和耐磨性有关，这些情况同样要进行综合考虑，只有能够满足多方面需求的细集料才是工程中所需要的。

3. 填料

填料是指粒径小于 0.6 mm 的石灰岩磨细的矿粉。

填料具有憎水的特点，同时应干净，能自由地进出矿粉仓，其质量应符合《公路沥青路面施工技术规范》（JTG F40—2004）的技术要求。填料在沥青混凝土中扮演着一种添加剂的"角色"，要配合需求投放。投放的量过少会导致沥青难以吸附，投放的量过多则会使胶泥成团，致使路面离析，造成不良的后果。

4. 沥青

沥青混凝土的主体自然是沥青，沥青的好坏在很大程度上决定着沥青混凝土路面的使用期限以及适应能力。因此，既要密切关注沥青质量的好坏，同时也要注重该沥青对于当地自然环境、气候及道路运行情况的适应性。例如，当地土壤的酸碱性、雨水的酸碱性、降雨量以及运载压力等。沥青的强度等级是其中不容忽视的一大因素，选择时应按照公路等级、气候、通行状况乃至于地质情况做参考。诸如在高速公路，夏季高温多雨，过载，爬坡路段多宜采用黏稠度大的沥青；而在季度温差较大的路段则应选用针入度指数大的沥青。

二、沥青混合料的配合比设计

1. 目标配合比设计

首先，根据各矿料的筛分结果，用图解法或试算法确定各种材料间的比例关系，调整接近规范要求级配的上、中、下限，以使混合后矿料具有足够的密度和较高的内摩擦阻力。

其次，初选级配，根据实际情况及当地以往资料数据，选择一个沥青用量作为初选级配的沥青用量。固定初选沥青用量，将上、中、下限的级配成型马歇尔试件，根据三组试件的试验结果确定设计级配。

再次，确定配合比中沥青的最佳用量。按确定的设计级配，选择一个沥青的最佳用量作为起始用量，按 0.5% 的间距取 5 个或 5 个以上不同的沥青用量，分别与矿料拌和，击实成型马歇尔试件。然后进行马歇尔试验，对各组马歇尔试件的空隙率、密度、饱和度等体积指标进行计算，根据实测数据确定最佳沥青用量。

最后，根据确定好的设计级配及最佳沥青用量进行制件，验证该混合料的性能检验是否符合要求。

目标配合比设计的意义是确定设计级配及最佳沥青用量，并对确定的设计级配及最佳沥青用量进行性能检验，确定该混合料的耐久性能。

2. 生产配合比设计

完成目标配合比设计后，就可以开始设计实际生产中使用的生产配合比。

试验前，首先根据路面结构的级配类型，选择适当尺寸的拌合机振动筛。选择时，要遵循下列要求：

（1）振动筛的最大筛孔应使超粒径的矿料排出，保证最大粒径筛孔的通过量在要求的级配范围内。

（2）振动筛分档应使各热料仓的材料保持均衡，以提高生产效率。

（3）应注意振动筛的孔径要与室内试验方孔筛尺寸的对应关系。

试验时，矿料按目标配合比设计的比例进料，通过拌合机的振动筛进行二次筛分，同时，将拌合机各热料仓的二次筛分的矿料分别取出后进行筛分试验，使其合成级配比例在设计级配大致接近的范围，按此比例进行马歇尔试验，此试验的油石比采用目标配合比确定的

油石比 ±0.3% 进行试验。按照与目标配合比相同的试验方法确定最佳沥青用量，所得结果为生产配合比。

生产配合比设计的意义是通过拌合楼的二次筛分数据使其生产级配与设计级配大致接近，同时，通过马歇尔试验更加细致地优化最佳沥青用量。

3. 生产配合比验证

生产配合比验证分为试拌与试铺两个阶段。

试拌是按确定的目标配合比所调试的皮带转速、流量进行冷料上料，按确定的生产配合比矿料级配比例及最佳沥青用量作为热料仓的进料比例，在拌合楼试拌混合料并对混合料进行检测，检测项目包括抽提、马歇尔击实、最大理论密度等，检测结果应与生产配合比数据基本一致。

在试拌的混合料检测数据与生产配合比数据基本一致的前提下，进行试铺。试铺是对施工方案、运输、摊铺、碾压工艺等可行性和设备的匹配情况的综合性验证。

生产配合比验证的意义是对前面所设计的各项指标及拌合楼的工作状态和施工方案、运输、摊铺、碾压工艺设备的匹配情况进行的综合性评估。

复习思考题

一、填空题

1. 沥青的牌号越高，其塑性越_____。
2. 石油沥青三组分分析法是将其分离为_____、_____和_____。
3. 沥青混合料是指_____与沥青拌和而成的混合料的总称。

二、单项选择题

1. 在软化点满足要求的前提下，所选用沥青的牌号应（　　）。

    A. 尽可能高　　　　B. 适中　　　　　　C. 尽可能低　　　　D. 无特殊要求

2. 通常，采用马歇尔稳定度和流值作为评价沥青混合料的（　　）技术指标。

    A. 高温稳定性　　　B. 耐久性　　　　　C. 低温抗裂性　　　D. 施工和易性

3. 固体、半固体石油沥青的黏滞性用（　　）表示。

    A. 软化点　　　　　B. 延度　　　　　　C. 溶解度　　　　　D. 针入度

4. 石油沥青中加入再生的废橡胶粉，并与沥青进行混炼，目的是提高（　　）性能。

    A. 黏性　　　　　　B. 耐热性　　　　　C. 抗拉强度　　　　D. 低温柔韧性

三、简答题

1. 简述煤沥青和石油沥青的区别。
2. 高速公路面层可否用石屑作为热拌沥青混合料的细集料？
3. 马歇尔试验的主要作用是什么？能否正确地反映沥青混合料的抗车辙能力？

第九章

木 材

木材是能够次级生长的植物（如乔木和灌木），所形成的木质化组织。这些植物在初生生长结束后，根茎中的维管形成层开始活动，向外发展出韧皮，向内发展出木材。木材是维管形成层向内的发展出植物组织的统称，包括木质部和薄壁射线。木材对于人类生活起着很大的支持作用。根据木材不同的性质特征，人们将它们用于不同的途径。

木材具有很多优异性能，如轻质高强、有较好的弹性和韧性、耐冲击和振动；保温性好；木纹悦目，表面易于着色和油漆，装饰性好；结构构造简单，容易加工等。但木材也有缺点，如内部构造不均匀，各向异性；易吸水吸湿而产生胀缩变形；易腐朽及虫蛀；易燃烧；天然疵病较多；生长缓慢等。但经过一定的加工和处理，这些缺点可以得到改善。

木材是人类最早使用的建筑材料之一。至今，木材在建筑结构、装饰上仍以其高贵、典雅、质朴等特性在室内装饰方面大放异彩，为人们创造了一个个美好的生活空间。

第一节　木材的分类与构造

一、木材的分类

木材取自树木，树木的种类很多，一般可将树木分为针叶树和阔叶树两大类。

针叶树树干高而直，表观密度和胀缩变形小，材质软，耐腐蚀性好，强度高。在建筑中，其多用于承重构件和门窗、地面和装饰工程，常用的树种有松树、杉树、柏树等。

阔叶树树干通直部分短、材质较硬，表观密度大，易翘曲开裂，加工后木纹和颜色美观，适于制作家具、室内装饰和制作胶合板等。常用的树种有榆树、水曲柳、柞木等。

二、木材的构造

1. 木材的宏观构造

在肉眼或 10 倍放大镜下所能见到的木材三切面上的构造特征称为木材的宏观构造，如图 9-1 所示。横切面是指与树干上轴相垂直的切面，即树干的端面，可用来观察各种轴向分子的横断面和木射线的宽度，它是识别木材最重要的一个切面；径切面是指顺着树干轴向，通过髓心与年轮垂直的纵切面。在横切面上看，凡是平行木射线的纵切面都称径切面，在这个切面上的木射线都呈断续条状与年轮相垂直；弦切面是顺着木材纹理，不通过髓，而与年轮相切的切面。这个切面的木射线呈现细线状或纺锤形，V 形年轮构成花纹；在生产过程中，把板面与树干同心圆切线之间夹角为 45°～90°的木材板称为径切板，夹角为 0°～45°的称为弦切板。通过木材横切面、径切面和弦切面的比较观察，人们可以全面、充分地了解木材结构。

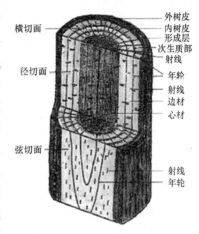

图 9-1 木材的宏观构造

木材主要组成如下：

（1）边材和心材。一般说来，由于色素等化学物质存在的原因，木材都具有或深或浅的天然颜色。就边材和心材来讲，既有取材部位的相对不同，也有其颜色之差别的含义。

若以取材部位论，则称居于树心周围的木材为心材，称靠近树皮附近的木材为边材。若以颜色论，则称髓心周围色深、含水分少的部分为心材，称心材之外靠近树皮一侧色浅而水分多的部分为边材。木材检验上称心边材区别明显的树种为显心材树种（如柏木、水曲柳），而称心边材颜色无区别的树种为隐心材树种（如云杉、色木）。一些隐心材树种木材如果遭受真菌危害，会出现状似心材的色泽变异，被称假心材或伪心材，这在桦木、云杉和山杨等树种中较为常见；由于同样的原因，一些显心材树种木材（如各种栎类等）的心材区出现的浅淡环带，被称为内含边材。若以形成的先后看，心材则是随着树木的生长由边材演化而来：伴随着立木细胞的逐渐死亡，边材细胞的细胞腔内即逐渐沉积起代谢产物树脂、单宁、碳酸钙和色素等物质，于是其密度逐渐提高，材色逐渐加深，天然硬度和耐腐性也有所增强，边材这就变成了心材。而新生的边材由于富含活细胞，即接替起继续输导水分和贮藏营养物质的任务。因此边材通常材质较软，也易于招致菌、虫害而变质等。在细木工生产中，常在选材时利用显心材树种边材、心材材色的不同，搭配镶接成各种好看的图案。

（2）年轮。由于种种原因，树木每年向外圆周生长的木质层总有周期性的密度变化。温带、寒温带的树木的生长层的密度和颜色每年只变化一次。这在木材的横切面上即可看到反映其生长情况的轮状层次，称为年轮。年轮在木材的径切面上表现为接近等宽的平行线条组；弦切面很长时，可以看到由年轮构成的 V 形花纹；而在横切面，年轮则为若干以髓为心的同心圆环。

（3）早材和晚材。每一个年轮均由早材和晚材组成。早材居于年轮靠髓心一侧的木材，是在生长季之先期所形成，细胞体积较大，胞壁较薄，于肉眼下观察，其颜色较浅，材质也较松软，称为早材。晚材居于年轮靠树皮一侧的木材，是在生长季之后期形成，胞壁较厚，材色较深而材质也较坚韧，称为晚材。

一条年轮的早材内侧至晚材外侧（轮始至轮末）的径向尺寸为该年轮的宽度。晚材宽度占年轮宽度的百分率称为晚材率。晚材率是木材识别特征之一。晚材率越高的木材其利用价值也越高。

不少针叶材，其晚材宽度比较一致；而不少阔叶材相反，它们的早材宽度比较一致。因此生长速度快、年轮宽的针叶材的晚材率将会降低，生长速度快、年轮宽的环孔材或半环孔材的晚材率却有所提高。可以想象，早材带和晚材带也如年轮，在横切面呈环状，在纵切面呈条状，也是木材出现美丽花纹的原因之一。

（4）木射线。在木材的横切面上可以看到一些自髓心至树皮方向呈辐射状排列的颜色较浅或略带光的线条，宽度一般为 0.015 ~ 0.6 mm，这就是木射线。同一根木射线在木材三切面上形状不同：于横切面上呈射线条，显示其宽度和长度；于径切面上呈水平线条状，显示其高度和长度；而在弦切面上沿纵向呈纺锤状、短线条状或点状，显示其宽度和高度。

木射线是一种横向薄壁组织，平均占针叶材木材总体积的 5% ~ 6% 、占阔叶材总体积的 15% 左右不等；于栎类木材中，有的可高达 30% 。木射线并非均起源于髓心。它的主要功用在于储藏养分以及起横向输导作用，同时将树木的纵向细胞团聚为一个柱形整体，提高了树干抗倒伏能力和木材的弦向抗劈裂强度。若木射线很发达，可以在成材的径切板上组成射线斑纹（青冈）或银光花纹（银桦），均很有欣赏价值。

（5）轴向薄壁组织。仔细观察经刨光的某些阔叶材的横切面，在其深色背景之中，可以见到一些颜色很浅、而用水润湿加深其背景之后更加明显的灰白色细纹，表现为实质木材，这就是轴向薄壁组织。

轴向薄壁组织与射线薄壁组织一样也是一种储藏组织。针叶材的轴向薄壁组织量少难见，对木材的宏观识别没有意义；而一般阔叶材的轴向薄壁组织量多易见，其含量可达木材体积的 18% ，其分布形态于各种属间又比较稳定，成为识别阔叶材的重要特征之一。

（6）管孔。导管是绝大多数阔叶材所具有的运输通道，其在木材横切面上呈现为大小不等的孔眼，木材构造上称这种孔眼为管孔。导管是由一连串相同的中空细胞连生而成的有节管道，它的管腔空隙的体积占木材总体积的 7% ~ 40% ，是阔叶材的输导组织，所以阔叶材又称为有孔材。

导管直径较大，其管孔直径不乏大于 0.4 mm 以上者，多数为圆形或多角形；径切面和弦切面上，导管显露其沟槽状结构，称为导管槽或导管线。当导管槽或导管线直径（或宽度）较大时，木材显得粗糙，不易油漆。

（7）树脂道。松属、云杉属、落叶松属、黄杉属、油杉属、银杉属树种木材的横切面，可以见到不少随机、分布不匀的白色小点（松脂干涸物），这就是轴向树脂道。当松脂流失以后，树脂道就像管孔，也表现为孔隙状构造（松属树种轴向树脂道孔径大，阻力小，新伐木材的松脂易于流失）。树脂道是一些特殊的泌脂细胞所围成的细胞间隙，除油杉属只有轴向树脂道之外，其余各属的树脂道均有纵向和横向两种。松属的轴向树脂道最大可达 0.3 mm，易于观察识别。数厘米长不等轴向树脂与隐藏于纺锤形木射线之中的横向树脂道互相连接形成树脂道网络，是提供松香、松节油的场所。如同导管一样，大型轴向树脂道在木材的纵切面呈沟条状。但横向树脂道直径很小，最发达的松木横向树脂道直径不过 0.5 mm，仅在弦切面可以见到如针尖大的锈色小点。

上述六属树种木材，是在立木生长期就衍生有树脂道，被称为正常树脂道。另外，有一些树种木材（如冷杉属、铁杉属、雪松属和红杉属等树种）在立木生长期由于受各种外在的机械刺激而在局部的生长层中所发生的树脂道，被称为创伤树脂道。

（8）树胶道。与针叶材的树脂道相似，一些阔叶材（如坡垒、油楠等）也有一种细胞间隙，这种胞间隙含有红色、深褐色或琥珀色树胶，称为树胶道。树胶道多见于热带材，另于黄连木、柑橘和樱桃木中常见。油楠、赤松等具有正常轴向树胶道；黄连木、南酸枣、鸭脚木等具有径向树胶道。阔叶材的创伤树胶道只限于轴向。枫香及一些杜英科树种木材的创伤轴向树胶道在木材横切面上呈长弦线排列，肉眼下易于发现。

通常的木材宏观识别特征将限于对年轮、边材心材、早材晚材、管孔、轴向薄壁组织、木射线等几个方面。

2. 木材的微观构造

木材的微观构造，是指用显微镜所能观察到的木材组织。在显微镜下，可以看到木材是由无数管状细胞结合而成的，如图 9-2 所示。每个细胞都有细胞壁和细胞腔两个部分。

细胞壁由若干层细纤维组成，纤维之间有微小的空隙能渗透和吸附水分。木材的细胞壁越厚，腔越小，木材越密实，表观密度和强度也越大，但同时其胀缩性也越大。与春材相比，夏材的细胞壁较厚，腔较小。

针叶树材的显微结构较简单而规则，它由管胞、髓线、树脂道组成，阔叶树材的显微结构较为复杂，主要由导管、木纤维及髓线组成。春材中有粗大导管，沿年轮呈环状排列的称为环孔材。春材、夏材中管孔大小无显著差异，均匀或比较均匀分布的称为散孔材。阔叶树材的髓线发达，粗大而明显。导管和髓线是鉴别针叶树和阔叶树的主要标志。

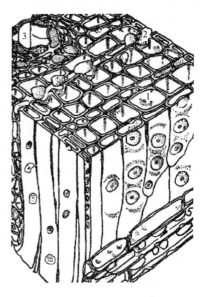

图 9-2 松木显微构造图

1—管胞；2—木射线；3—树脂道

树种不同，其纹理、花纹、色泽、气味也各不相同，体现了宏观构造的特征。木材的纹理是指木材内纵向组织的排列情况，分直纹理、斜纹理、扭纹理和乱纹理等。木材的花纹是指纵切面上组织松紧、色泽深浅不同的条纹，它是由年轮、纹理、材色及不同锯切方向等因素决定的，可呈现出银光花纹、色素花纹等，充分显示了木材自身具有的天然的装饰性，尤其是髓线发达的硬木，经刨削磨光后，花纹美丽，是一种珍贵的装饰材料。

第二节　木材的主要性质

一、木材的物理性质

1. 密度

木材是由木材细胞壁实质物质、水分及空气组成的多孔性材料，其密度是指单位体积木材的质量。由于木材的质量和体积均受含水率影响，对应着木材的不同含水状态，木材密度可以分为生材密度、气干密度、绝干密度和基本密度。密度大的木材，其湿胀干缩率也大，同时力学强度也较高。

2. 含水情况

组成木材的细胞壁物质——纤维素和半纤维素等化学成分结构中有许多自由羟基（—OH），它们具有很强的吸湿能力。在一定温度和湿度条件下，胞壁纤维素、半纤维素等组分中的自由羟基，借助氢键和分子间力吸附空气中的水分子，形成多分子层吸附水；水层的厚度随空气相对湿度的变化而变化，当水层厚度小于它相适应的厚度时，则由空气中吸附水蒸气分子，增加水层厚度；反之，当水层厚度大于它相适应的厚度时，则向空气中蒸发水分，水层变薄，直到达到它所适应的厚度为止。根据木材含水存在形式的不同将其分为自由水、吸附水、化合水三类。

（1）自由水。自由水是指以游离态存在于木材细胞的胞腔、细胞间隙和纹孔腔这类大毛细管中的水分，包括液态水和细胞腔内水蒸气两部分。理论上，毛细管内的水均受毛细管张力的束缚，张力大小与毛细管直径大小成反比，直径越大，表面张力越小，束缚力也越小。木材中大毛细管对水分的束缚力较微弱，水分蒸发、移动与水在自由界面的蒸发和移动相近。自由水多少主要由木材孔隙体积（孔隙度）决定，它影响到木材重量、燃烧性、渗透性和耐久性，对木材体积稳定性、力学、电学等性质无影响。

（2）吸附水。吸附水是指以吸附状态存在于细胞壁中微毛细管的水，即细胞壁微纤丝之间的水分。木材胞壁中微纤丝之间的微毛细管直径很小，对水有较强的束缚力，除去吸附水需要比除去自由水要消耗更多的能量。吸附水多少对木材强度和湿胀干缩有着重要影响，所以在木材生产和使用过程中，应充分关注吸附水的变化与控制。

（3）化合水。化合水是指与木材细胞壁物质组成呈牢固地化学结合状态的水。这部分水分含量极少，而且相对稳定，是木材的组成成分之一。一般温度下的热处理是难以将木材中的化合水除去，如要除去化合水必须给予更多能量加热木材，此时木材已处于破坏状态，不属于木材的正常使用范围。因此化合水对日常使用过程中的木材物理性质没有影响。

水分进入木材后，首先吸附在细胞壁上称为吸附水，吸附水饱和后，其余的水则以自由水的形式存在。木材失水干燥时，首先失去的是自由水，然后才失去吸附水。当自由水完全失去而吸附水达到饱和状态时，木材的含水率称为纤维饱和点。木材的纤维饱和点因树种而异，为23% ~ 33%。当含水率大于纤维饱和点时，水分对木材性质的影响很小；当含水率自纤维饱和点降低时，木材的物理和力学性质随之而变化，所以纤维饱和点是木材物理力学性质发生变化的转折点。

木材在大气中能吸收或蒸发水分，与周围空气的相对湿度和温度相适应而达到恒定的含水率，称为平衡含水率。如果木材实际含水率小于平衡含水率，木材则呈现吸湿作用；反之，木材就会呈现蒸发作用。平衡含水率随地区、季节及气候等因素而变化，总体而言，湿度越大、温度越低，木材平衡含水率越高，为 10% ~ 18%。

木材的平衡含水率是木材进行干燥的重要指标，为避免木材因含水率大幅变化而引起木材制品变形甚至开裂，使用前需干燥至其使用环境长年平均平衡含水率。

3. 湿胀干缩

木材细胞壁内吸附水含量的变化会引起木材变形，即湿胀干缩。湿材因干燥而缩减其尺寸的现象称为干缩；干材因吸收水分而增加其尺寸与体积的现象称之为湿胀。干缩和湿胀现象主要在木材含水率小于纤维饱和点的这种情况下发生，当木材含水率在纤维饱和点以上，其尺寸、体积是不会发生变化的，如图 9-3 所示。木材干缩与木材湿胀是发生在两个完全相反的方向上，两者均会引起木材尺寸与体积的变化。对于小尺寸而无束缚应力的木材，理论上说其干缩与湿胀是可逆的；对于大尺寸实木试件，由于干缩应力及吸湿滞后现象的存在，干缩与湿胀是不完全可逆的。

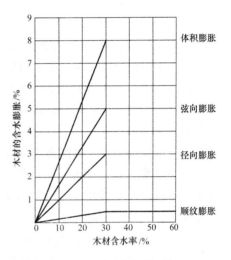

图 9-3　木材胀缩变形规律

由于木材构造的各向异性，沿不同方向的干缩值也不同。一般顺纹方向（纵向）干缩最小，径向干缩较大，弦向干缩最大。因此，湿材干缩后其截面尺寸和形状会发生明显变化。干缩对木材的使用影响很大，会使木材产生裂纹或翘曲变形，以致引起木结构的结合松弛或凸起等。

二、木材的化学性质

材是一种天然生长的有机高分子材料，主要由纤维素、半纤维素、木质素和木材抽提物等组成，其中纤维素约占 50%。纤维素、半纤维素和木质素是构成细胞壁的物质基础，其中纤维素形成微纤丝，在细胞壁中起着骨架的作用，半纤维素和木质素则成为骨架间的粘结和填充材料。

木材的化学性质具备很强的不稳定性。在常温下木材对稀盐溶液、稀酸、弱碱等物质有一定的抵抗力，但随着温度升高，木材的抵抗力逐渐下降。而强氧化的酸、强碱在常温下也会使木材的性能发生改变。在高温下即使是中性水也会使木材发生水解等反应。

因此，木材是由天然形成的有机物构成的，属于高分子化合物，要研究木材的利用以及以木材为基础的林产品加工，首先要了解组成木材的化学成分及其化学性质。

三、木材的力学性质

木材是各向异性的高分子材料，又易受环境因素影响，其强度因所施加应力的方式和方向的不同而改变。根据所施加应力的方式和方向的不同，木材具有顺纹抗拉强度、顺纹抗压强度、横纹抗压强度、抗弯强度等多项力学强度指标。

1. 顺纹抗压强度

顺纹抗压强度指平行于木材纤维方向，给试件全部加压面施加荷载时的强度。

顺纹抗压试验应按《木材顺纹抗压强度试验方法》（GB/T 1935—2009）进行，试件断面径、弦向尺寸为 20 mm×20 mm，高度为 30 mm。其计算公式：

$$\sigma_m = \frac{P_{max}}{bt}$$

式中　σ_m——木材的顺纹抗压强度（MPa）。

　　　P_{max}——最大荷载（N）；

　　　b、t——试件宽度、厚度（mm）；

我国木材的顺纹抗压强度平均值为 45 MPa，顺纹比例极限与强度的比值约为 0.70，针叶树材该比值约为 0.78；软阔叶树材为 0.70，硬阔叶树材为 0.66。

木材的顺纹抗压强度一般是其横纹抗压强度的 5~15 倍，约为顺纹抗拉强度的 50%。

2. 抗拉强度

顺纹抗拉强度是木材的最大强度，约两倍于顺纹抗压强度，12~40 倍于横纹抗压强度，10~16 倍于顺纹抗剪强度。木材顺纹抗拉强度取决于木材纤维或管胞的强度、长度及方向。纤维长度直接涉及微纤丝与轴向的夹角（纤丝角），纤维越长，纤丝角越小，则强度越大。密度大者，顺纹抗拉强度也大。

木材抵抗垂直于纹理拉伸的最大应力称为横纹抗拉强度。木材横纹抗拉强度的值通常很低，且在干燥过程中常常会发生开裂，导致木材横纹抗拉强度完全丧失。因此，在任何木结构部件中都要尽量避免产生横纹拉伸应力。横纹抗拉强度值很低，通常仅为顺纹抗拉强度的 1/65~1/10。由于横纹抗拉强度不很重要，且使用较少，这里不介绍试验方法和影响因素。有时，横纹抗拉强度可以作为预测木材干燥时开裂易否的重要指标。

3. 抗弯强度

木材抗弯强度介于顺纹抗拉强度和顺纹抗压强度之间，各树种的平均值约为 90 MPa。针叶树材中最大的为长苞铁杉 122.7 MPa，最小的为柳杉 53.2 MPa；阔叶树材中最大的为海南子京 183.1 MPa，最小的为兰考泡桐 28.9 MPa。径向和弦向抗弯强度间的差异主要表现在针叶树材上，弦向比径向高出 10%~12%；阔叶树材两个方向上差异一般不明显。

4. 抗剪强度

当木材受大小相等、方向相反的平行力时，在垂直于力接触面的方向上，使物体一部分与另一部分产生滑移所引起的应力，称为剪应力。由于剪应力的作用使木材一表面对另一表面的顺纹相对滑移造成的破坏，称为剪切破坏。木材抵抗剪应力的能力称为抗剪强度。

根据作用力与木材纤维方向的不同，木材的抗剪强度有顺纹剪切、横纹剪切和横纹切断三种，如图 9-4 所示。当梁的高度大、跨度短，承受中央荷载时，产生大的水平剪应力；木材接榫处产生平行或垂直于纤维的剪应力；螺栓连接木材时也产生平行和垂直于纤维的剪应力。胶合板和层积材常在胶接层产生剪应力。顺纹抗剪强度是剪切强度中最小的，在木材使用中最常见顺纹剪切破坏。

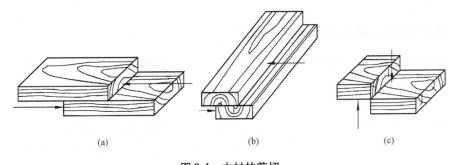

图 9-4 木材的剪切

（a）顺纹剪切；（b）横纹剪切；（c）横纹切断

木材顺纹抗剪强度较小，平均只有顺纹抗压强度的 10% ~ 30%。阔叶树材的顺纹抗剪强度平均比针叶树材高出 1/2。针叶树材径面和弦面的抗剪强度基本相同；阔叶树材弦面的抗剪强度较径面高出 10% ~ 30%，木射线越发达，差异越明显。对于纹理交错或斜行、混乱的木材，其抗剪强度会明显增加。

5. 冲击韧性

冲击韧性也称冲击弯曲比能量、冲击功或冲击系数，是木材在非常短的时间内受冲击荷载作用而产生破坏时，试样单位面积吸收的能量。冲击韧性试验的目的是测定木材在冲击荷载条件下对破坏的抵抗能力。同时，由于冲击荷载的作用时间短促，比在短时间内受静力弯曲的破坏强度大，也可作为评价木材的韧性或脆性的指标。通常木梁、枕木、坑木、木梭、船桨等部件用材都需要有较好的冲击韧性。

冲击韧性与生长轮宽度具有一定关联性，生长轮特别宽的针叶树材，因密度低，冲击韧性也低。胞壁过薄，壁腔比过低，微纤丝倾角过大，都会降低木材的韧性；从化学组分上，木质素含量过高也会降低木材的韧性。

早晚材差别明显的树种，其弦向和径向的冲击韧性有明显差别。如落叶松径向冲击韧性比弦向高为 50%，云杉高为 35%，水曲柳高为 20%。早晚材差别不明显的树种，径、弦向冲击韧性几乎相同。

6. 硬度与耐磨性

木材硬度表示木材抵抗其他刚体压入木材的能力。木材硬度又分弦面、径面和端面硬度三种。端面硬度高于弦面和径面硬度，大多数树种的弦面和径面硬度相近，但木射线发达树种的木材，弦面硬度可高出径面 5% ~ 10%。木材硬度因树种而异，通常多数针叶树材的硬度小于阔叶树材。木材密度对硬度的影响极大，密度越大，则硬度也越大。

耐磨性是表征木材表面抵抗摩擦、挤压、冲击和剥蚀以及这几种因素综合作用的耐磨能力。木材与任何物体的摩擦，均产生磨损，例如，人在地板上行走，车辆在木桥上驰行，都可造成磨损，其变化大小以磨损部分损失的重量或体积来计量。由于导致磨损的原因很多，磨损的现象又十分复杂，所以难以制定统一的耐磨性标准试验方法。

木材的硬度和耐磨性两者具有一定的内在联系，通常木材硬度高者耐磨性大；反之，耐磨性小。硬度和耐磨性可作为选择建筑、车辆、造船、运动器械、雕刻、模型等用材的依据。

四、影响木材力学性质的主要因素

了解木材力学性质受哪些因素的影响、其影响的作用方向和程度如何，对于木材利用者来说是十分重要的。

1. 木材密度的影响

木材密度是单位体积内木材细胞壁物质的数量，是决定木材强度和刚度的物质基础，木材强度和刚性随木材密度的增大而增高。木材的弹性模量值随木材密度的增大而线性增高；剪切弹性模量也受密度影响，但相关系数较低。密度对木材顺纹拉伸强度几乎没有影响，这是由于木材的顺纹拉伸强度主要取决于具有共价键的纤维素链状分子的强度，与细胞壁物质的多少关系不大。针叶树材的密度值小、差异也小，而阔叶树材的密度差异要大得多，因此阔叶树材的强度和刚度整体较针叶树材要高，且树种间差异程度大。木材韧性随密度的增加也成比例增长。阔叶树材的环孔材年轮宽，晚材率高，密度大，韧性较好；针叶树材的年轮宽，但晚材率并没增加，只是早材的比例相对增加，所以韧性反而下降。

2. 含水率的影响

含水率在纤维饱和点以上时，自由水虽然充满导管、管胞和木材组织其他分子的大毛细管，但只浸入木材细胞腔内部和细胞间隙，同木材的实际物质没有直接相结合，所以对木材的力学性质几乎没有影响，木材强度呈现出一定的值。当含水率处在纤维饱和点以下时，结合水吸着于木材内部表面上，随着含水率的下降，木材发生干缩，胶束之间的内聚力增大，内摩擦系数增高，密度增大，因而木材力学强度急剧增加，如图9-5所示。

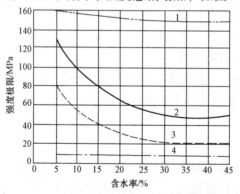

图9-5　含水率对木材强度的影响

1—顺纹抗拉；2—抗弯；3—顺纹抗压；4—顺纹抗剪

在含水率从纤维饱和点起下降至零的范围内，除抗拉强度外，其他强度都会显著地增大。例如，含水率每降低1%，顺纹抗拉强度增加约1%，横纹抗拉强度增加约1.5%，抗弯强度增加约5%，顺纹抗剪强度增加约3%；弹性模量、剪切弹性模量值在含水率为5%～8%时会达到极大值，这是水分子进入非结晶领域，纤维素分子链再取向等造成的。

根据我国木材物理力学试验方法规定，木材强度值都应调整到含水率为12%时的强度值，所以，测定木材强度时，为了测定结果的准确，必须注意含水率的影响，必要时需做含水率的修正。可利用下式进行换算：

$$\sigma_w = \frac{\sigma_{12}}{1 + \alpha\,(w - 12)}$$

式中　σ_w——含水率为 w 时的强度值（MPa）；

　　　σ_{12}——含水率为 12% 时的强度值（MPa）；

　　　α——调整系数，即含水率每改变 1%，强度值改变的百分率。顺纹抗压：$\alpha = 0.05$；
　　　　顺纹抗拉：阔叶树 $\alpha = 0.15$，针叶树 $\alpha = 0$；抗弯：$\alpha = 0.04$；径向或弦向横纹
　　　　局部抗压：$\alpha = 0.045$；弦面或径面顺纹抗剪：$\alpha = 0.03$。

3. 温度的影响

就木材而论，像其他任何固体（尤其是结晶性固体）一样，由于温度升高（温度在熔点或热解点以下时），纤维素的晶格受热膨胀，原子势能增大，热分子的振荡加强，原子间平均距离增大，产生热膨胀，对变形的抵抗性降低。研究表明，在温度为 20 ℃ ~ 160 ℃ 范围内，木材强度随温度升高而较为均匀地下降；当温度超过 160 ℃，会使木材中构成细胞壁基体物质的半纤维素、木质素这两类非结晶型高聚物发生玻璃化转变，从而使木材软化，塑性增大，力学强度下降速率明显增大。湿材随温度升高而强度下降的程度明显高于干材。例如，温度为 +50 ℃ ~ -50 ℃ 的范围内，每改变温度 1 ℃，抗弯强度在含水率为 4% 时将改变 0.3%；在含水率为 11% ~ 15% 范围内，抗弯强度改变 0.6%/℃；在含水率为 18% ~ 20% 范围内，抗弯强度改变 0.9%/℃。

4. 长期荷载的影响

木材的黏弹性理论已表明，荷载持续时间会对木材强度有显著的影响。如果木材的应力小于一定的极限时，木材会由于长期受力而发生破坏，这个应力极限称为木材的长期强度。木材长期强度与木材瞬时强度的比值，随木材的树种而异，约为顺纹受压：0.5 ~ 0.59；顺纹受拉：0.5 ~ 0.54；静力弯曲：0.5 ~ 0.64；顺纹受剪：0.5 ~ 0.55。

有关研究调查结果表明，对于长期负荷的横梁：①如果在破坏前卸去荷载，那么应力在弹性极限以下时，静态强度和弹性率不受影响；②随时间的推移，如果木梁的变形速度呈减少状态，则在长期负荷下也安全。

5. 纹理方向及超微构造的影响

荷载作用线方向与纹理方向的关系是影响木材强度的最显著因素之一。拉伸强度和压缩强度均为顺纹方向最大，横纹方向最小。"立木顶千斤"的说法，是人们长期应用木材经验的总结。当针对直纹理木材顺纹方向加荷时，荷载与纹理方向间的夹角为 0°，木材强度值最高。当此夹角由小至大变化（相当于不同角度的斜纹情况）时，木材强度和弹性模量将有规律地降低。斜纹时，冲击韧性受影响最显著，倾斜 5° 时，降低 10%；倾斜 10° 时，降低 50%。斜纹对抗拉和抗弯强度的影响较抗压强度为大，木材顺纹抗拉强度在斜度为 15° 时即下降 50%。斜纹对抗压强度的影响随含水率、木材密度的变化而有所不同。一般，当含水率增高、或密度增大，木材顺纹、横纹抗压强度的差异程度减小，同时斜纹对抗压强度的影响也减小。

6. 缺陷的影响

节子是结疤和纤维的混乱等原因造成的，其结果是有节子的木材一旦受到外力作用，节

子及节子周围产生应力集中，与同一密度的无节木材相比，其弹性模量较小。木材发生腐朽或降解，韧性会显著地下降，所以借韧性的变化可以判断有无腐朽与降解现象。这些缺陷影响了木材材质的均匀性，破坏了木材的构造，从而使木材的强度降低，其中对抗拉和抗弯强度的影响最大。

第三节　木材的防护处理

一、木材的干燥

木材在使用之前，必须要进行适当的干燥处理，正确的干燥处理可以避免木材出现干缩、开裂、弯曲变形、霉变等缺陷，从而提高木材的强度和耐久性。木材的干燥主要有自然干燥和人工干燥两种方法。自然干燥时指将木材置于空气中，让太阳暴晒，该方法操作简单，只是天气条件很重要，其次木材含水率也不好把握；人工干燥是目前采用的主要方法，常采用烟熏、热风、蒸汽加热，干燥后的木材质量强度等各方面性能都较好；还可以用太阳能、远红外线加热进行木材干燥，干燥效果也很好，只是技术要求较高。

二、木材的防腐

1. 木材的腐朽

木材的腐朽为真菌侵害所致。真菌分为霉菌、变色菌和腐朽菌三种。前两种真菌对木材质量影响较小，但腐朽菌影响很大。腐朽菌寄生在木材的细胞壁中，它能分泌出一种酵素，把细胞壁物质分解成简单的养分，供自身摄取生存，从而致使木材产生腐朽，并遭彻底破坏。

真菌在木材中生存和繁殖具备三个条件：

（1）水分。真菌繁殖生存时适宜的木材含水率为35%～50%，木材含水率在稍超过纤维饱和点时易产生腐朽，而对含水率为20%以下的气干木材不会发生腐朽。

（2）温度。真菌繁殖的适宜温度为25～35 ℃，温度低于5 ℃时，真菌停止繁殖，而高于60 ℃时，真菌则死亡。

（3）空气。真菌繁殖和生存需要一定氧气存在，所以完全浸入水中的木材，则因缺氧而不易腐朽，但受到反复干湿作用时，则会加速木材腐朽进程。

2. 木材的防腐

（1）浸泡法。在常温常压下，将木材浸泡在盛防腐剂溶液的槽或池中，木材始终处于液面以下部位。浸泡时间视树种、木材规格、含水率和药剂类型而定，具体以达到规定的药剂保持量和透入度为准。为了改善处理效果，在浸泡液中可设置超声波、加热装置，以及添加表面活性剂，改进木材的渗透性。视浸泡时间的长短，浸泡法可分瞬间浸渍（时间数秒至数分钟）、短期浸泡（时间数分钟至数小时）和长期浸泡（时间数小时至1个月）。适用于单板和补救性防腐处理，以及临时性的木材。

（2）扩散法。根据分子扩散原理，借助于木材中的水分作为药剂扩散的载体，药剂由高浓度向低浓度扩散，扩散到木材的深层。因此，扩散法防腐处理木材须具备如下条件：①木材含水率足够高，通常为35%～40%及以上，生材最好；②水载型药剂（扩散型），溶解度高，且固化慢；③环境温度和湿度较高。按作业过程，扩散法可分浆膏扩做法、浸渍或喷淋扩散法、绑带扩散法、钻孔扩散法（或点滴扩散法）和双剂扩散法。扩散法处理设备投资少生产工艺简单，易在广大的农村应用和推广。与扩散法类似的还有树液置换法。

（3）热冷槽。利用热胀冷缩的原理，使木材内的气体热胀冷缩，产生压力差，以便克服液体的渗透阻力，即将木材在热的液体中加热。令木材中的空气膨胀，部分水分也蒸发，木材内部压力高于大气压，空气和水蒸气向外部溢出，此时，迅速将木材置于较冷的液体中，木材骤冷，木材内的空气因收缩产生负压，冷的液体渗入木材。按处理方法及冷槽的配置，可分双槽交替法、单槽热冷液交替法和单槽置冷法。由于处理效率较低（与加压法比），单位产品的能耗大，通用于小批量的木材防腐处理。

三、木材的防虫

1. 剥皮法

带树皮的原木，可用剥皮刀或铲锹等工具，将树皮全部剥掉。剥皮法既利于木材干燥，减少病虫寄生，也便于木材机械加工。

2. 气干法

将潮湿的树材堆积在室外或室内离地面0.5 m高的支架上，让其慢慢干燥。在室外气干时，堆放的地方要求清洁卫生，无杂草，气流汤通，排水良好。当木材的含水量降低到20%以下时（充分气干材为14%），即很少发生蛀虫和腐朽。

3. 水沤法

在树木伐倒后，除去枝杈，连同树皮浸入水中沤6月至1年时间（最好要经过夏天），再取出加工使用。水沤时，要求木材全部浸没水中，不能干干湿湿，那样易发生腐朽。

4. 涂刷法

用煤焦蒸油、液性焦蒸油等油剂，涂刷木材表面（对木材裂隙部分也应充分涂刷），使油剂借毛细管作用逐渐渗透进木材，达到保存木材的目的。涂刷法一般适用于电杆、柱材、桩木、桥梁、矿柱及涵洞木材等。

四、木材的防火

木材具易燃性，是有火灾危险性的有机可燃物。木材的防火处理主要是为了提高木材的耐火性，使之不易燃烧，或当着火后，火焰不至很快蔓延，或当火焰移开后，木材表面的火焰立即熄灭。目前，常用的防火处理方法有以下两种：

（1）防火剂浸渍处理。主要作用是在起火时，能阻止或延缓木材温度的升高，降低火焰蔓延的速度以及减低火焰穿透木材的速度。

（2）表面涂覆处理。这种处理可以在施工现场进行，在木材表面涂覆上防火剂，将木材与热源隔开。

第四节　木材在土木工程中的应用

一、木材的种类

木材按材质可分为原条、原木、锯材和枕木四类。原条是指已经除去皮、根、树梢的木料，但还未按一定尺寸加工成规定的材类，主要用在建筑工程的脚手架，家具装潢等；原木是指已经除去皮、根、树梢的木料，并已按一定尺寸加工成规定直径和长度的木料，可以直接使用也可加工后使用；板方材是指已经加工锯解成材的木料，凡宽度为厚度的三倍或三倍以上的为板材，不足三倍的为方材，主要用在建筑工程、桥梁、木制包装、家具、装饰中；枕木是指按枕木断面和长度加工而成的成材，主要用在铁路工程中。

二、木材的综合应用

1. 木材在结构工程中的应用

木材是传统的建筑材料，在古建筑和现代建筑中都得到了广泛应用。在结构上，木材主要用于构架和屋顶，如梁、柱、橼、望板、斗拱等。我国许多建筑物均为木结构，它们在建筑技术和艺术上均有很高的水平，并具独特的风格。

另外，木材在建筑工程中还常用作混凝土模板及木桩等。

2. 木材的综合利用

木材在加工成型材和制作成构件的过程中，会留下大量的碎块、废屑等，将这些下脚料进行加工处理，就可制成各种人造板材（胶合板原料除外）。常用人造板材有以下几种：

（1）胶合板。胶合板是将原木旋切成的薄片，用胶粘合热压而成的人造板材，其中薄片的叠合必须按照奇数层数进行，而且保持各层纤维互相垂直，胶合板最高层数可达15层。胶合板大大地提高了木材的利用率，其主要特点是：材质均匀，强度高，无疵病，幅面大，使用方便，板面具有真实、立体和天然的美感，广泛用作建筑物室内隔墙板、护壁板、顶棚板、门面板以及各种家具及装修。在建筑工程中，常用的是三合板和五合板。我国胶合板主要采用水曲柳、椴木、桦木、马尾松及部分进口原料制成。

（2）纤维板。纤维板是将木材加工下来的板皮、刨花、树枝等边角废料，经破碎、浸泡、研磨成木浆，再加入一定的胶料，经热压成型、干燥处理而成的人造板材，分硬质纤维板、半硬质纤维板和软质纤维板三种。纤维板的表观密度一般大于 800 kg/m^3，适合作保温隔热材料。纤维板的特点是材质构造均匀，各向同性，强度一致，抗弯强度高（可达 55 MPa），耐磨，绝热性好，不易胀缩和翘曲变形，不腐朽，无木节、虫眼等缺陷。生产纤维板可使木材的利用率达90%以上。

（3）刨花板、木丝板、木屑板。刨花板、木丝板、木屑板是分别以刨花木渣、边角料刨制的木丝、木屑等为原料，经干燥后拌入胶粘剂，再经热压成型而制成的人造板材。所用胶粘剂为合成树脂，也可以用水泥、菱苦土等无机的胶凝材料。这类板材一般表观密度较小，强度较低，主要用作绝热和吸声材料，但其中热压树脂刨花板和木屑板，其表面可粘贴塑料贴面或胶合板作饰面层，这样既增加了板材的强度，又使板材具有装饰性，可用作吊顶、隔墙、家具等材料。

（4）复合板。复合板主要有复合地板及复合木板两种。复合地板是一种多层叠压木地板，板材80%为木质。这种地板通常是由面层、芯板和底层三部分组成，其中面层又是由经特别加工处理的木纹纸与透明的蜜胺树脂经高温、高压压合而成；芯板是用木纤维、木屑或其他木质粒状材料等，与有机物混合经加压而成的高密度板材；底层为用聚合物叠压的纸质层。复合地板规格一般为 1 200 mm×200 mm 的条板，板厚为 8 mm 左右，其表面光滑美观，坚实耐磨，不变形、不干裂、不沾污及褪色，不需打蜡，耐久性较好，且易清洁，铺设方便。复合地板适用于客厅、起居室、卧室等地面铺装。

复合木板又叫木工板，它是由三层胶粘压合而成，其上、下面层为胶合板，芯板是由木材加工后剩下的短小木料经加工制得木条，再用胶粘拼而成的板材。复合木板一般厚为 20 mm，长为 2 000 mm，宽为 1 000 mm，幅面大，表面平整，使用方便。复合木板可代替实木板应用，现普遍用作建筑室内隔墙、隔断、橱柜等的装修。

三、木材在装饰工程中的应用

木材历来被广泛用于建筑室内装修与装饰。它给人以自然美的享受，还能使室内空间产生温暖与亲切感。在古代建筑中，木材更是细木装修的重要材料。

（1）条木地板。条木地板是室内使用最普遍的木质地面，它是由龙骨、地板等部分构成。地板有单层和双层两种，双层者下层为毛板，面层为硬木条板，硬木条板多选用水曲柳、柞木、枫木、柚木、榆木等硬质树材，单层条木板常选用松、杉等软质树材。条板宽度一般不大于 120 mm，板厚为 20～30 mm，材质要求采用不易腐朽和变形开裂的优质板材。

（2）拼花木地板。拼花木地板是较高级的室内地面装修，分双层和单层两种，两者面层均为拼花硬木板层，双层者下层为毛板层。面层拼花板材多选用水曲柳、柞木、核桃木、栎木、榆木、槐木、柳桉等质地优良、不易腐朽开裂的硬木树材。双层拼花木地板固定方法，是将面层小板条用暗钉钉在毛板上，单层拼花木地板则可采用适宜的粘结材料，将硬木面板条直接粘贴于混凝土基层上。拼花小木条的尺寸一般长为 250～300 mm，宽为 40～60 mm，板厚为 20～25 mm，木条一般均带有企口。

（3）护壁板。在铺设拼花地板的房间内，往往采用护壁板，以使室内空间的材料格调一致，给人一种和谐整体景观的感受。护壁板可采用木板、企口条板、胶合板等装饰而成，设计施工时可采取嵌条、拼缝、嵌装等手法进行构图，以达到装饰墙壁的目的。

（4）木装饰线条。木装饰线条简称木线条。木线条种类繁多，主要有楼梯扶手、压边线、墙腰线、天棚角线、弯线、挂镜线等。各类木线条立体造型各异，每类木线条又有多种断面形状，例如有平行线条、半圆线条、麻花线条、鸠尾形线条、半圆饰、齿型饰、浮饰、孤饰、S 形饰、贴附饰、钳齿饰、十字花饰、梅花饰、叶型饰以及雕饰等多样。

建筑室内采用木条线装饰，可增添古朴、高雅、亲切的美感。木线条主要用作建筑物室内的墙腰装饰、墙面洞口装饰线、护壁板和勒脚的压条饰线、门框装饰线、天棚装饰角线、楼梯栏杆的扶手、墙壁挂画条、镜框线以及高线建筑的门窗和家具等的镶边、贴附组花材料。特别是在我国的园林建筑和宫殿式古建筑的修建工程中，木线条是一种必不可缺的装饰材料。

（5）木花格。木花格即用木板和枋木制作成具有若干个分格的木架，这些分格的尺寸或形状一般都各不相同。木花格具有加工制作较简便、饰件轻巧纤细、表面纹理清晰等特点。木花格多用作建筑物室内的花窗、隔断、博古架等，它能起到调节室内设计格调、改进空间效能和提高室内艺术质量等作用。

（6）旋切微薄木。旋切微薄木是以色木、桦木或多瘤的树根为原料，经水煮软化后，旋切成厚0.1 mm左右的薄片，再用胶粘剂粘贴在坚韧的纸上（纸依托）制成卷材。或者，采用柚木、水曲柳、柳桉等树材，通过精密旋切，制得厚度为0.2～0.5 mm的微薄木，在采用先进的胶粘工艺和胶粘剂，粘贴在胶合板基材上，制成微薄木贴面板。旋切微薄木花纹美丽动人，材色悦目，真实感和立体感强，具有自然美的特点。采用树根瘤制作的微薄木，具有鸟眼花纹的特色，装饰效果更佳。微薄木主要用作高级建筑的室内墙、门、橱柜等家具的饰面。这种饰面材料在日本采用较普遍。

另外，建筑室内还有一些小部位的装饰，也是采用木材制作的，如窗台板、窗帘盒、踢脚板等，它们和室内地板、墙壁互相联系，相互衬托，使得整个空间的格调、材质、色彩和谐、协调，从而收到良好的整体装饰效果。

复习思考题

一、填空题

1. 木材随环境温度的升高，其强度会＿＿＿＿＿＿。

2. 木材的胀缩变形是各向异性的，其中＿＿＿＿＿＿方向胀缩最小，＿＿＿＿＿＿方向胀缩最大。

3. 木材存在于＿＿＿＿＿＿中的水称为吸附水；存在于＿＿＿＿＿＿中的水称为自由水。

4. 木材在长期荷载作用下不致引起破坏的最大强度称为＿＿＿＿＿＿。

二、判断题

1. 木材的持久强度等于其极限强度。（　　）

2. 真菌在木材中生存和繁殖，必须具备适当的水分、空气和温度等条件。（　　）

3. 针叶树材强度较高，表观密度和胀缩变形较小。（　　）

4. 木材的含水率在纤维饱和点以下时，当含水率增加时，木材的强度将提高。（　　）

三、简答题

1. 有不少住宅的木地板使用一段时间后出现接缝不严，但也有一些木地板出现起拱。请分析其原因。

2. 常言道，木材是"湿万年，干千年，干干湿湿二三年"。请分析其中的道理。

3. 某工地购得一批混凝土模板用胶合板，使用一定时间后发现其质量明显下降。经送检，发现该胶合板使用脲醛树脂作胶粘剂。请分析原因。

4. 木材含水率的变化对木材哪些性质有影响？有哪些影响？

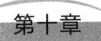

合成高分子材料

第一节　合成高分子材料的基本知识

一、基本概念

1. 高分子

分子由 1 000 个以上原子通过共价键结合形成，分子量可达几万至几百万，这类分子称为高分子，或称高分子化合物。

存在于自然界中的高分子化合物称为天然高分子，如淀粉、纤维素、棉、麻、丝、毛都是天然高分子，人体中的蛋白质、糖类、核酸等也是天然高分子。

用化学方法合成的高分子称为合成高分子，如聚乙烯、聚氯乙烯、聚丙烯腈、聚酰胺（尼龙）等都是常用的合成高分子材料。

2. 聚乙烯

从石油裂化可得到乙烯，由 n 个乙烯分子在一定的反应条件下经聚合可得到聚乙烯分子，反应可表示如下：

$$n\mathrm{CH_2=CH_2} \rightarrow \{\mathrm{CH_2-CH_2}\}_n$$

乙烯分子是平面分子，分子中所有原子处于同一平面，碳原子之间以双键结合，如图 10-1 所示。当乙烯分子在催化剂的作用下，双键被打开，$\{\mathrm{CH_2—CH_2}\}$ 两端的单键可与邻近的乙烯分子连接，发生聚合反应，生成线型（长链状）聚乙烯分子。通常把乙烯分子称为单体，单体经聚合后得到的聚乙烯分子称为聚合物，或称高聚物。聚乙烯分

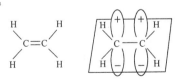

图 10-1　乙烯分子结构

子中有一个重复的结构单元 $\mathrm{CH_2—CH_2}$，称为链节，n 称为聚合度，也就是聚乙烯分子中所含链节的数目。

二、高分子的原料和合成方法

1. 高分子的原料

从农、林副产品、煤或石油中得到的有机小分子化合物作为单体，通过聚合反应可以合成高分子。具体的合成方法有加成聚合、缩合聚合和共聚合等。

2. 加成聚合反应

含有双键的单体分子，如乙烯（C_2H_4）、氯乙烯（C_2H_3Cl）、丙烯（C_3H_6）、苯乙烯等，是通过加成聚合（加聚）反应得到聚合物的。加聚反应后除了生成聚合物外，再没有任何其他产物生成，聚合物中包含了单体中全部原子，如聚乙烯、聚氯乙烯。

$$nCH_2 = CH_2 \rightarrow \{\!\!\{ CH_2 - CH_2 \}\!\!\}_n$$
$$nCH_2 = CHCl \rightarrow \{\!\!\{ CH_2 - CHCl \}\!\!\}_n$$

C_2H_4 是平面对称分子，当一个 Cl 原子取代了 C_2H_4 分子中的一个 H 原子后，对称性被破坏了。C_2H_3Cl 分子中若将带氯原子的碳原子看成是头，则不带氯的碳原子就是尾了。氯乙烯分子进行加成聚合反应时，可能产生三种情况：头－头、尾－尾连接；头－尾连接；混乱无序连接。第一种连接方式，相邻碳原子上有氯原子；第二种连接方式，碳原子上的氯原子是间隔开的；第三种连接方式是上述两种连接的混合。连接方式不同，所形成的聚氯乙烯分子的结构不同，反映在性质上也就有差异。

在工业上利用加成聚合反应生产的合成高分子约占合成高分子总量的80%，最重要的有聚乙烯、聚氯乙烯、聚丙烯和聚苯乙烯等。

3. 缩合聚合反应

含有双官能团或多官能团的单体分子，通过分子间官能团的缩合反应把单体分子聚合起来，同时生成水、醇、氨等小分子化合物，称为缩合聚合反应，简称缩聚反应。如尼龙－66又称聚酰胺。用己二胺和己二酸作为单体，这两种单体分子之间通过脱水缩合，形成肽键

（ $\overset{O\ \ \ H}{\underset{\shortmid\ \ \ \shortmid}{—C—N—}}$ ），两端的氨基和羧基具有活性，可继续与单体分子缩合，最终形成长链状大分子聚合物，即聚酰胺。它的商品名称为尼龙－66或锦纶－66，数字表示两种单体中碳原子的数目。把黏稠的尼龙－66液体从抽丝机的小孔里挤出来，得到性能优异的尼龙－66合成纤维。

缩聚反应在合成高分子工业上的重要性仅次于加聚反应，常见的聚酰胺（尼龙）、聚酯（涤纶）、环氧树脂、酚醛树脂、有机硅树脂、聚碳酸酯等，都是通过缩聚反应生产的。

4. 共聚合反应

将两种或两种以上不同的单体进行聚合，得到的聚合物中含有两种或两种以上单体单元，这种聚合物叫作共聚物。合成共聚物的聚合反应称为共聚合反应。按照共聚物中单体分布的不同，共聚合方式可分为交替共聚、嵌段共聚、无规共聚和接枝共聚等。共聚合反应常用来改进合成高分子的性能，这种改进叫作结构改性。共聚物中单体单元的结构、数量和排列方式会影响共聚物的物理性能。例如将丙烯腈（A）、丁二烯（B）和苯乙烯（S）进行共聚合制得的 ABS 树脂，是一种综合性能极好的三元共聚物。

三、合成高分子化合物的结构、特性及命名

1. 合成高分子的结构

由单体分子经加聚或缩聚反应得到的高分子聚合物都是线型长链状化合物，如聚乙烯、聚氯乙烯、尼龙－66、涤纶等。有的线型高分子在长链上可带有支链，例如表中聚甲基丙烯酸甲酯长链上带有支链。当长链状高分子还带有其他官能团时，分子链之间可以通过官能团发生化学反应，形成化学键使分子链交联起来，构成体型网状高分子。

合成高分子的结构大体有三种：线型长链状不带支链的、带支链的和体型网状的。图10-2 是高分子的三种结构。线型高分子可呈蜷曲、弯折或呈螺旋状，加热可熔化，也可溶于有机溶剂，易于结晶，合成纤维和大多数塑料都是线型高分子。支链高分子在很多性能上与线型高分子相似，但支链的存在使高分子的密度减小，结晶能力降低。体型高分子具有不熔不溶、耐热性高和刚性好的特点，适于用作工程和结构材料。

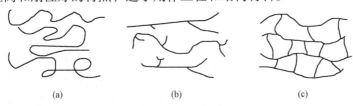

（a）　　　　　　　　　（b）　　　　　　　　　（c）

图10-2　高分子化合物分子结构示意图

（a）线型无支链结构；（b）线型带支链结构；（c）网状体型结构

2. 合成高分子的特性

合成高分子的主链主要是由碳原子以共价键结合起来的碳链，由于单键可以自由旋转，使线型长链高分子在旋转的影响下，整个分子保持直线状态的概率很小。事实上线型长链高分子处于自然蜷曲的状态，分子纠缠在一起，因而具有可柔性。当有外力作用在分子上，蜷曲的分子可以被拉直，但外力一去除，分子又恢复到原来的蜷曲状态，因此合成高分子都有一定的弹性。

由于合成高分子都是长链大分子，又处于自然的蜷曲状态，所以不容易排列整齐成为周期性的晶态结构。与小分子不同，合成高分子不容易形成完整的晶体。然而在局部范围内，分子链有可能排列整齐，形成结晶态，即所谓短程有序。因此，在高分子晶体中往往含有晶态部分和非晶态部分，常用结晶度来衡量整个高分子中晶态部分所占的比例。晶态高分子的耐热性和机械强度一般要比非晶态高分子高，而且有一定的熔点，所以要提高高分子的这些性质，就需要设法提高高分子的结晶度。

高分子结构具有不均一性，或称多分散性，这一点与小分子结构是截然不同的。小分子的结构是确定的，分子量也是确定的。但对合成高分子来说，每个独立的高分子只要聚合度 n 确定了，分子量也就确定了。但在聚合反应中，得到的聚合物不是均一的，而是不同聚合度的高分子的混合物，因此，在这种情况下无法确定高分子的分子量。试验测定高分子的分子量，只是试样中聚合度大小不一的高分子分子量的统计平均结果而已。

合成高分子的上述结构特点，使其具有热塑性、热固性、耐磨性、绝缘性、相对密度

小、比强度高等特殊的性能。

长链型高分子被加热时，分子受热不均匀，有的部分已受热，有的部分受热少，甚至还有一部分没有受热。因此，高分子加热后不是马上熔化变成液体，而是先经历一个软化过程再变为液体。当然，这是外因的作用，分子内部不均匀，也是一个重要的原因。液体冷却后，变硬成为固体，再次加热，它又能软化、流动。线型高分子的这种性质称为热塑性，它不但使高分子材料便于加工，而且可以多次重复操作。大多数线型高分子都具有热塑性，加热软化后可以加工成为各种形状的塑料制品，也可制成纤维，加工非常方便。

单体进行聚合反应时，先形成线型高分子，在某种条件下分子链之间发生交联由线型转变为体型高分子。体型高分子加热后不会熔化、流动，当加热到一定温度时体型高分子的结构遭到破坏，这种性质称为热固性。因此，体型高分子一旦加工成型后，不能通过加热重新回到原来的状态。

合成高分子中主要含 C、H、O、N、S 及卤族等元素，因此，比金属材料密度小很多。一般高分子相对密度为 1~2，最轻的聚丙烯塑料，相对密度只有 0.91；泡沫塑料的相对密度只有 0.01，是非常好的救生材料。高分子材料相对密度小，但强度高，有的工程塑料的强度超过钢铁和其他金属材料。例如，玻璃钢的强度比合金钢大 1.7 倍，比铝大 1.5 倍，比钛钢大 1 倍。由于质轻、强度高、耐腐蚀、价廉，所以高分子材料在不少场合已逐步取代金属材料，全塑汽车的问世就是典型的例子。高分子的分子量大，分子中原子数目多，且分子链彼此缠绕在一起，因此分子链之间原子的接触点非常多，相互间的作用力很大。这种作用力称为分子间作用力，或称范德华力。如果具备形成氢键的条件，分子链之间还可形成氢键。高分子中存在强大的分子间作用力是高分子材料具有高强度的主要原因。

高分子的分子链缠绕在一起，许多分子链上的基团被包在里面，当有试剂分子加入时，只有露在外面的基团容易与试剂分子作用，而被包在里面的基团不易反应，所以高分子化合物的化学反应性能较差，对化学试剂显得比较稳定。高分子具有耐酸、耐腐蚀等特性，著名的"塑料王"聚四氟乙烯，即使把它放在王水中煮也不会变质，其耐酸程度远超过金。聚四氟乙烯是优异的耐酸、耐腐蚀材料。

高分子中的分子链是原子以共价键结合起来的，分子既不能电离，也不能在结构中传递电子，所以高分子具有绝缘性，电线的绝缘、电插座等都是用塑料制成。另外，高分子对多种射线（如 α、β、γ 和 X 射线）有抵抗能力，可以抗辐射。

3. 合成高分子的命名

合成高分子的命名，一种是在单体前加"聚"字，如聚乙烯、聚氯乙烯等；另一种是在简化的单体名称后面加"树脂"二字，如酚醛树脂，它是由甲醛和苯酚缩聚得到的，又如脲醛树脂、环氧树脂等。

第二节　合成高分子材料的类型

一、塑料

1. 塑料的分类

塑料是以合成高分子化合物或天然高分子化合物为主要基料，与其他原料在一定条件下经混炼，塑化成型，在常温常压下能保持产品形状不变的材料。塑料在一定的温度和压力下具有较大的塑形，容易制成所需的各种形状、尺寸的制品，而成型以后，在常温下能保持既得的形状和必需的强度。

塑料可分为热塑性塑料和热固性塑料。热塑性塑料大多是线型高分子，热固性塑料为体型高分子。若将塑料按性能和用途来分类，可分为通用塑料、工程塑料、特种塑料和增强塑料。通用塑料产量大、用途广、价格低，其中聚乙烯、聚氯乙烯、聚丙烯和聚苯乙烯约占全部塑料产量的80%，尤以聚乙烯的产量最大。

2. 聚乙烯

乙烯单体在不同的反应条件下进行加成聚合反应可得到不同性能的聚乙烯。若选择0.2～1.5 MPa低压聚合，用Ziegler - Natta催化剂，得到的产品为低压聚乙烯。低压聚乙烯是线型高分子，排列比较规整、紧密，易于结晶，因此，结晶度、强度、刚性、熔点都比较高，适合作强度、硬度较高的塑料制品，如桶、瓶、管、棒等。若在150 MPa高压下用自由基引发加成聚合反应，得到的是高压聚乙烯，它是支链化程度较高的合成高分子，使分子排列的规整性和紧密程度受到影响，因此结晶度、密度降低，所以高压聚乙烯又称低密度聚乙烯。低密度聚乙烯性软，熔点也低，适合做食品包装袋、奶瓶等软塑料制品。

3. 工程塑料

工程塑料可作为工程材料和代替金属。要求其有优良的机械性能、耐热性和尺寸稳定性。工程塑料主要有聚甲醛、聚酰胺、聚碳酸酯、ABS塑料等。聚甲醛的力学、机械性能与铜、锌相似，作为汽车上的轴承原料，使用寿命比金属的长1倍，它还可作为其他零配件原料。又如聚碳酸酯，它不但可代替某些金属，还可代替玻璃、木材和合金等，做各种仪器的外壳、自行车车架、飞机的挡风玻璃和高级家具等。

4. 特种塑料

特种塑料是指在高温、高腐蚀或高辐射等特殊条件下使用的塑料，它们主要用在尖端技术设备上。例如聚四氟乙烯具有优异的绝缘性能，抗腐蚀性特别好，能耐高温和低温，可在-200～250 ℃下长期使用，在宇航、冷冻、化工、电器、医疗器械等工业部门都有广泛的应用。

二、合成纤维

1. 纤维的分类

纤维分为天然纤维和化学纤维两大类。棉、麻、丝、毛属天然纤维。化学纤维又可分为人造纤维和合成纤维。人造纤维是以天然高分子纤维素或蛋白质为原料，经过化学改性而制成的，如黏胶纤维（人造棉）、醋酸纤维（人造丝）、再生蛋白质纤维等。

合成纤维是由合成高分子为原料，通过拉丝工艺获得纤维。合成纤维的品种很多，最重要的品种是聚酯（涤纶）、聚酰胺（尼龙、锦纶）、聚丙烯腈（腈纶），它们占世界合成纤维总产量的90%以上。此外还有聚乙烯醇缩甲醛（维纶）、聚丙烯（丙纶）、聚氯乙烯（氯纶）等。

2. 聚酯纤维

聚酯纤维的商品名涤纶，又叫的确良，主要用于衣料，也可用于运输带、轮胎帘子线、过滤布、缆绳、渔网等。涤纶织物牢固、易洗、易干，做成的衣服外形挺括，抗皱性特别好。涤纶的分子链结构中含有酯基（ $-\overset{\overset{\displaystyle O}{\|}}{C}-O-R$ ），这类刚性基团的存在，使分子排列规整、紧密，结晶度较高，不易变形，受力形变后也易恢复，这是涤纶抗皱性好的原因。

3. 聚酰胺纤维

聚酰胺纤维的商品名尼龙，也叫锦纶；最常见的是尼龙 – 6 和尼龙 – 66。尼龙主要用于制作渔网、降落伞、宇航飞行服、丝袜及针织内衣等。尼龙织物的特点是强度大，弹性好，耐磨性好。这些优越的性能是由结构决定的。聚酰胺分子链中存在酰胺基（ $-\overset{\overset{\displaystyle O}{\|}}{\underset{\displaystyle NH_2}{C}}$ ），分子链之间各酰胺基可以通过氢键的作用，使分子链之间的作用力大为加强，保证了织物的强度。

三、合成橡胶

1. 橡胶的分类

橡胶分天然橡胶和合成橡胶。用异戊二烯作为单体进行聚合反应，得到合成橡胶，称为异戊橡胶。合成橡胶可分为通用橡胶和特种橡胶。通用橡胶用量较大，例如丁苯橡胶占合成橡胶产量的60%；其次是顺丁橡胶，占15%；此外还有异戊橡胶、氯丁橡胶、乙丙橡胶、丁基橡胶等，它们都属通用橡胶。

特种橡胶是在特殊条件下使用的橡胶，它们有特殊的性质，如耐高温、耐低温、耐油、耐化学腐蚀和具有高弹性等。硅橡胶是以硅氧原子取代主链中的碳原子形成的一种特种橡胶，它柔软、光滑，适宜用作医用制品，能耐高温，可承受高温消毒而不变形。若将氟原子引入硅橡胶，则可制得氟硅橡胶，它是一种高弹性材料。硅硫橡胶耐高、低温，丁腈橡胶和聚硫橡胶耐油性好。

2. 橡胶的硫化

许多合成橡胶是线型高分子，具有可塑性，但强度低，回弹力差，容易产生永久变形。因此如何克服合成橡胶的这些缺点，是人们关注的问题。研究表明，若加入硫黄与橡胶分子作用，可使橡胶硫化。

硫的作用是使线型橡胶分子之间形成硫桥而交联起来，转变为体型结构，使橡胶失去塑性，同时获得高弹性。硫是橡胶的硫化剂，凡能使橡胶由线型结构转变为体型结构、并获得弹性的物质都可称为橡胶的硫化剂。

第三节　建筑塑料的工程应用

建筑塑料是指用于建筑工程的塑料制品的统称。制造建筑塑料制品常用的成型方法有：压延、挤出、注射、模铸、涂布、层压等。

建筑塑料制品的种类繁多，主要有以下几种。

一、塑料管和管件

用塑料制造的管材及接头管件，已广泛应用于室内排水、自来水、化工及电线穿线管等管路工程。常用的塑料有硬聚氯乙烯、聚乙烯、聚丙烯以及 ABS 塑料（丙烯腈 - 丁二烯 - 苯乙烯的共聚物）。塑料排水管的主要优点是耐腐蚀，流体摩阻力小；由于流过的杂物难以附着管壁，故排污效率高。塑料管的密度小，仅为铸铁管密度的 1/12 ~ 1/6，可节约劳动力，其价格与施工费用均比铸铁管低。缺点是塑料的线膨胀系数比铸铁大 5 倍左右，所以在较长的塑料管路上需要设置柔性接头。制造塑料管材多采用挤出成型法，管件多采用注射成型法。塑料管的连接方法除胶粘法之外，还有热熔接法、螺纹连接法、法兰盘连接法以及带有橡胶密封圈的承插式连接法。当聚氯乙烯管内通过有压力的液体时，液温不得超过 38 ℃。若为无压力管路（如室内排水管），连续通过的液体温度不得超过 66 ℃；间歇通过的液体温度，不得超过 82 ℃。当聚氯乙烯塑料用于上水管路时，不允许使用有毒性的稳定剂等原料。

目前，建筑塑料管有：①硬聚氯乙烯管（PVC - U 管），主要用于给水管道的非饮用水，排水管道，雨水管道，通常直径为 40 ~ 100 mm，使用温度不大于 40 ℃；②氯化聚氯乙烯管（PVC - C 管），主要用于冷热水管，消防水管系统，工业管道，寿命可达 50 年，使用温度高达 90 ℃；③无规共聚聚丙烯管（PP - R 管），用于冷热水管，饮用水管，不得用于消防给水系统；④丁烯管（PB 管），应用于冷热水管和饮用水管如地板辐射采暖系统；⑤交联聚乙烯管（PEX 管），主要用于地板辐射采暖系统的盘管；⑥铝塑复合管，用于冷热水管，饮用水管。

二、弹性地板

塑料弹性地板有半硬质聚氯乙烯地面砖和弹性聚氯乙烯卷材地板两大类。地面砖的基本尺寸为边长为 300 mm 的正方形，厚度为 1.5 mm。其主要原料为聚氯乙烯或氯乙烯和醋酸乙烯的共聚物，填料为重质碳酸钙粉及短纤维石棉粉。产品表面可以有耐磨涂层、色彩图案或凹凸花纹。按规定，产品的残余凹陷度不得大于 0.15 mm，磨耗量不得大于 0.02 mg/cm。

弹性聚氯乙烯卷材地板的优点：地面接缝少，容易保持清洁；弹性好，步感舒适；具有良好的绝热吸声性能。厚度为 3.5 mm，相对密度为 0.6 的聚氯乙烯发泡地板和厚为 120 mm 的空心钢筋混凝土楼板复合使用，其传热系数可以减少 15%，吸收的撞击噪声可达 36 dB。卷材地板的宽度为 900 ~ 2 400 mm，厚为 1.8 ~ 3.5 mm，每卷长为 20 m。公用建筑中常用的为不发泡的层合塑料地板，表面为透明耐磨层，下层印有花纹图案，底层可使用石棉纸或玻璃布。用于住宅建筑的为中间有发泡层的层合塑料地板。粘接塑料地板和楼板面用的胶粘剂，有氯丁橡胶乳液、聚醋酸乙烯乳液或环氧树脂等。

三、化纤地毯

化纤地毯的主要材料是尼龙长丝、尼龙短纤维、丙烯腈、纤维素及聚丙烯等。地毯的主要使用性能为耐磨损性、弹性、抗脏及抗染色性、易清洁以及产生静电的难易等。丙烯腈、尼龙和聚丙烯纤维的使用性能均与羊毛类似。化纤地毯有多种编织法，厚度一般为 4～22 mm。它的主要优点是步感舒适，缺点是有静电现象、容易积尘、不易清扫。与地毯类似的还有无纺地毡，也以化纤为原料。

四、门窗和配件

近些年来，由于薄壁中空异型材挤出工艺和发泡挤出工艺技术的不断发展，用塑料异型材拼焊的门窗框、橱柜组件以及各种室内装修配件，已获得显著发展，受到许多木材和能源短缺国家的重视。采用硬质发泡聚氯乙烯或聚苯乙烯制造的室内装修配件，常用于墙板护角、门窗口的压缝条、石膏板的嵌缝条、踢脚板、挂镜线、天棚吊顶回缘、楼梯扶手等处。它还兼有建筑构造部件和艺术装饰品的双重功能，既可提高建筑物的装饰水平，也能发挥塑料制品外形美观、便于加工的优点。

五、壁纸和贴面板

聚氯乙烯塑料壁纸是装饰室内墙壁的优质饰面材料，可制成多种印花、压花或发泡的美观立体感图案。这种壁纸具有一定的透气性、难燃性和耐污染性。表面可以用清水刷洗，背面有一层底纸，便于使用各种水溶性胶将壁纸粘贴在平整的墙面上。用三聚氰胺甲醛树脂液浸渍的透明纸，与表面印有木纹或其他花纹的书皮纸叠合，经热压成为一种硬质塑料贴面板；或用浸有聚邻苯二甲酸二烯丙酯（DAP）的印花纸，与中密度纤维板或其他人造板叠合，经热压成装饰板，都可以用作室内的隔墙板、门芯板、家具板或地板。

六、泡沫塑料

泡沫塑料是一种轻质多孔制品，具有不易塌陷，不因吸湿而丧失绝热效果的优点，是优良的绝热和吸声材料。其产品有板状、块状或特制的形状，也可以进行现场喷涂。其中泡孔互相连通的，称为开孔泡沫塑料，具有较好的吸声性和缓冲性；泡孔互不贯通的，称为闭孔泡沫塑料，具有较小的热导率和吸水性。在建筑工和中，常用的有聚氨酯泡沫塑料、聚苯乙烯泡沫塑料与脲醛泡沫塑料。聚氨酯的优点是可以在施工现场用喷涂法发泡，它与墙面的其他材料的粘结性良好，并耐霉菌侵蚀。

七、玻璃纤维

用玻璃纤维增强热固性树脂的塑料制品，通常称玻璃钢。其常用于建筑中的有透明或半透明的波形瓦、采光天窗、浴盆、整体卫生间、泡沫夹层板、通风管道、混凝土模壳等。它的优点是强重比高、耐腐蚀、耐热和电绝缘性好。它所用的热固性树脂有不饱和聚酯、环氧树脂和酚醛树脂。玻璃钢的成型方法，一般采用手糊成型、喷涂成型、卷绕成型和模压成型。手糊成型是先在模壳表面喷涂一层有色的胶状表层，使产品在脱模后有美观、光泽的表面。然后，在胶状层上用手工涂敷浸有树脂混合液的玻璃布或玻璃毡层，待固化后即可脱模。喷涂法是使用一种特制喷枪，将树脂混合液与剪成长 2～3 cm 的短玻璃纤维，同时直接均匀地喷附在模壳表面。虽然采用短纤维使玻璃钢的强度有所降低，但其生产效率高，可节约劳动力。玻璃钢管材或罐体多采用卷绕成型法，即将浸有树脂混合液的玻璃纤维编织带或长玻璃纤维束，按产品受力方向卷绕在旋转的胎模上，固化后脱模而成。有些罐体内部衬有铝质内胎，以增强罐体的密封性。模压法是将薄片状浸有树脂的玻璃纤维棉毡或布，均匀叠置于模型中，经热压而成各种成品，如浴盆、洗脸池等。模压法产品的内外两面均有美观耐磨的表层，并且生产效率高，产品质量好。目前正在迅速发展的建筑用玻璃钢制品，有冷却水塔、储水塔、整体式组装卫生间，半组装式卫生间等。

第四节　建筑胶粘剂

建筑胶粘剂是建筑工程上必不可少的材料，使用范围很广泛。在建筑装饰装修过程中，主要用于板材粘结，墙面预处理，壁纸粘贴，陶瓷墙地砖、各种地板、地毯铺设粘结等方面，增加了防水性、密封性、弹性、抗冲击性等一系列性能，这不仅可以提高建筑装饰质量，增加美观舒适感，还可以改进施工工艺，提高建筑施工效率和质量等。

胶粘剂又称粘合剂、粘结剂，是一种具有优良粘合性能的物质。它能在两种物体表面之间形成薄膜，使之粘结在一起，其形态通常为液态和膏状。常用的主要有聚乙烯醇、醋酸乙烯、过氯乙烯、氯丁橡胶、苯－丙乳液及环氧树脂等。随着科学技术的进步，胶粘剂由一般的胶粘特性向功能性胶种提高。

一、胶粘剂的组成

胶粘剂一般多为有机合成材料，通常是由粘结料、固化剂、增塑剂、稀释剂及填充剂等原料经配制而成。胶粘剂粘结性能主要取决于粘结物质的特性。

（1）粘结料。粘结料也称粘结物质，是胶粘剂中的主要成分，它对胶粘剂的性能，如胶结强度、耐热性、韧性、耐介质性等起重要作用。胶粘剂中的粘结物质通常由一种或几种高聚物混合而成，主要起粘结两种物件的作用。一般建筑工程中常用的粘结物质有热固性树脂、热塑性树脂、合成橡胶类等。

（2）固化剂。固化剂是促使粘结料进行化学反应，加快胶粘剂固化产生胶结强度的一种物质，常用的有胺类或酸酐类固化剂等。

（3）增塑剂。增塑剂也称增韧剂，它主要是可以改善胶粘剂的韧性，提高胶结接头的抗剥离、抗冲击能力以及耐寒性等。常用的增塑剂主要有邻苯二丁酯和邻苯二甲酸二辛酯等。

（4）稀释剂。稀释剂也称溶剂，主要对胶粘剂起稀释分散、降低黏度的作用，使其便于施工，并能增加胶粘剂与被胶粘材料的浸润能力，以及延长胶粘剂的使用寿命。稀释剂分为两大类：一类为非活性稀释剂，俗称为溶剂，不参与胶粘剂的固化反应；另一类为活性稀释剂。常用的有机溶剂有丙酮、甲乙酮、乙酸乙酯、苯、甲苯、酒精等。

（5）填充剂。填充剂也称填料，一般在胶粘剂中不与其他组分发生化学反应。其作用是增加胶粘剂的稠度，降低膨胀系数，减少收缩性，提高胶结层的抗冲击韧性和机械强度。常用的填充剂有金属及金属氧化物的粉末，玻璃、石棉纤维制品以及其他植物纤维等，如石棉粉、铝粉、磁性铁粉、石英粉、滑石粉及其他矿粉等无机材料。

二、胶粘剂的分类

（1）按固化条件可分为室温固化胶粘剂、低温固化胶粘剂、高温固化胶粘剂、光敏固化胶粘剂、电子束固化胶粘剂等。

（2）按粘结料性质可分为有机胶粘剂和无机胶粘剂两大类。其中，有机类中又可再分为人工合成胶粘剂和天然胶粘剂。即

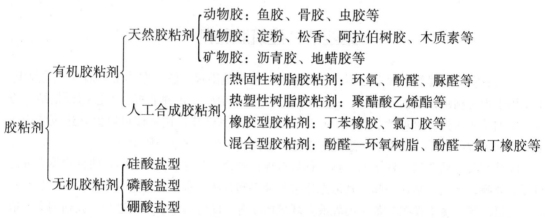

（3）按状态可以分为溶液类胶粘剂、乳液类胶粘剂、膏糊类胶粘剂、膜状类胶粘剂和固体类胶粘剂等。

（4）按用途可分为结构型胶粘剂、非结构型胶粘剂、特种胶粘剂。

三、胶粘原理与技术要求

研究胶粘机理，首先要分析和探讨胶结接头是怎样破坏的。经过大量试验，胶结接头的破坏有三种情况：被胶物本身内聚破坏、胶层本身内聚破坏、胶与被胶物界面黏附破坏。

胶粘剂与被胶材料产生胶结强度，其大小决定于胶与被胶物之间的黏附力和胶层本身内聚力共同作用的结果。要使胶粘剂与被胶材料产生最大的胶结强度，就必须提高内聚力和黏附力的共同作用。要使胶粘剂与被胶材料产生粘合力，首要的条件是胶粘剂能良好地浸润被胶材料。

建筑胶粘剂应具备下列技术要求：

（1）在室温下或通过加热、加溶剂或水而具有适宜的黏度，易流动；

（2）具有良好的浸润性，能充分浸润被粘物的表面，均匀地铺展和填满被粘物表面；

（3）在一定的温度、压力和时间等条件下，可通过物理和化学作用而固化；

（4）足够的强度和较好的其他物理力学性质；

（5）无毒环保，甲醛、甲苯、二甲苯等有害物质含量少。

四、常用建筑胶粘剂的选用

1. 环氧树脂胶粘剂

环氧树脂胶粘剂（俗称"万能胶"）品种很多，产量最大、使用最广的为双酚 A 醚型环氧树脂（国内牌号为 E 型），是以二酚基丙烷和环氧烷在碱性条件下缩聚而成，再加入适量的固化剂，在一定条件下，固化成网状结构的固化物并将两种被粘物体牢牢粘结为一整体。其具有粘合力强、化学收缩小、化学稳定性好等特点，可有效地解决新、旧混凝土之间的界面粘结问题，对金属、木材、玻璃、橡胶、皮革等也有很强的粘结力。

这类胶粘剂的主要特点如下：

（1）粘结强度高，与大多数材料具有优良的黏附性；

（2）可用不同固化剂在室温或加温条件下固化；

（3）不含溶剂，能在接触压力下固化，反应过程中不释放小分子，收缩率小，仅为 1% ~ 2%；

（4）固化后产物具有良好的耐腐蚀性、电绝缘性、耐水性、耐油性等；

（5）和其他高分子材料及填料的混溶性好，便于改性。

环氧树脂的分类及代号见表 10-1，环氧树脂胶粘剂常见品种及特性见表 10-2。

表 10-1 环氧树脂的分类及代号

代号	环氧树脂类别	代号	环氧树脂类别
E	二酚基丙烷环氧树脂	G	硅环氧树脂
ET	有机钛改性二酚基丙烷环氧树脂	N	酚酞环氧树脂
EG	有机硅改性二酚基丙烷环氧树脂	S	四酚基环氧树脂
EX	溴改性二酚基丙烷环氧树脂	J	间苯二酚环氧树脂
EL	氯改性二酚基丙烷环氧树脂	A	三聚氰酸环氧树脂
EI	二酚基丙烷侧链型环氧树脂	R	二氧化双环戊二烯环氧树脂
F	酚醛多环氧树脂	Y	二氧化乙烯基环己烯环氧树脂
B	丙三醇环氧树脂	D	聚丁二烯环氧树脂
ZQ	脂肪酸甘油酯环氧树脂	H	3，4－环氧基－6－甲基环己烷甲酸 3′，4′－环氧基－6′－甲基环己烷甲酯
IQ	脂环族缩水甘油酯		
L	有机磷环氧树脂	W	二氧化双环戊烯基醚树脂

表 10-2 环氧树脂胶粘剂的常见品种及特点

型号	名称	特点
AH－03	大理石胶粘剂	耐水、耐候、方便
EE－1	高效耐水建筑胶	耐热、不怕潮湿

型号	名称	特点
EE-2	室外用界面胶粘剂	耐候、耐水、耐久
EEI-3	建筑胶粘剂	
SG-792	建筑装修胶粘剂	
WH-1	万能胶	耐热、耐油、耐水、耐腐蚀
YJ-I~Ⅳ	建筑胶粘剂	耐水、耐湿热、耐腐蚀
601	建筑装修胶粘剂	粘结力强、耐湿、耐腐蚀
621F	胶粘剂	无毒、无味、耐水、耐湿热
6202	建筑胶粘剂	粘结力好、耐腐蚀
4115	建筑胶粘剂	粘结力好，耐湿，耐污
	装饰美胶粘剂	初粘结力强，胶膜柔韧
	地板胶粘剂	粘结力强，耐水，耐油污

2. 聚醋酸乙烯酯胶粘剂

聚醋酸乙烯酯胶粘剂是由醋酸乙烯单体经聚合反应而得到的一种热塑性胶。该胶可分为溶液型和乳液型两种。其中，聚醋酸乙烯酯乳液又称白乳胶，广泛用于粘结墙纸、水泥增强剂、防水涂料、木材胶粘剂。

这种胶粘剂具有如下特点：

（1）呈酸性；

（2）具有亲水性；

（3）在胶粘时可以湿粘，也可干粘；

（4）流动性好；

（5）内聚力低；

（6）干固温度不宜过高或过低；

（7）耐水性；

（8）可单独使用，也可加入建筑涂料和水泥浆使用。

3. 合成橡胶胶粘剂

合成橡胶胶粘剂也称氯丁橡胶胶粘剂（简称氯丁胶），是以氯丁橡胶为基料，另加入其他树脂、增稠剂、填料等配制而成。

这类胶粘剂的主要优点：

（1）主体材料本身具有弹性高、柔性好的特点；

（2）固化速度快，粘合后内聚力迅速提高，初粘力高；

（3）氯丁胶由于极性强，对大多数材料都有良好的粘合力；

（4）具有较好的耐热性、耐燃性、耐油性、耐候性和耐溶剂性；

（5）为了进一步改善氯丁胶的粘附性和耐热性，常采用合成树脂对其进行改性。

4. 聚乙烯醇缩甲醛

聚乙烯醇缩甲醛的外观为无色透明胶体，是以聚乙烯醇与甲醛在酸性介质中进行缩合反应而得的一种透明水溶性胶体。无臭、无毒、不燃、黏度小、价格低廉、粘结性能好，其粘结强度≥0.9 MPa。它主要用于墙布、墙纸与墙面的粘贴，室内涂料的胶料、外墙装饰的胶料及室内地面涂层胶料。

5. 酚醛树脂胶粘剂

酚醛树脂是酚类与醛类在催化剂作用下形成树脂的统称。它是工业化最早（1910 年，德国 Bakelite）的合成高分子材料。在近一个世纪的时间里，被用于诸多产业领域，现在仍是重要的合成高分子材料。在木材加工领域中酚醛树脂是使用广泛的主要胶种之一，其用量仅次于脲醛树脂。尤其是在生产耐水、耐候性木制品方面酚醛树脂具有特殊的意义。酚醛树脂胶粘剂具有耐热性好、粘结强度高、耐老化性能好及电绝缘性优良，且价廉易用等特点，因此得到了较为广泛的应用。

6. 丙烯酸酯胶粘剂

丙烯酸酯胶粘剂是用聚丙烯酸酯为单组分或主要组分的胶粘剂，有热塑性和热固性两种。单组分的没有溶剂，可在室温固化，并有一定的透明性。主要有 α - 氰基丙烯酸酯胶粘剂和丙烯酸树脂胶粘剂两种，具有高强度、耐冲击、耐候性佳、可油面粘结、使用方便、抗冲击及剪切力强等特点。

复习思考题

简答题

1. 聚合物有哪几种物理状态？试述聚合物在不同物理状态下的特点。

2. 常用的建筑塑料制品有哪些？

3. 试举出三种建筑上常用的胶粘剂，并说明它们的用途。

第十一章

建筑功能材料

第一节 防水材料

建筑防水是建筑工程中的一个重要组成部分，建筑物的围护结构要防止雨水、雪水、地下水以及民用给排水的渗漏；空气中的湿气、蒸汽和其他对建筑物有害液体的侵蚀。分隔结构要防止给排水的渗透。构成这些防渗透、渗漏和侵蚀的材料统称为防水材料。

建筑物渗漏问题是建筑物较为突出的质量通病，也是用户反映最为强烈的问题。许多住户在使用之时发现屋面漏水、墙壁渗漏、粉刷层脱落现象，日复一日，房顶、内墙面会因渗漏而出现墙面大片剥落，并因长期渗漏潮湿而发霉变味，直接影响住户的身体健康，损坏室内装饰。办公室、机房、车间等工作场所长期的渗漏会严重损坏办公设施，导致精密仪器、机床设备的锈蚀、生长霉斑而失灵，甚至引起电气短路而发生火灾。渗漏不仅扰乱了人们的正常生活、工作生产秩序，而且直接影响整幢建筑物的使用寿命。由此可见，防水效果的好坏，对建筑物的质量至关重要，所以说防水工程在建筑工程中占有十分重要的地位。在整个建筑工程施工中，必须严格、认真地做好建筑防水工程。下面本章将介绍几种实用的防水材料。

一、防水卷材

防水卷材主要是用于建筑墙体、屋面，以及隧道、公路、垃圾填埋场等处，起到抵御外界雨水渗漏等问题的一种可卷曲成卷状的柔性建材产品。作为工程基础与建筑物之间无渗漏连接，防水卷材是整个工程防水的第一道屏障，对整个工程起着至关重要的作用。防水卷材主要有沥青防水卷材和高分子防水卷材。沥青防水卷材是传统的防水卷材，成本低，拉伸强度和延伸率低，温度稳定性差，高温易融化，低温易脆裂；耐老化性较差，使用年限短，属于低档防水卷材。高分子卷材是以合成橡胶、合成树脂或两者共混体为基料加入适量化学助剂和填充剂，采用密炼挤出或压延等加工工艺制成的可卷曲片状防水材料、其拉伸、抗撕裂强度高，耐热、匀质、低温柔性好。防水卷材可以分为有胎卷材和无胎卷材。凡是用原纸或玻璃丝布、石棉布、棉麻织品等胎料浸渍石油沥青制成的卷材，称为有胎卷材；将石棉、橡胶粉等掺入沥青材料，经碾压制成的卷状材料称为辊压卷材，即无胎卷材。

二、防水涂料

防水涂料是具有防水能力的液态涂料。它抹压在屋面或地下建筑物表面找平层上。常用的防水涂料有沥青基类、化工副产品类及合成高分子类。

沥青基防水涂料有溶剂型和乳液型。溶剂型沥青防水涂料是指将未改性的石油沥青直接溶解于汽油等溶剂中配制成防水涂料，又称为冷底子油。冷底子油常用于防水层的底层，采用喷涂或刷涂的施工方法。一般要在基面完全干燥之后再施工，涂层要求薄而均匀，不留空白。乳液型沥青防水涂料是指将石油沥青在化学乳化剂或矿物乳化剂作用下，分散于水中，形成稳定的水分散体构成的涂料。其中以橡胶改性乳化沥青防水涂料性能较好，施工简便，价格低，它以多种橡胶共同复合对沥青进行改性，配制成聚合物改性沥青防水涂料。石灰膏乳化沥青涂料是以沥青为基料，配以石灰膏为分散剂，石棉绒为填充料加工而成的一种冷沥青悬乳液。

化工副产品类防水涂料多为苯乙烯焦油加增韧剂或乳化剂配制而成，或用合成脂肪酸残渣加溶剂制成，但性能不够稳定，影响防水效果。

合成高分子类防水涂料是以多种高分子聚合材料为主要成膜物质，添加触变剂、防流挂剂、防沉淀剂、增稠剂、流平剂、防老剂等添加剂和催化剂，经过特殊工艺加工而成的合成高分子水性乳液防水涂膜。其具有优良的弹性和绝佳的防水性能，便于涂刷，附着牢固，效果好，耐高温低温，耐老化，但成本较高。以液态高分子合成材料制成的弹性涂膜是用合成橡胶或合成树脂溶液和乳液配制而成，有较好的防水性能，主要有氯丁橡胶－聚氯乙烯等熔剂型涂料和聚氨酯等富有弹性的涂膜产品。

三、建筑密封材料

建筑密封材料是嵌入建筑物缝隙、门窗四周、玻璃镶嵌部位以及开裂产生的裂缝，能承受位移且能达到气密、水密的目的的材料，又称嵌缝材料。密封材料有良好的粘结性、耐老化和对高、低温度的适应性，能长期经受被粘结构件的收缩与振动而不破坏。密封材料可分为定型密封材料（密封条和压条等）和非定型密封材料（密封胶密封膏等）两大类。密封件材料按材料属性分可分为金属材料（铝、铅、铟、不锈钢等）、非金属材料（橡胶、塑料、陶瓷、石墨等）、复合材料（如橡胶－石棉板、气凝胶毡－聚氨酯），使用最多的是橡胶类弹性体材料。

四、刚性防水材料

以上防水卷材、防水涂料等称为柔性防水材料，而刚性防水材料是指以水泥、砂石为原材料，或其内掺入少量外加剂、高分子聚合物等材料，通过调整配合比，抑制或减少孔隙率，改变孔隙特征，增加各原材料界面间的密实性等方法，配制成具有一定抗渗透能力的水泥砂浆混凝土类防水材料。由于水泥的抗拉强度低，变形小，易于收缩开裂，往往会破坏结构的整体防水，而且水泥配制成混凝土后，内部可形成许多毛细孔缝，这些均将成为渗水的通道。为了提高混凝土的抗渗性，相关科技人员研究出了许多外加剂，如减水剂、引水剂、防水剂、膨胀剂等。刚性防水材料应满足设计施工要求的强度、抗渗、耐久性要求。

刚性防水材料具有以下特点：

（1）具有较高的抗压强度、抗拉强度及一定的抗渗透能力，是一种既可防水又可兼作承重、围护结构的多功能材料。

（2）材料易得、造价低、施工简单，且易于查找渗漏水源，便于进行修补，综合经济效果较好。

（3）一般为无机材料，不燃烧、无毒、无异味，有透气性。

刚性防水材料可根据不同的工程构造部位，采用不同类别以满足施工要求：

（1）构成结构自身部分可采用防水混凝土，使结构承重和防水功能合为一体；

（2）结构层表面应加做薄层钢筋细石混凝土，掺有防水剂的水泥砂浆面层及掺有高分子聚合物的水泥砂浆面层，以提高其防水、抗裂性；

（3）地下建筑物表面及储水、输水构筑物表面，用水泥浆和水泥砂浆分层抹压；

（4）屋面可用钢筋细石混凝土、预应力混凝土及补偿收缩混凝土铺设，接头部位或分格缝处用柔性密封材料嵌填，形成一个整体刚性防水体系的层面。

第二节　保温隔热材料

保温隔热材料是指用于建筑围护或者热工设备、阻抗热流传递的材料或者材料复合体，包括保热材料，也包括保冷材料。它是对热流具有显著阻抗性的材料或材料复合体，保温隔热材料的共同特点是轻质、疏松，呈多孔状或纤维状。保温隔热材料导热系数一般小于 $0.174\ W/(m\cdot K)$，导热系数是指在稳定传热条件下，当材料层厚度内的温差为 $1\ ℃$ 的时，在 $1\ h$ 内通过 $1\ m^2$ 表面积的热量。保温隔热材料表观密度应小于 $1\ 000\ kg/m^3$，可以分为无机、有机以及复合保温隔热材料。其中无机材料有不燃、使用温度范围宽、耐化学腐蚀性较好等优点。有机材料有强度较高、吸水率较低、不透水性较佳等特色。复合材料为有机和无机材料配合而成。保温隔热材料一方面满足了建筑空间或热工设备的热环境；另一方面也节约了能源，在工程和现实生活中，有着很大的节能作用。常用的保温隔热材料有，膨胀珍珠岩及其制品、泡沫玻璃、微孔硅酸钙、膨胀蛭石、泡沫塑料、玻璃棉、碳化软木板等。

一、保温隔热材料的隔热机理

保温隔热材料通常是多孔材料，结构上的基本特点是具有高的空隙率。材料中的气孔尺寸一般为 $3\sim5\ mm$，气孔可分为封闭气孔和连通气孔两种类型。一般具有大量封闭气孔的保温隔热材料性能比有大量连通气孔的材料要好些。保温隔热材料的结构基本上可分为纤维状结构、多孔结构、粒状结构或层状结构。具有多孔结构的材料中的孔一般为近似球形的封闭孔，而纤维结构、粒状结构和层状结构的材料内部的孔多孔型绝热材料的隔热作用的机理如图 11-1 所示。当热量从高温面向低温面传递时，在碰到气孔之前传递过程为固相中的导热，碰到气孔后，一条路线仍然是通过固相传递，但其传热方向发生了变化，总的传热路线大大增加，从而使传热速度减缓；另一条路线是通过气孔内部的气体传热，其中包括高温固体表面对气体的辐射和对流传热、气体自身的对流传热、气体的导热、热气体对冷固体表面的辐射及对流传热以及热固体表面和冷固体表面的辐射传热。由于在常温下对流和辐射的传热在总传热中占的比例很小，故以气孔中的气体的导热为主，但由于空气的导热系数仅为 0.029 W/（m·K），远远小于固体的导热系数，故热量通过气孔传递的阻力较大，从而传热速度大大减缓。纤维型保温隔热材料的保温绝热机理基本上与多孔型材料的情况类似如图 11-2 所示。显然，传

图 11-1　多孔型材料隔热原理图

热方向和纤维方向垂直时的隔热性能比传热方向平行时要好一些。

　　反射型保温隔热材料的保温隔热机理，如图 11-3 所示。当外来的热辐射能量 I_0 投射到物体上时，通常会将其中一部分能量 I_B 反射掉，另一部分能量 I_A 被吸收掉（一般建筑材料都不能热射线穿透，故透射部分忽略不计）。由此看出，凡反射能力强的材料，吸收热辐射的能力就弱；反之，如果吸收能力强，则其反射能力弱。故利用某些材料对热辐射的反射作用，在需要保温隔热的部位贴上这种材料，可以将绝大部分外来热辐射反射掉，起到隔热的作用。

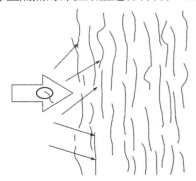

图 11-2　纤维型材料隔热原理图

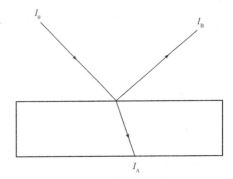

图 11-3　反射型保温隔热材料的隔热机理

二、影响保温隔热材料性能的主要因素

　　（1）材料的类型、化学结构、组成和聚集状态。隔热材料类型不同，导热系数不同。即使对于同一物质构成的隔热材料，内部结构不同，或生产的控制工艺不同，导热系数的差别有时也很大。隔热材料的物质组成不同，其物理热性能也不同，隔热机理存有区别，其导热性能或导热系数也各有差异。材料的分子结构不同，其导热系数有很大的差别，通常结晶构造的材料其导热系数最大，微晶体构造的次之，玻璃体构造的导热系数最小。材料中有机物组分增加，其导热系数降低。对于多孔保温隔热材料来说，无论固体部分的结构是晶体的还是玻璃体的，对导热系数影响都不大。这些材料的孔隙率很高，颗粒或纤维之间充满空气，有效地降低了其导热性能。

　　（2）材料的表观密度。由于材料中固体物质的导热能力比空气大得多，故孔隙率较高、表观密度较小的材料，其导热系数也越小。材料的导热系数不仅与材料的孔隙率有关，而且还与孔隙率的大小和特征有关。在孔隙率相同的条件下，孔隙尺寸越大，导热系数越大。因为太大的孔隙不仅孔壁温差较大，而且辐射传热量加大的同时大孔隙内的对流传热也增多，

孔隙互相连通比封闭而不连通的导热系数大。另外，对于表观密度很小的材料。特别是纤维状的材料，当表观密度低于某一极限时，导热系数反而增大，这是由于孔隙率过大，相互连通的孔隙率增多，对流传热增加，从而导致导热系数增大。

（3）湿度。环境湿度大，材料的含水率提高。由于水的导热系数比静态空气的导热系数大20多倍。这样必然导致材料的导热系数增大；如果孔隙中的水分冻结成冰，冰的导热系数是水的4倍。材料的导热系数将更大，因此，保温隔热材料应尽选用吸水性小的原材料；同时保温隔热材料在使用过程中，应注意防潮、防水。

（4）温度。材料的导热系数随着温度的升高而增大。因为温度升高，材料固体分子热运动增强，同时，材料孔隙中空气的导热和孔隙间的辐射作用增强，所以材料孔隙中空气的导热系数增大。

（5）热流方向。对于各种异性材料，如木材等纤维质材料。当热流平行于纤维延伸方向时，受到的阻力较小，导热系数就大；当热流垂直于纤维延伸方向时，受到的阻力较大，导热系数小。如以松木的导热系数为例，当热流垂直于木纹时，导热系数为 0.175 W/（m·K）；而当热流平行于木纹时，导热系数为 0.348 9 W/（m·K）。

三、常用保温隔热材料及其性质

1. 膨胀珍珠岩及其制品

膨胀珍珠岩及其制品，膨胀珍珠岩是一种天然酸性玻璃质火山熔岩，非金属矿产，包括珍珠岩、松脂岩和黑曜岩，三者只是结晶水含量不同。由于在 1 000~1 300 ℃ 高温条件下其体积迅速膨胀 4~30 倍，故统称为膨胀珍珠岩。导热系数 0.024 5~0.048 W/（m·K），高温导热系数 0.058~0.175 W/（m·K），低温导热系数 0.028~0.038 W/（m·K），最高使用温度 800 ℃，可用作高效保温、保冷填充材料。其为珍珠岩矿砂经预热，瞬时高温焙烧膨胀后制成的一种内部为蜂窝状结构的白色颗粒状材料。其原理为：珍珠岩矿石经破碎形成一定粒度的矿砂，经预热焙烧，急速加热（1 000 ℃以上），矿砂中水分汽化，在软化的含有玻璃质的矿砂内部膨胀，形成多孔结构，体积膨胀 10~30 倍。珍珠岩根据其膨胀工艺技术及用途不同分为三种形态：开放孔（open cell）、闭孔（closed cell）、中空孔（balloon）。

膨胀珍珠岩制品是以膨胀珍珠岩（见图 11-4）为集料，配以适量的粘结材料（如水泥、水玻璃、磷酸盐等），经过搅拌、成型、干燥、焙烧或养护而成的具有一定形状的产品（如板、砖、管等）。通常制品以胶结材料命名，如水玻璃膨胀珍珠岩制品、水泥膨胀珍珠岩制品、磷酸盐膨胀珍珠岩制品（见图 11-5）。

图 11-4　膨胀珍珠岩

图 11-5　膨胀珍珠岩制品

水泥膨胀珍珠岩制品具有表观密度小，导热系数小，承载能力高，施工方便，经济耐用等优点，广泛应用于有绝热保温要求的建筑工程围护结构中，以达到保温、隔热、吸声等目的。其表观密度 $300 \sim 400 \ kg/m^3$，导热系数为 $0.058 \sim 0.087 \ W/(m \cdot K)$，吸声系数为 $0.16 \sim 0.42$。抗压强度 $5 \sim 10 \ MPa$。水玻璃膨胀珍珠岩制品具有表观密度小，导热系数小，无毒、无味、不燃烧、抗菌、耐腐蚀等优点。其表观密度为 $200 \sim 300 \ kg/m^3$，导热系数为 $0.058 \sim 0.065 \ W/(m \cdot K)$，多用于建筑围护结构作为保温隔热吸声的材料。沥青膨胀珍珠岩制品由膨胀珍珠岩和热沥青拌和而成，表观密度小、保温隔热、吸声、憎水、耐腐蚀。其密度通常为 $200 \sim 450 \ kg/m^3$，导热系数为 $0.07 \sim 0.08 \ W/(m \cdot K)$。它可以锯切，施工方便，适用于低温、潮湿的环境，如冷库工程等。磷酸盐膨胀珍珠岩制品以膨胀珍珠岩为集料，磷酸铝和少量的硫酸铝、纸浆废液作胶结材料，经过配料、搅拌、成型焙烧而成。它具有耐火，表观密度小、强度高、绝缘性好的特点，通常表观密度为 $200 \sim 500 \ kg/m^3$，强度为 $0.6 \sim 1.0 \ MPa$ 适用于温度要求较高的环境。除此之外，还有乳化沥青膨胀珍珠岩制品、憎水珍珠岩制品、高温耐火珍珠岩制品、石膏膨胀珍珠岩制品等。

2. 泡沫玻璃

泡沫玻璃最早是由美国匹兹堡康宁公司发明的。它是由碎玻璃、发泡剂、改性添加剂和发泡促进剂等，经过细粉碎和均匀混合后，再经过高温熔化，发泡、退火而制成的无机非金属玻璃材料。它是由大量直径为 $1 \sim 2 \ mm$ 的均匀气泡结构组成。由于这种新材料具有防潮、防火、防腐的作用，加之玻璃材料具有长期使用性能不劣化的优点，使其在隔热、深冷、地下、露天、易燃、易潮以及有化学侵蚀等苛刻环境下备受用户青睐。泡沫玻璃可以采用废平板玻璃和瓶罐玻璃为原料，经高温发泡成型，使废弃材料回收再利用，是一种绿色环保的隔热材料，如图 11-6 所示。泡沫玻璃的主要原料通常是碎玻璃，也可使用酸性火山熔岩类物质，如火山灰、浮石、珍珠岩、黑曜岩、高炉矿渣等。

泡沫玻璃的应用技术要点：

（1）泡沫玻璃的基质为玻璃，故不吸水。泡沫玻璃内部的气泡也是封闭的，所以不存在毛细现象，也不会渗透，因此隔热性能好。

（2）泡沫玻璃机械强度较高，强度变化与表观密度成正比，具有优良的抗压性能，较其他材料更能经受住外部环境的侵蚀和负荷。优良的抗压性能与阻湿性能相结合，使泡沫玻璃成为地下管道和槽罐地基最理想的隔热材料。

（3）泡沫玻璃具有很好的隔热透湿性，因此导热系数长期稳定，不因环境影响发生变化，隔热性能良好。

（4）泡沫玻璃是基质湿玻璃，因此不会自燃也不会被烧毁，是优良的防火材料。泡沫玻璃的工作温度范围为 $-200 \sim 430 \ ℃$、膨胀系数较小（$8 \times 10^{-6} ℃$）而且可逆，因此材料性能长期不变，不易脆化，稳定性好。

微孔硅酸钙是一种新型保温材料它具有表观密度小，导热系数低、抗折、抗压强度高、耐热性好、无毒不燃、可锯切、易加工、不腐蚀管道和设备等优点，是最受电力、石油、化工、冶金等部门青睐的新型硬质保温材料。微孔硅酸钙制品由硬钙石型水化物、增强纤维等原料混合，经模压高温蒸氧工艺制成瓦块或板，如图 11-7 所示；产品具有耐热度高、隔热性能好、强度高、耐久性好、无腐蚀、无污染等优点。特别近几年城市集中供热采用的地下直埋管道工艺，选用硅酸铝、硅酸钙、聚氨酯复合保温；改善了保温材料的性能，提高了管道的使用寿命，减少了地上附着物，促进了城市美化。微孔硅酸钙制品使用在化工设备和工艺管道的保温，保温施工方便，效果良好，特别使用在工业炉和高温反应器的保温上，使用性能比较稳定。其缺点韧性不如其他纤维材料。

3. 泡沫塑料

泡沫塑料又称微孔塑料，是以塑料为基本组分并含有大量气泡的聚合物材料（见图11-8），因此也可以说是以气体为填料的复合塑料。泡沫塑料整体布满无数互相连通或互不连通的微孔而使表观密度明显降低的塑料，具有表观密度小、隔热、吸声、防震、耐潮、耐腐蚀等优点。按其泡孔结构可分为闭孔、开孔和网状泡沫塑料。几乎不存在泡孔壁的泡沫塑料称作网状泡沫塑料。它按泡沫塑料的密度可分为低发泡、中发泡和高发泡泡沫塑料。其密度大于 $0.4 \ \mathrm{g/cm^3}$ 的为低发泡泡沫塑料；密度为 $0.1 \sim 0.4 \ \mathrm{g/cm^3}$ 的为中发泡泡沫塑料；密度小于 $0.1 \ \mathrm{g/cm^3}$ 的为高发泡泡沫塑料。较为常见的传统泡沫塑料主要有聚氨酯（PUR）、聚苯乙烯（PS）、聚氯乙烯（PVC）、聚乙烯（PE）、酚醛树脂（PF）等品种。泡沫塑料按其柔韧性可分为软质、硬质和处于两者之间的半硬质泡沫塑料。硬质泡沫塑料可作隔热材料和隔声材料、管道和容器等的保温材料、漂浮材料及减震包装材料等；软质泡沫塑料主要作衬垫材料、泡沫人造革等。

图11-6　泡沫玻璃制品

图11-7　微孔硅酸钙

图11-8　泡沫塑料

四、其他隔热材料

膨胀蛭石是一种层状结构的含镁的水铝硅酸盐次生变质矿物，原矿类似云母，通常由黑（金）云母经热液蚀变作用或风化而成。因其受热失水膨胀时呈挠曲状，形态酷似水蛭，故称蛭石。蛭石片经过高温焙烧后，其体积能迅速膨胀数倍至数十倍，体积膨胀后的蛭石就称为膨胀蛭石。膨胀蛭石已广泛也应用到建筑、冶金、石油、造船、环保、保温、隔热、绝缘、节能等领域。

玻璃棉属于玻璃纤维中的一个类别，是一种人造无机纤维。它采用石英砂、石灰石、白云石等天然矿石为主要原料，配合一些纯碱、硼砂等化工原料熔成玻璃。在融化状态下，借助外力吹制式甩成絮状细纤维，纤维和纤维之间为立体交叉，互相缠绕在一起，呈现出许多细小的间隙。这种间隙可看作孔隙。因此玻璃棉可视为多孔材料，具有良好的隔热、吸声性能。

碳化软木是一种以软木橡树的外皮为原料，经适当破碎后在模型中成型，再经300 ℃左右热处理而成，加热方式一般为过热蒸汽加热。由于软木树皮层中含有大量树脂，并含有无数微小的封闭气孔，所以它是理想的办公装修保温、隔热、吸声材料，且具有不透水、无味、无臭、无毒等特性，并且有弹性，柔和耐用，不起火焰只能阴燃。

反光材料是利用对光线的反射作用，将本来应该辐射在建筑物上的能量带走，如常见的反光铝膜，可铺在楼顶作隔热层。反光材料施工简单方便，但是反射光线可能会造成光污染，影响人们的健康生活。

第三节　吸声隔声材料

在了解吸声隔声材料工作原理前，先来了解声音的传播。首先声音是一种振动的波，决定它性质的有波长 λ，频率 f，周期 T 和传播速度 c。声音的传播需要介质，它是一种能量的传递过程。

当声波入射到建筑材料表面时一部分声波被反射 E_γ，一部分声波穿透材料继续传播 E_τ，另一部分被材料吸收 E_α。如图 11-9 所示，若总能量为 E_0，根据能量守恒定律，可得

$$E_0 = E_{.\gamma} + E_\tau + E_\alpha$$

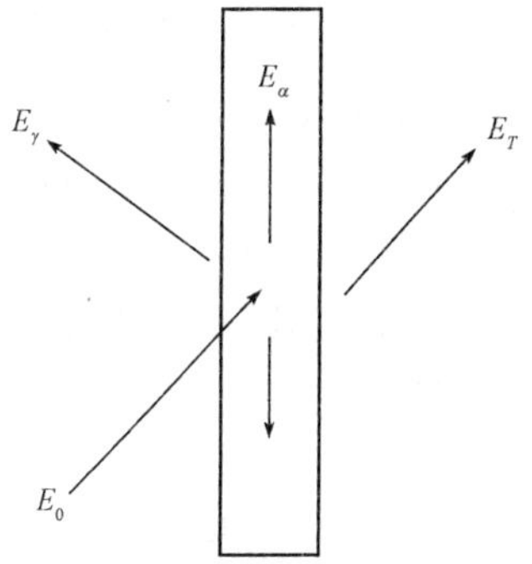

图 11-9　能量守恒定律示意图

一、吸声材料的工作原理及性能要求

根据上述公式，材料吸声效果越好，则声音穿过材料继续传播的能量就越少，因此吸声材料就需要有吸收较大声音能量的能力。对于含有大量开口空隙的多孔材料，当声波进入空隙时，声能与孔壁摩擦产生热量，使声能转化为热能而被吸收或消耗。吸声性的定义声能穿透材料和被材料消耗的性质称为材料的吸声性。吸声系数 α 表示方法：

$$\alpha = \frac{E_\alpha + E_\tau}{E_o}$$

$\alpha \geq 0.20$ 的材料称为吸声材料。

由以上所述可知，影响材料吸声效果的主要因素有材料的孔隙率或体积吸水率、材料的孔隙特征、材料的厚度。

二、吸声材料的类型及其结构形式

根据吸声材料的不同工作原理，吸声材料可以分为多孔吸声结构、共振吸声结构和特殊吸声结构等类型，每种结构类型分别对应几种材料，如图 11-10 所示。

（1）多孔吸声结构材料：玻璃棉、岩棉、泡沫塑料、毛毡等具有良好的吸声性能，不是因为表面粗糙，而是因为多孔材料具有大量内外连通的微小孔隙和孔洞。其吸声原理是当声波入射到多孔材料上，声波能顺着孔隙进入材料内部引起空隙中空气分子的振动。由于空气的黏滞阻力、空气分子与孔隙壁的摩擦，使声能转化为摩擦热能而吸声。多孔吸声结构需要结构表

面及内部分布有大量空隙，空隙之间相互连通，孔隙深入材料内部。

（2）共振吸声结构材料：薄膜、薄板共振吸声结构，如玻璃、薄金属板、架空木地板、空木墙裙等。当入射声波频率 f 和材料固有振动频率相一致时，就会发生共振。共振产生的振动效应会减弱声波携带的能量继而达到吸声的效果。由于不同材料其固

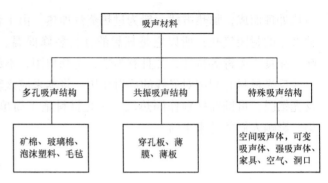

图 11-10　吸声材料分类

有频率不同，因此应用范围和环境也会有所不同。比如薄膜共振吸声频率 200 ~ 1 000 Hz，一般作为中低频的吸声材料。薄板共振吸声频率 80 ~ 300 Hz，一般作为低频的吸声材料。

（3）特殊吸声结构材料：特殊吸声结构是利用结构的特有属性来吸收声波能量，比如帷幕，它是具有通气性能的纺织品，具有多孔材料的吸声特性，由于较薄本身作为吸声材料使用是得不到大的吸声效果的。如果将它作为帷幕，离开墙面或窗洞一定距离安装，恰如多孔材料的背后设置了空气层，因而在中高频就能够具有一定的吸声效果。当它离墙面 1/4 波长的奇数倍距离悬挂时就可获得相应频率的高吸声量。还有一些地方将吸声材料作成空间的立方体（如平板形、球形、圆锥形、棱锥形或柱形），使其多面吸收声波，在投影面积相同的情况下，相当于增加了有效的吸声面积和边缘效应，再加上声波的衍射作用，大大优化了实际的吸声效果，可以根据不同的使用地点和要求，设计各种形式的从天棚吊挂下来的吸声体。吸声尖劈，如图 11-11 所示，它是一种特殊吸声体，要求入射其表面的声波几乎全被吸收。吸声尖劈由基部和劈部组成，基部为底部截面不变部分，劈部为截面从尖头开始逐渐增大部分。由于吸声尖劈的劈部截面从小逐渐增大，使之与空气特性阻抗比较匹配，从而达到入射声波几乎毫无反射地全被吸收。尖劈的基部（截面不变部分）与尖

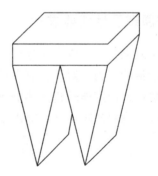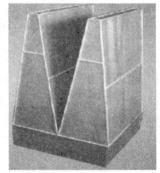

图 11-11　吸声尖劈

劈的劈部（截面变化部分）长度比例通常控制在 1：4 左右，过大和过小都是不适宜的。如基部长度为 200 mm，则劈部长度为 800 mm，这样吸声尖劈的长度为 1 000 mm。

三、隔声材料

隔声材料，是指把空气中传播的噪声隔绝、隔断、分离的一种材料、构件或结构。对于隔声材料，要减弱透射声能，阻挡声音的传播，就不能如同吸声材料那样多孔、疏松、透气。相反，它的材质应该是重而密实的，如钢板、铅板、砖等一类材料。隔声材料材质的要求是密实无孔隙或缝隙；有较大的重量。由于这类隔声材料密实，难于吸收和透过声能而反射能强，所以它的吸声性能差。

吸声主要是让声波通过媒质或入射到媒质分界面上时声能的减少过程，又称为声吸收。而隔声是用构件将噪声和接收者分开，使声能在传播途径中受到阻挡，从而降低或消除噪声传递。吸声材料和隔声材料解决的目标和侧重点不同，吸声处理所解决的目标是减弱声音在室内的反复反射，也即减弱室内的混响声，缩短混响声的延续时间。隔声处理着重阻隔声音的传播，以使相邻房间免受噪声干扰。

第四节　建筑装饰材料

建筑装饰材料，又称建筑饰面材料，是指铺设或涂装在建筑物表面起装饰和美化环境作用的材料。建筑装饰材料是集材料、工艺、造型设计、美学于一整体的材料，是建筑装饰工程的重要物质基础。建筑装饰的整体效果和建筑装饰功能的实现，在很大程度上受到建筑装饰材料的制约，尤其受到装饰材料的光泽、质地、质感、图案、花纹等装饰特性的影响。只有熟悉各种装饰材料的性能、特点，按照建筑物及使用环境条件，合理地选用装饰材料，才能材尽其能、物尽其用，更好地表达设计意图，并与室内其他配套产品来体现建筑装饰性。

随着经济的快速发展，装饰材料市场普遍多元化，从而推动了建筑装饰业的全面发展。我国建筑装修材料业呈现部品化、绿色化、多功能和智能化四大发展方向。部品化指的是将建筑装饰材料工厂内生产，通过现场组装，做到质量容易控制，工期短、质量好等。绿色化，即采用绿色建筑装饰材料进行建筑。绿色建筑装饰材料是指那些能够满足绿色建筑需要，且自身在制造、使用过程以及废弃物处理等环节中对地球环境负荷最小和有利于人类健康的材料。多功能是由于当前对建筑装饰材料的功能要求越来越高，不仅要求具有精美的装饰性、良好的使用性，而且要求具有环保、安全、施工方便、易维护等功能。市场上许多产品功能单一，远远不能满足消费者的综合要求。因此，采用复合技术发展多功能复合建筑装饰材料已成趋势。智能化是将材料和产品的加工制造与以微电子技术为主体的高科技嫁接，从而实现对材料及产品的各种功能的可控与可调，有可能成为装饰装修材料及产品的新发展方向。

一、建筑装饰材料的基本性能

材料的性能是评定、选择和使用材料的基本要求和标准。由于材料使用范围和种类的不同，对材料性能的要求就有不同。对于结构材料，人们重点考察强度和刚度指标，以及使用条件下的耐久性。对于建筑装饰材料，要求和结构材料有所差别。下面介绍装饰材料的基本性能要求。

（1）材料的几何形状和尺寸。材料应该具有相对稳定的形状和控制范围内的尺寸偏差。这是区分多数建筑装饰材料的重要指标。这一性能对于建筑装饰材料的装饰效果有着极其重要的影响，几何形状和尺寸的正确与否将直接影响建筑物外观和质量。

（2）材料的颜色、光泽。透明性颜色，它是材料对光谱选择吸收的结果。不同的颜色给人以不同的感觉，如红色、粉红色给人一种温暖、热烈的感觉；绿色、蓝色给人一种宁静、清凉、寂静的感觉。光泽是材料表面方向性反射光线的性质、用光泽度表示。当为定向反射时，材料表面具有镜面特征，又称镜面反射。不同的光泽度，可改变材料表面的明暗程度，并可扩大视野或造成不同的虚实对比。透明性也是与光线有关的一种性质。既能透光又能透视的物体称为透明体，能透光而不能透视的物体称为半透明体，既不能透光又不能透视的物体称为不透明体。利用不同的透明度可隔断或调整光线的明暗，根据需要，造成不同的光学效果，达到人们需要的装饰效果。

（3）材料的质感。质感，它是材料的表面组织结构、花纹图案、颜色、光泽、透明性等给人的一种综合感觉，人对各种材料的感观有软硬、轻重、粗犷、细腻、冷暖等。相同组成的材料，当其表面不同时，可以有不同的质感，如普通玻璃与压花玻璃，镜面花岗石与剁斧石。相同的表面处理形式往往具有相同或类似的质感。但有时也不尽相同，如人造大理石、仿木纹制品，一般均没有天然的花岗石和木材亲切、真实，虽然如此，但有时也能达到以假乱真的效果。

（4）立体造型预制花饰和雕塑制品。这种装饰材料多在纪念性建筑物和大型公共建筑物上采用。这些材料的选用应考虑到造型的美观，是不是能表达建筑物传递的艺术信息，符不符合当地的人文历史政治宗教等背景。

（5）耐沾污性、易洁性与耐摩擦性，材料表面抵抗污物作用并能保持其原有颜色和光泽的性质称为材料的耐沾污性。材料表面易于清洗洁净的性质称为材料的易洁性。材料的耐擦性实质是材料抵抗摩擦作用，不改变原有光泽度，颜色等，分为干擦（称耐干擦性）和湿擦（称耐洗刷性）。耐擦性越高，材料的使用寿命越长。

（6）装饰材料的其他性质。装饰材料还具有其他性质，如强度、耐水性、耐火性、耐腐蚀性等。材料的耐水性是指材料在长期的饱和水作用下不破坏，其强度也不显著降低的性质。

二、装饰石材

装饰石材即建筑装饰石材，建筑装饰石材是指具有可锯切、抛光等加工性能，在建筑物上作为饰面材料的石材，包括天然石材和人造石材两大类。天然石材是指天然大理石和花岗岩，人造石材则包括水磨石、人造大理石、人造花岗岩和其他人造石材。

1. 天然石材

天然石材是指从天然岩体中开采出来的，并经加工成块状或板状材料的总称。建筑装饰用的天然石材主要有花岗岩和大理石两大类。天然石材有独一无二的纹理，在日常使用中需要对其进行打蜡等护理，但时间久后，天然石材因其有天然毛孔等特性会因外界的其他物质的侵入而产生反碱或色斑等病症。由于天然石材具有一定的放射性，因此，将天然石材的放射性水平可分为A、B、C三类。A类产品可以在写字楼和家庭居室中使用；B类产品放射性程度高于A类，不可用于居室的内饰面，但可用于建筑物的内外饰面；C类产品放射性更高，只可用于建筑物的外饰面。在天然石材中，放射性属A类的包括樱花红、将军红、台湾红、新疆红、石岛红、安溪红、枫叶红、西丽红、天山白麻、天山红和厦门红等；属于B类的包括印度红和桂林红等；属于C类的商品为永定红，而一些地方的杜鹃红，放射性水平高于C类标准。石材的放射性需要以有关单位检测的数据为准。在日常使用中，石材需要维护保养，通常会在石材的表面上打蜡加以保护。但当蜡覆盖石材表面后，其毛细孔就会被堵，二次维护时，已附着在石材表面的蜡就会成为二次防护蜡渗入石材内部的障碍，这时，石材与地面间的水泥或胶粘剂就会因为潮湿或化学反应慢慢"侵入"石材的肌体，造成石材反碱和色斑等病变。使用专业的养护剂才能起到对石材的养护作用。养护剂具有极高的渗透性可渗透进石材饰面内 3 ~ 5 cm 形成晶体堵塞住细微孔隙，从而切实保护石材的内质。石材如果安装于卫生间，则需进行防滑处理，铺装工艺要求高、成本高。

2. 人造石材

人造石材是以不饱和聚酯树脂为胶粘剂，配以天然大理石或方解石、白云石、硅砂、玻璃粉等无机物粉料，以及适量的阻燃剂、颜色等，经配料混合、振动压缩、挤压等方法成型固化制成的。与天然石材相比，人造石具有色彩艳丽、光洁度高、颜色均匀一致，抗压耐磨、韧性好、结构致密、坚固耐用、比重轻、不吸水、耐侵蚀风化、色差小、不褪色、放射性低等优点。人造石材具有资源综合利用的优势，在环保节能方面具有不可低估的作用，也是名副其实的建材绿色环保产品，已成为现代建筑首选的饰面材料。人造石材从诞生至今经历几十年的研究、开发和创新，开发出多种材料，广泛应用于商业、住宅，甚至军事领域等。在商业用途上，人造石材的使用几乎不受限制。根据产品的适应性，人造石材可用于健康中心、医疗机构、公共写字楼、厂矿公司、购物中心等空间里的设备设施。当人造石材用于柜台、墙体、水槽、展示架、家具、电梯等器物时，设计独特的色彩纹理显示出其艳丽、可塑性强、可自由切裁、弯曲、研磨、耐久性强等性能。人造石材实心无孔，毫无藏污纳垢的空洞或缝隙，卫生环保，其表面接缝非常紧密，不会被水渗透。因此，在饮食服务业方面，人造石材可用来设计独创性的餐桌、厨房工作台；同理，也可用于有严格卫生标准的医疗卫生机构，广泛安装在医疗室、化验室、外科手术室；在家居装饰方面，人造石材具有一般传统建材所没有的耐酸、耐碱、耐冷热、抗冲击的特点，作为一种质感佳、色彩多的饰材，不仅能美化室内外装饰，满足其设计上的多样化需求，更能为建筑师和设计师提供极为广泛的设计空间。人造石材可以根据不同的要求、配方做成各种合成物，因其特殊的组成成分，使它很难被磨损，又由于颜色和图案深及材料表里一致，因此，可以对材质中凹纹、缺口或刮痕甚至比较严重的磨损进行弥补和翻新。许多家庭在居室的厨房和卫生间的装修中都采用了人造石材作台面。由于人造石材是模仿天然大理石的表面纹理加工而成的，具有类似大理石的机理特点，但在硬度、光泽及耐磨性上都比天然大理石好。

三、建筑陶瓷

陶瓷是指所有以黏土为主要原料与其他天然矿物原料经过粉碎、加工、成形、烧结等工艺制成的制品，如陶瓷面砖、彩色瓷粒、陶管等。其按制品材质分为粗陶、精陶、半瓷和瓷质四类；按坯体烧结程度分为多孔性、致密性以及带釉、不带釉制品。陶瓷特点是强度高、防潮、防火、耐酸、耐碱、抗冻、不老化、不变质、不褪色、易清洁等，并具有丰富的艺术装饰效果。

陶瓷面砖是用作墙、地面等贴面的薄片或薄板状陶瓷质装修材料，也可用作炉灶、浴池、洗濯槽等贴面材料，有外墙面砖、内墙面砖、地面砖、陶瓷锦砖（见图 11-12）和陶瓷壁画（见图 11-13）等。其中，外墙面砖具有坚固耐用、色彩鲜艳、易清洗、防火、防水、耐磨、耐腐蚀和维修费用低等特点。它作为外墙饰面，装饰效果好，不仅可以提高建筑物的使用质量，并能美化建筑，改善城市面貌，而且能保护墙体，延长建筑物使用年限。内墙面砖也称釉面砖，用精陶质材料制成，制品较薄，坯体气孔率较高，正表面上釉，以白釉砖和单色釉砖为主要品种，并在此基础上应用色料制成各种花色品种。地面砖是用半瓷质材料制成，分为有釉和无釉两种，均饰以单色、多色、斑点和各种花纹图案。地面砖和外墙砖向通用的墙地两用砖（又称彩釉砖、防潮砖）发展，其坯体材质相同，但产品厚度和釉的性能因用途而不同。

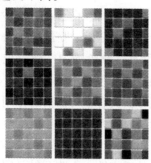

图 11-12　陶瓷马赛克

图 11-13　陶瓷壁画

陶瓷马赛克，也称锦砖，是用于地面或墙面的小块瓷质装修材料，可制成不同颜色、尺寸和形状，并可拼成一个图案单元，粘贴于纸或尼龙网上，以便于施工，并分有釉和无釉两种。陶瓷马赛克一般以耐火黏土、石英和长石作制坯的主要原料，干压成型，于 1 250℃左右烧成，也有以泥浆浇筑法成型，用辊道窑、推板窑等连续窑烧成。

陶瓷壁画，为贴于内外墙壁上的艺术陶瓷。用于外墙的由半瓷质或瓷质材料制成；用于内墙的可由精陶材料制成。其特点是经久耐用，永不褪色。一般以数十甚至数千块白釉内墙砖拼成，用无机陶瓷颜料手工绘画烧制成画面。另外，还有运用磁州窑特殊装饰工艺，制成特殊风格的花釉画面。

彩色瓷粒为散粒状彩色瓷质颗粒，用合成树脂乳液作胶粘剂，形成彩砂涂料，涂敷于外墙面上，施工方便，不易褪色。

陶管是用于民房、工业和农田建筑给水、排水系统的陶质管道，有施釉和不施釉两种，采用承插方式连接。陶管具有较高的耐酸碱性，管内表面有光滑釉层，不会附生藻类而阻碍液体流通。

陶管一般以难熔黏土或耐火黏土为主要原料，其内表面或内外表面用泥釉或食盐釉。用挤管机硬挤塑成型，坯体含水率低，便于机械化操作。用煤烧明焰隧道窑烧成，烧成温度为 1 260℃左右。

四、建筑玻璃

建筑玻璃的主要品种是平板玻璃，具有表面晶莹、光洁、透光、隔声、保温、耐磨、耐气候变化、材质稳定等优点。它是以石英砂、砂岩或石英岩、石灰石、长石、白云石及纯碱等为主要原料，经粉碎、筛分、配料、高温熔融、成型、退火、冷却、加工等工序制成。随着现代科学技术的发展，建筑玻璃的功能不再仅仅是满足采光要求，而是具有能调节光线、保温隔热、安全（防弹、防盗、防火、防辐射、防电磁波干扰）、艺术装饰等特性。随着人们需求的不断发展，玻璃的成型和加工工艺方法也有了新的发展。现在，已开发出了夹层、钢化、离子交换、釉面装饰、化学热分解及阴极溅射等新技术玻璃，使玻璃在建筑中的用量迅速增加，成为继水泥和钢材之后的第三大建筑材料。

窗用平板玻璃也称平光玻璃或镜片玻璃，是未经研磨加工的平板玻璃。其主要用于建筑物的门窗、墙面、室外装饰等，起着透光、隔热、隔声、挡风和防护的作用，也可用于商店柜台、橱窗及一些交通工具（汽车、轮船等）的门窗等。

磨光玻璃称镜面玻璃或白片玻璃，是经磨光抛光后的平板玻璃，分单面磨光和双面磨光两种，对玻璃磨光是为了消除玻璃中含有坡筋等缺陷。磨光玻璃表面平整光滑且有光泽，从任何方向透视或反射景物都不发生变形，常用以安装大型高级门窗、橱窗或制镜。

磨砂玻璃也称毛玻璃，是用机械喷砂、手工研磨或使用氢氟酸溶蚀等方法，将普通平板玻璃表面处理为均匀毛面而成的。该玻璃表面粗糙，使光线产生漫反射，具有透光不透视的特点，且使室内光线柔和。它常被用于卫生间、浴室、厕所、办公室、走廊等处的隔断，也可用作黑板的板面。

有色玻璃也称彩色玻璃，分为透明和不透明两种。该玻璃具有耐腐蚀、抗冲刷、易清洗等优点，并可拼成各种图案和花纹。有色玻璃适用于门窗、内外墙面及对光有特殊要求的采光部位。

彩绘玻璃是一种用途广泛的高档装饰玻璃产品，屏幕彩绘技术能将原画逼真地复制到玻璃上，它不受玻璃厚度、规格大小的限制。彩绘涂膜附着力强，耐久性好，可擦洗，易清洁。彩绘玻璃可用于家庭、写字楼、商场及娱乐场所的门窗、内外幕墙、顶棚吊灯、灯箱、壁饰、家具、屏风等。

光栅玻璃也称激光玻璃，是以玻璃为基材，经激光表面微刻处理形成的。光栅玻璃是利用计算机设计，激光表面处理，编入各种色彩、图形及各种色彩变换方式，在普通玻璃上形成物理衍射分光和全息光栅或其他光栅，凹部与凸部形成四面对应分布或散射分布，构成不同质感、空间感，不同立面的透镜，其具有很高的观赏与艺术装饰价值。光栅玻璃适用于家居及公共设施和文化娱乐场所的大厅、内外墙面、门面招牌、广告牌、天棚、屏风、门窗等美化装饰。

装饰镜在室内装饰中必不可少，它可映照人及景物，扩大室内视野及空间，增加室内明亮度，可采用高质量浮法平板玻璃及真空镀铝或镀银的镜面，可用于建筑物（尤其是窄小空间）的门厅、柱子、墙壁、天棚等部位的装饰。

压花玻璃也称花纹玻璃或滚花玻璃，是用无色或有色玻璃液，通过刻有花纹的滚筒连续压延而成的带有花纹图案的平板玻璃。压花玻璃的特点是透光（透光率为 60% ~ 70%）不透视，表面凹凸的花纹不仅漫射、柔和了光线，而且具有很高的装饰性。使用时注意，花纹面朝向室内侧，透视性要考虑花纹形状。压花玻璃适用于对透视有不同要求的室内各种场合的内部装饰和分隔，可用于加工屏风、台灯等工艺品和日用品。

钢化玻璃是将平板玻璃加热到软化温度后，迅速冷却或用化学法对其进行离子交换而成的。这使得玻璃表面形成压力层，因此比普通玻璃抗弯强度提高 5 ~ 6 倍，抗冲击强度提高约 3 倍，韧性提高约 5 倍。钢化玻璃在碎裂时，不形成锐利棱角的碎块，因而不伤人。钢化玻璃不能裁切，需按要求加工，可制成磨光钢化玻璃、吸热钢化玻璃，用于建筑物门窗、隔墙及公共场所等防振、防撞部位。

夹层玻璃是将两片或多片平板玻璃用透明塑料薄片，经热压粘合而成的平面或弯曲的复合玻璃制品。夹层玻璃的特点是安全性好，这是由于中间粘合的塑料衬片使得玻璃破碎时不飞溅，致使产生辐射状裂纹，不伤人，也因此使其抗冲击强度大大地高于普通玻璃。另外，使用不同玻璃原片和中间夹层材料，还可获得耐光、耐热、耐湿、耐寒等特性。夹层玻璃适用于安全性要求高的门窗，如高层建筑的门窗，大厦、地下室的门窗，银行等建筑的门窗，商品陈列柜及橱窗等防撞部位。

夹丝玻璃是将普通平板玻璃加热到红热软化状态后，再将预热处理的金属丝或金属网压入玻璃中而成的。其表面是压花或磨光的，有透明或彩色的。夹丝玻璃的特点是安全性好，这是由于夹丝玻璃具有均匀的内应力和抗冲击强度，因而当玻璃受外界因素（地震、风暴、火灾等）作用而破碎时，其碎片能粘在金属丝（网）上，防止碎片飞溅伤人。另外，这种玻璃还具有隔断火焰和防火蔓延的作用。夹丝玻璃适用于振动较大的工业厂房门窗、屋面、采光天窗，需安全防火的仓库、图书馆门窗，建筑物复合外墙及透明栅栏等。防盗玻璃是夹层玻璃的特殊品种，一般采用钢化玻璃、特厚玻璃、增强有机玻璃、磨光夹丝玻璃等以树脂胶胶合而成的多层复合玻璃，并在中间夹层嵌入导线和敏感探测元件等接通报警装置。

特种玻璃，如吸热玻璃是在玻璃液中引入有吸热性能的着色剂（氧化铁、氧化镍等）或在玻璃表面喷镀具有吸热性的着色氧化物（氧化锡、氧化锑等）薄膜而成的平板玻璃。吸热玻璃一般呈灰、茶、蓝、绿、古铜、粉红、金等颜色，它既能吸收70%以下的红外辐射能，又保持良好的透光率及吸收部分可见光、紫外线的能力，具有防眩光、防紫外线等作用。吸热玻璃适用于既需要采光、又需要隔热之处，尤其是炎热地区，需设置空调、避免眩光的大型公共建筑的门窗、幕墙、商品陈列窗，计算机房及火车、汽车、轮船的风挡玻璃，还可制成夹层、中空玻璃等制品。热反射玻璃是表面用热、蒸发、化学等方法喷涂金、银、铝、铜、镍、铬铁等金属及金属氧化物或粘贴有机物薄膜而制成的镀膜玻璃。热反射玻璃对太阳光具有较高的热反射能力，热透过率低，一般热反射率都在30%以上，最高可达60%，且又保持了良好的透光性，是现代最有效的防太阳光玻璃。热反射玻璃具有单向透视性，其迎光面有镜面反射特性，它不仅有美丽的颜色，而且可映射周围景色，使建筑物和周围景观相协调。热反射玻璃背光面与透明玻璃一样，能清晰地看到室外景物，适用于现代高级建筑的门窗、玻璃幕墙、公共建筑的门厅和各种装饰性部位，用它制成双层中空玻璃和组成带空气层的玻璃幕墙，可取得极佳的隔热保温及节能效果。光致变色玻璃是在玻璃中加入卤化银，或在玻璃与有机夹层中加入钼和钨的感光化合物得到。光致变色玻璃受太阳或其他光线照射时，其颜色会随光线的增强而逐渐变暗，停止照射后，又可自动恢复至原来的颜色。光致变色玻璃的着色、褪色是可逆的，而且耐久，并可达到自动调节室内光线的效果。光致变色玻璃主要用于要求避免眩光和需要自动调节光照强度的建筑物门窗。

复习思考题

简答题

1. 防水材料分为哪几类？什么是刚性防水？它的特点是什么？
2. 保温绝热材料的工作机理是什么？常用的保温隔热材料有哪些？
3. 吸声材料和隔声材料有什么区别？它们的工作机理有什么不同？
4. 建筑装饰材料基本性能要求是什么？
5. 装饰石材放射水平和应用范围如何规定？

第十二章

新型建筑材料

在物质条件极为丰富的今天，建筑业面临着新的机遇和挑战。人们对于居住环境的要求已经今非昔比，不再是单纯再以实用为主，而需要多功能又利于健康生活，具有生态性和观赏性。新型建筑材料是在传统建筑材料基础上产生的新一代建筑材料，区别于传统的砖瓦、灰、砂石等建材的建筑材料新品种。新型建筑材料，从功能上划分，可分为墙体材料、装饰材料、门窗材料、保温材料、防水材料、粘结密封材料，以及金属材料、塑料等；从材质上划分，可以分为天然材料和人工材料。建筑行业是一个特别依赖能源、资源，也是最容易产生环境污染的行业。新型建筑材料应时而生，对于新型建筑材料的研究意义非凡，同时将会是一个漫长和令人振奋的过程。

第一节　新型建筑材料的特点

越来越多的新型建筑材料从开发到走向市场，极大地改善了建筑物的使用性能，丰富了人们的生活，提高了效率，节约了能源等。无论是哪种新型建筑材料都朝着复合化、多功能化、绿色节能化、智能化的方向发展。

一、复合化

伴随着时代的变革和各种新功能的不断开发，品类单一的建筑材料远远不能满足人们的需求。而复合材料是将有机材料和无机材料在一定条件下，按适当的比例进行复合混合，然后经过一定的工艺条件有效地将几种基料的优良性能综合起来，从而得到性能优良的复合材料。现如今，复合材料的使用相当普遍，建筑材料中50%以上都使用到了复合材料，并且随着时间的推移它的研究会更加深入，而它的开发领域也会变得更加宽泛，具有复合化特点的新型建材无疑也拥有了更加广阔的前景。

二、多功能化

众所周知，经济的发展，也带来人们物质水平的极大提高。这也必将导致人们需要具有更多、更全面功能的产品。单一的功能已经远远不能满足人们的需求，它具有很大的局限性。因此，人们迫切需要能够具有多种功能的新型材料。而现代新型建筑材料，兼具着呼吸、电磁屏蔽、防菌、灭菌、防静电、放射线、防水、防霉、防火、自洁、智能等功能。这些具有多功能的新型材料，被广泛地应用于工程建筑上，发挥着与传统材料相比更科学、更完善以及更优良的作用，正是人们现在所迫切需要的。

三、节能化、绿色化

近年来，新型建材不断进行研发升级，人们也迫切需要更加节能的建筑产品。对于新型建筑，人们不能仅仅是被眼前鳞次栉比的建筑所迷惑，虽然新型建筑的数量似乎有了大幅度的增加。但是对于这些新型建筑，人们需要关注它们的具体情况，需要注重它的质量以及它对于周边辐射人群的影响。建筑的外观档次提升了，与此同时它的质量也需要提升。人们对材料功能的要求日益提高，这要求材料不但要有良好的使用功能，还要求材料无毒、对人体健康无害、对环境不会产生不良影响即所谓的"生态建材"或"绿色建材"。

四、智能化

智能材料通常又称为敏感材料，它是以现代科技为基础，为了减轻和避免灾难性事故的发生而研发出来的。智能材料具有自感知、自诊断、自适应、自修复等功能，这些功能具有很强的实用性。它能够根据材料的特性"感觉"出周边环境发生的细微变化，针对这些变化进行自主分析并采取相应的对策，这就大大地提高桥梁工程结构的可靠性和安全性。例如，当它感受到外界发生了震动，材料内部的各项物理量发生了变化之时，它的性状亦会随之发生变化。人们根据智能材料的功能特点，又可以将其大致分为感知材料和驱动材料两类。在桥梁工程中比较常见的就包括自诊断、自调节、自修复智能混凝土，镍基合金和钛基合金等形状记忆合金，还有具有自我监测功能的无源智能材料。

第二节　几种新型建筑材料

一、新型保温隔热材料

光致变色玻璃是利用金属卤化物或光学变色塑料，当阳光中紫外线越强变色材料越暗，减少可见光通过，吸收热辐射。热变色玻璃，内含的热变色材料随着温度改变而改变光学特性，受热引起化学反应或材料相变，从而改变颜色，使太阳辐射被散射或吸收。如在双层玻璃夹层含有一层水溶性聚合纤维，由聚合物分子受热产生定向排列使透明度改变。另外一种发热玻璃的窗户叫作"窗暖"，是在玻璃中熔入导电金属元素，通入小功率电流使玻璃发热，可防止冬季结霜，消除室内空气因受冷而向下流动，夏季阻挡红外线等。

二、新型墙体材料

烧结型透水保湿路面砖是用工业废料制成，具有良好的透水透气性，实现环保加生态的双重效果。无机活性墙体保温隔热材料是以天然优质耐高温轻质材料为集料，结合天然植物蛋白纤维，优化组合多种无机改性材料和固化材料，依据保温隔热材料柔性渐变及材质相溶性原理，具有保温、隔热、防火、抗水、轻质、隔声、抗开裂、抗空鼓、抗脱落、使用寿命长的特点。同墙体融为一体的 A 级不燃绿色环保墙体保温隔热节能材料，冬季可提高室内温度 6 ~ 10 ℃，夏季可降低室内温度 6 ~ 8 ℃，满足国家 50% ~ 65% 的节能要求。如图 12-1 所示，太空板是由钢边框或预应力混凝土边框、钢筋桁架、发泡水泥芯材、上下水泥面层（含玻纤网）复合而成的集承重、保温、轻质、隔热、隔声、耐火等优良性能于一体的新型节能、绿色、环保型建筑板材。发泡陶瓷保温板是以陶土尾矿，陶瓷碎片，河道淤泥等作为主要原料，采用先进的生产工艺和发泡技术经高温焙烧而成的高气孔率的闭孔陶瓷材料适用于建筑外墙保温，防火隔离带，建筑自保温冷热桥处理等。发泡陶瓷体温板防火阻燃，变形系数小，抗老化，性能稳定，生态环保性好，与墙基层和抹面层相容性好，安全稳固性好，可与建筑物同寿命。更重要的是材料防火等级为 A1 级，克服有机材料怕明火，易老化的致命弱点。

图 12-1 太空板

三、新型金属材料

铝模板，全称为建筑用铝合金模板系统。铝模板是继竹木模板、钢模板之后出现的新一代新型模板支撑系统。铝模板系统在建筑行业的应用，提高了建筑行业的整体施工效率，包括在建筑材料、人工安排上都节省很多。铝模板系统组装简单、方便，平均质量在 20 kg 左右，完全由人工搬运和拼装，不需要任何机械设备的协助，而且系统设计简单，工人上手速度和模板翻转速度很快。熟练的安装工人每人每天可安装 20 ~ 30 m^2，大大节约了人工成本。铝建筑模板拆模后，混凝土表面质量平整光洁，基本上可达到饰面及清水混凝土的要求，无须进行二次处理节约费用。

复习思考题

简答题

1. 什么是新型建筑材料？其定义是什么？
2. 新型建筑材料应具备哪些特点？

附　录

常用土木工程材料
国家标准和行业标准目录

1. JGJ 55—2011《普通混凝土配合比设计规程》

2. GB 175—2007《通用硅酸盐水泥》

3. GB 11968—2006《蒸压加气混凝土砌块》

4. JGJ/T 10—2011《混凝土泵送施工技术规程》

5. GB 748—2005《抗硫酸盐硅酸盐水泥》

6. GB 1499.1—2017《钢筋混凝土用钢 第1部分：热轧光圆钢筋》

7. GB 1499.2—2018《钢筋混凝土用钢 第2部分：热轧带肋钢筋》

8. GB 6566—2010《建筑材料放射性核素限量》

9. GB 28635—2012《混凝土路面砖》

10. GB/T 2015—2017《白色硅酸盐水泥》

11. GB/T 1346—2011《水泥标准稠度用水量、凝结时间、安定性检验方法》

12. GB/T 5224—2014《预应力混凝土用钢绞线》

13. GB/T 700—2006《碳素结构钢》

14. GB/T 1591—2008《低合金高强度结构钢》

15. GB/T 494—2010《建筑石油沥青》

16. GB/T 25181—2010《预拌砂浆》

17. GB/T 5101—2017《烧结普通砖》

18. GB 8076—2008《混凝土外加剂》

19. GB/T 8239—2014《普通混凝土小型砌块》

20. GB 8624—2012《建筑材料及制品燃烧性能分级》

21. GB 11945—1999《蒸压灰砂砖》

22. GB 13544—2011《烧结多孔砖和多孔砌块》

23. GB/T 13788—2017《冷轧带肋钢筋》

24. GB 15229—2011《轻集料混凝土小型空心砌块》

25. GB 20472—2006 《硫铝酸盐水泥》

26. GB/T 23439—2017 《混凝土膨胀剂》

27. GB 50003—2011 《砌体结构设计规范》

28. GB 50010—2010 《混凝土结构设计规范（2015 年版）》

29. GB 50080—2016 《普通混凝土拌合物性能试验方法标准》

30. GB 50081—2002 《普通混凝土力学性能试验方法标准》

31. GB 50107—2010 《混凝土强度检验评定标准》

32. GB 50119—2013 《混凝土外加剂应用技术规范》

33. GB 50164—2011 《混凝土质量控制标准》

34. GB/T 50476—2008 《混凝土结构耐久性设计规范》

35. GB/T 13545—2014 《烧结空心砖和空心砌块》

36. GB/T 5223—2014 《预应力混凝土用钢丝》

37. GB/T 50082—2009 《普通混凝土长期性能和耐久性能试验方法标准》

38. JC/T 479—2013 《建筑生石灰》

39. JC/T 862—2008 《粉煤灰混凝土小型空心砌块》

40. JC/T 239—2014 《蒸压粉煤灰砖》

41. JC 475—2004 《混凝土防冻剂》

42. JC/T 1062—2007 《泡沫混凝土砌块》

43. JC/T 698—2010 《石膏砌块》

44. JGJ/T 70—2009 《建筑砂浆基本性能试验方法标准》

45. JGJ 52—2006 《普通混凝土用砂、石质量及检验方法标准》

46. JG/T 407—2013 《自保温混凝土复合砌块》

47. GB/T 13693—2017 《道路硅酸盐水泥》

48. JTG F40—2004 《公路沥青路面施工技术规范》

49. JGJ 63—2006 《混凝土用水标准》

50. GB 14684—2011 《建设用砂》

51. JC/T 481—2013 《建筑消石灰》

参 考 文 献

［1］吴科如，张雄. 土木工程材料［M］. 上海：同济大学出版社，2013.

［2］柯国军. 土木工程材料［M］. 北京：北京大学出版社，2006.

［3］湖南大学，天津大学，同济大学，等. 土木工程材料［M］. 北京：中国建筑工业出版社，2013.

［4］陈志源，李启令. 土木工程材料［M］. 武汉：武汉理工大学出版社，2012.

［5］赵志曼，张建平. 土木工程材料［M］. 北京：北京大学出版社，2012.

［6］张雄. 现代建筑功能材料［M］. 北京：化学工业出版社，2009.

［7］黄政宇. 土木工程材料［M］. 北京：中国建筑工业出版社，2013.

［8］李书进. 土木工程材料［M］. 重庆：重庆大学出版社，2014.